アディダスVSプーマ

もうひとつの代理戦争

バーバラ・スミット 著

Barbara Smit : Pitch Invasion

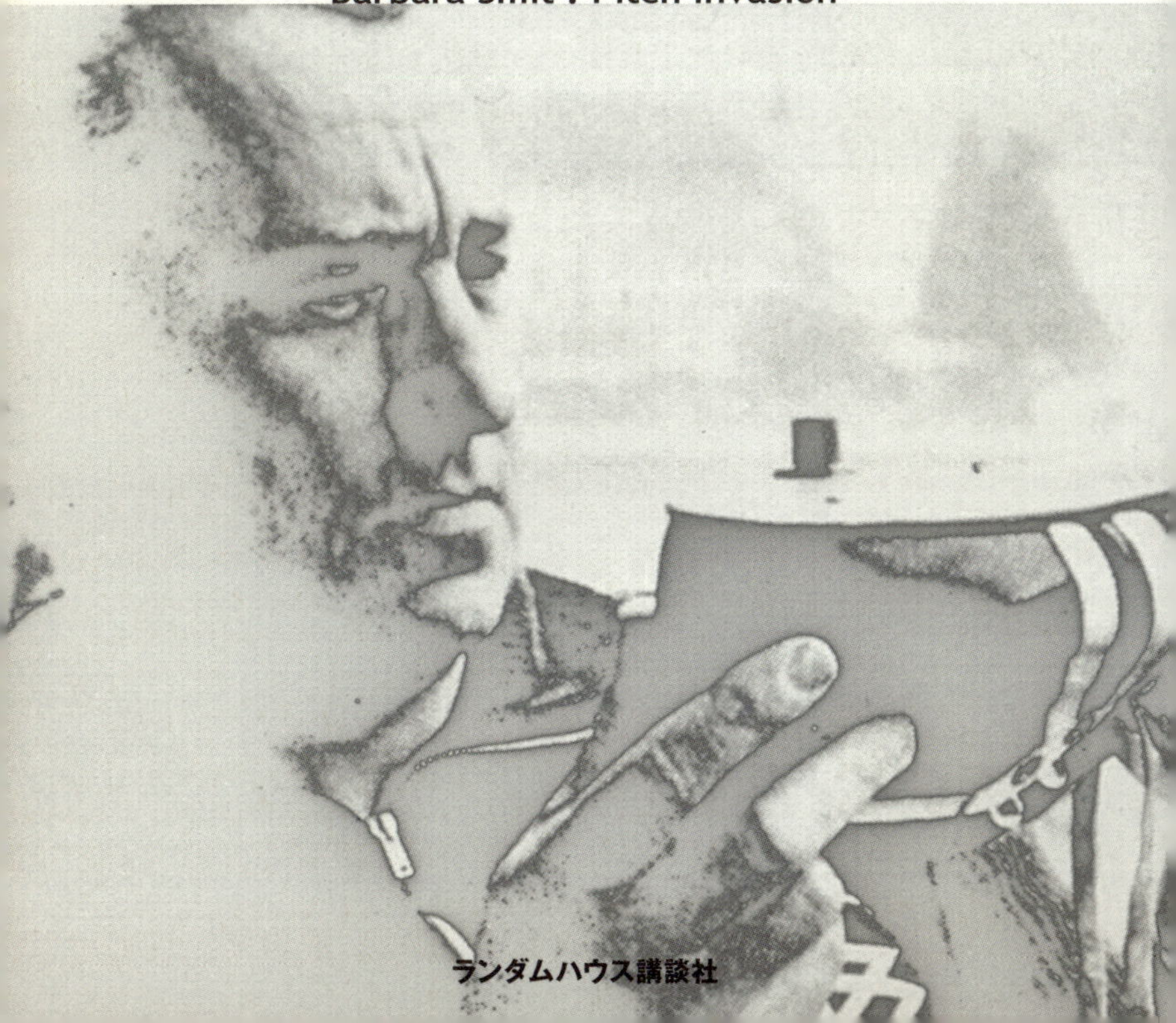

ランダムハウス講談社

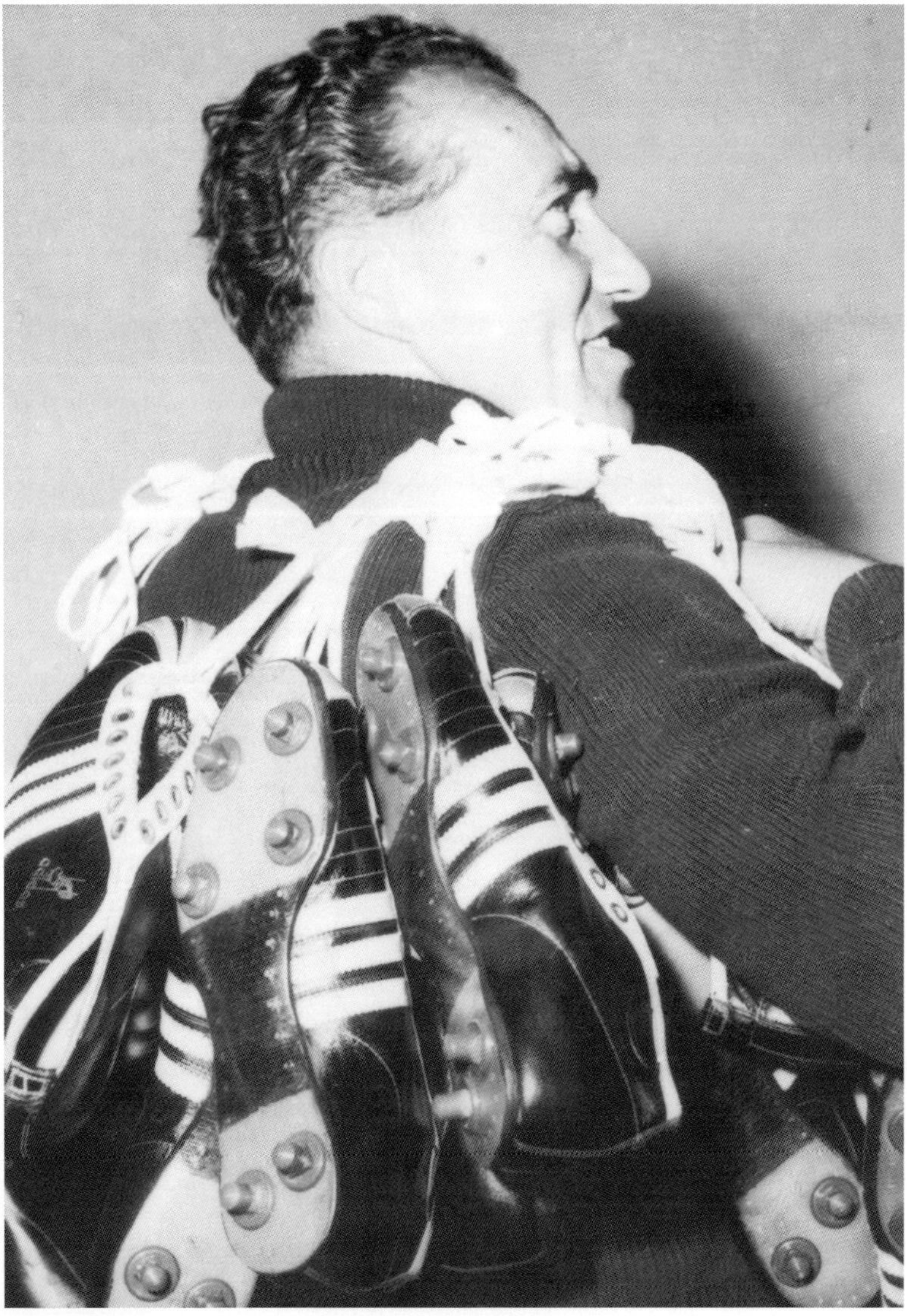

アディ・ダスラーと、彼が発明し、愛したサッカーのスパイクシューズ。

（上）1920年、ヘルツォーゲンアウラッハの小さな町で、「ダスラー兄弟商会」は始まった。

（下）若き日のアディ・ダスラー。新しい工場にさまざまなサンプルが置かれている。

（上）兄弟の仲がまだよかった頃のスナップ。（手前中央がフリードル、その右隣がルドルフ、後方中央がアドルフ）

（下）ダスラーのシューズを履いたジェシー・オーエンス（米）は金メダルを獲得する。ルッツ・ロング（独）は表彰台でナチ式の“敬礼”をした。

(**右上**) アディは走り高跳びの選手のT-シャツにダスラーのロゴを入れさせた。

(**右下**) 第2次世界大戦のあいだ、ナチ党の旗が、ヘルツォーゲンアウラッハの町中に掲げられていた。戦争は兄弟不和の原因にもなる。

(**左上**) ホルスト(左から2番目)はアスリートとの結びつきを強めていく。中央はミュンヘンオリンピックで7つの金メダルという偉業を成し遂げた水泳のマーク・スピッツ。

(**左下**) ホルストとアーミンは、お互いペレとは契約を結ばない、というユニークな「平和協定」を結んだが、アーミンは協定を破ってしまう。

(右上) ホルスト（中央）は、FCバルセロナの伝説のスタジアム、カンプノウの雰囲気を満喫する。案内役はのちにIOCの会長になるアントニオ・サマランチ氏（左端）。

(右下) 鬼塚喜八郎の仲裁により、商売敵のホルスト（右端）とアーミン（左から2番目のチェックのジャケット）は、日本において同じテーブルにつく。貴重な瞬間である。

(左上) 名声とスタイルの融合はスポーツ・マーケティング・ビジネスの縮図ともいえる。ディビッド・ベッカムはアディダスから彼独自のサッカーシューズモデルを出している。

(左下) 過激な争奪戦が繰り広げられたアズーリ（イタリア代表）のユニフォームは、現在プーマが提供している。契約するチームの活躍はその国の人々だけでなく、スポーツブランドにとってもきわめて重要な意味を持つ。

ダスラー家　家系図

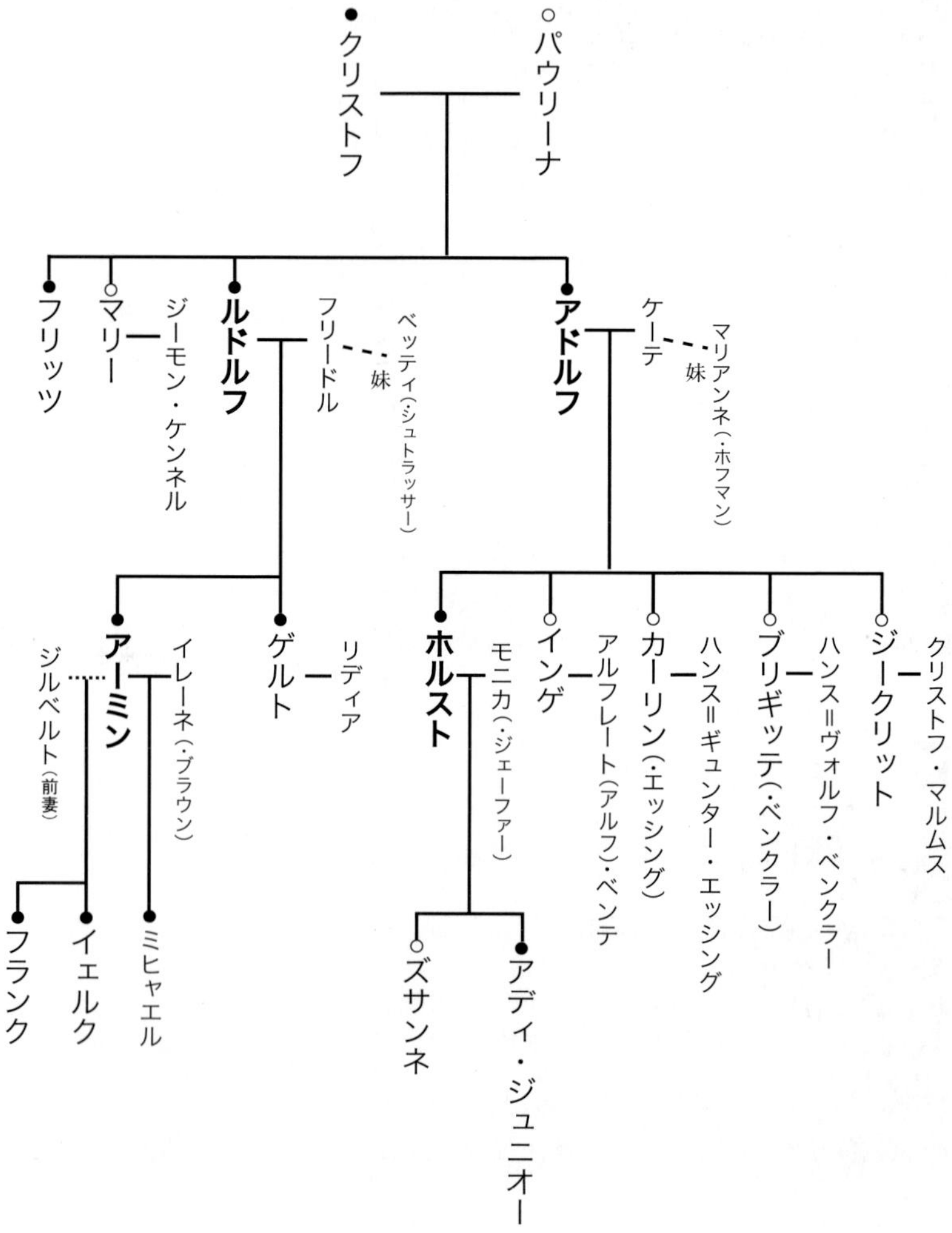

●…… 男性
○…… 女性

※登場する人物のみ記載

アディダスVSプーマ　もうひとつの代理戦争

目次

《第三部》

プロローグ

一九九九年一二月、黄昏どき。横浜F・マリノスの練習場にあるロッカールームで、中村俊輔はシューズの紐を結んだ。チームメイトはおおかたソファーで横になっていたが、日本屈指のミッドフィルダーは、もう少し練習しようと、グラウンドに戻っていった。

彼はよくここで寺本一博と会った。寺本は、U-20日本代表チームの元エキップメント・マネージャーである。中村が大半のチームメイトよりひとつ若い一八歳でユースの代表に選ばれたとき、彼がチームに溶けこめるよう何かと面倒をみてくれたスタッフの一人が寺本だった。チーム全体の装具を任されていた寺本は、暇をみつけてはこの才能ある若者に、たびたびシューズについてアドバイスし、少しずつ信頼を得ていったのだ。

一九九七年、中村が横浜マリノスに入団してプロになると、二人の絆はいっそう強まった。寺本は週に何度か戸塚のグラウンドを訪ね、中村が居残って一人練習するときもつき合った。「俊輔の一番いいところは、ひたむきな努力家タイプというところです」と寺本は語る。

二人が初めてユース代表チームのメンバーとして出会ったとき、寺本は日本のブランド、アシックスに勤めていた。しかし一九九九年、寺本は変化の風が吹くのを感じた。ドイツのスポーツブランド、アディダスが日本支社を設立（一九九八年）し、その勢いは日本のサッカー界を席巻するかに見えたのだ。

始まりは、日本サッカー協会がアディダスとかわした意外な契約だった。それまで協会は競合するスポーツブランド三社と契約していたが、アディダスが旧知の協会幹部に働きかけ、スリーストライプの独占契約が成立したのだ。

新しい風が吹くなか、寺本は自分もその風に乗ろうと決心する。そして翌年、横浜で、彼は中村に、お前も一緒にどうかと声をかけた。

神奈川県の中流家庭で、四人兄弟の末っ子として育った中村俊輔は、兄たちと一緒によく野球場まで行った。だがこの活発な少年は、すぐに野球に飽きてしまう。「野球だと、順番が来るまで延々と待たなきゃいけないでしょう。サッカーなら、ずっとピッチにいられますからね」と中村は言う。

少年の頃、中村はプーマ一辺倒だった。八〇年代にサッカーファンを魅了した小柄なアルゼンチンのフォワード、マラドーナを崇拝していたからだ。当時、マラドーナはプーマを代表するスーパースターで、その巧みな身のこなしに目を輝かせていた少年が、憧れの人のシューズ以外、履くはずもなかった。

そんな少年には知る由もないのだが、プーマとアディダスは長年にわたり火花を散らしてきた。両社は、ヘルツォーゲンアウラッハというドイツの小さな村で、反目しあう二人の兄弟、ルドルフ・ダスラーとアドルフ・ダスラーによってそれぞれ設立された。戦争がもたらした陰鬱な対立が二人を引き裂き、犬猿の仲の兄弟は、その後数十年の間にスポーツビジネスを様変わりさせた。

二人の確執が、スポーツの世界に金銭をもちこんだのである。

この異様な勢力争いによって、敬愛されてやまない陸上選手やサッカー選手までがヘルツォーゲンアウラッハで身の振り方を覚えた。この小さな村を流れるアウラッハ川の片岸では、フランツ・ベッケンバウアーがアディことアドルフ・ダスラーと楽しくおしゃべりし、対岸ではペレとエウゼビオが、プーマのダスラー家の庭で、おいしそうにソーセージをほおばる。「二人を一目見ようと、大勢の人が詰めかけるので、母はフェンスが壊れるんじゃないかと心配していました」と、ルドルフの孫の一人、フランク・ダスラーは振り返る。

長年、日本ではプーマが優勢だった。ルドルフ・ダスラーはリーベルマン・ウェルシュリーをライセンスパートナーとし、ウェルシュリーはプーマの名声にあやかろうとした。中村俊輔がそうだったように、数え切れないほどの少年たちが、マラドーナやカズこと三浦知良と同じシューズでプレーしたがっていた。

スリーストライプも、ある時期、日本のサッカー場で見かけられた。アディダスには、アドルフ・ダスラーの親友、デットマール・クラマーというすばらしい大使がいたのである。六〇年代、東京オリンピックを控えた日本のサッカーチームは彼にコーチを依頼し、クラマーはコーチとしてまず、選手全員を頭のてっぺんから爪先までスリーストライプで覆った。

数十年の間、アディダスはライバルのプーマほど、日本に定着することができなかった。しかし、九〇年代後半、ちょうど中村がプロになった頃、アディダスは日本での正規代理店だったデサントとの契約を手厳しく打ち切り、自らアディダス・ジャパンを設立する。

そしてビジネスを軌道に乗せるため、アディダスは確かな支援を得ようと、古い友人のもとを訪ねた。当時、日本サッカー協会会長だった岡野俊一郎は、日本チームの育成で、デットマール・クラマーと苦楽をともにしていた。岡野は、サッカーがまだ日本では広く認知されていなかった六〇年代、アディダスが彼らを支えてくれたことを身をもって知っている。「契約を結ぶなら、アディダス以外考えられませんでした」と彼は言う。

岡野が日本チームのエンドースメントを確約する一方、アディダスに優秀な選手を紹介するのが寺本一博に託された仕事だった。そして寺本にとって、その有力な候補の一人が中村だった。「私は最初から、俊輔は将来プロとして活躍するだろうと確信を持っていました」と寺本は言う。

寺本と中村は、強い絆で結ばれていた。中村は金銭や巧言には目もくれず、専門的なアドバイスと確かなサポートだけを望んでいた。だからこそ、寺本からアディダスへ移籍したと聞いたとき、彼の話に耳をかたむけようと思ったのだ。

その日の夜、二人は練習場からほど近いレストラン、藍屋へ向かった。食事の席で寺本は、アディダスシューズを何足か取り出して、話し始めた――。俊輔のことは個人的にもサポートするし、もちろんシューズの質は保証する。アシックスでも満足なのはわかっているが、アディダスも俊輔にぴったりのシューズを用意できる。「お前とずっと一緒にやっていきたいんだ。俺を信じて、ついてきてくれないか」。

中村の決断は早かった。「寺本さんが薦める会社なら、どことでも組みますよ」。こうして二〇〇〇年一月、マリノスのクラブハウスというありきたりの場所で、中村とアディダスの三年契約が成立した。寺本が言うように、このサッカー選手は条件交渉には無頓着だった。筆者の独自の取材によるとアディダスは中村の脚を、三年間、総額一五〇〇万円で買ったことになる。

その後の数カ月、寺本とアディダス・ジャパンの幹部は、幾度手をとりあって喜んだことだろう。寺本が見抜いたとおり、中村はその才能を開花させ、マリノスでも日本代表チームでも、背番号一〇の選手となる。アディダスはまれに見る優秀なプレーヤーを獲得したのである。

日本代表チームが、日韓共催のワールドカップ（二〇〇二年）に向けて準備するなか、どのブランドもこのミッドフィルダーに熱い視線を注いだ。たとえば、ナイキ。ナイキは日本で急成長をとげ、すぐれた選手には法外な条件でアプローチしていた。

アメリカ企業に中村をさらわれないよう、アディダス・ジャパンは契約条件を引き上げ、成績に応じたボーナスを付加した。また今回、アディダス・ジャパンには、ブルーフィーバーの一環として中村に投資する計画もあった。ブルーフィーバーとは、ワールドカップをターゲットとした大規模キャンペーンで、日本中をブルーのジャージとスリーストライプで埋めつくそうというものである。

反目するダスラー兄弟がライバル会社を設立して以来、オリンピックとワールドカップは最も過激な対決の場となった。ロッカールームでは、さりげなく選手のシューズに札束が入れられたりする。確執は法廷に持ちこまれることもしばしばで、ときには懲役刑がくだることすらあった。

「いまだに悪夢を見ます」とルドルフ・ダスラーの息子、ゲルトは言う。

ところが、八〇年代も後半になると、二つの巨大ブランドは、アメリカの新鋭の勢いに呑まれ、あと数週間で破産というところまで追い詰められていく。そしてアウラッハ川の両岸では、ダスラー兄弟の後継者が、いずれも早すぎる死を迎えた。とはいえ、その後、古豪ブランドはそれぞれ投資家に引き継がれ、意欲と熱意で再建、復興する。以来、ワールドカップは国際的なマーケティングの競技場ともなり、アディダスは一頭地を抜くブランドを目指した。

アディダス・ジャパンのキャンペーンのなかで、とりわけ記憶に残るのは、高さが二〇メートルにも達する中村俊輔のビニール人形だろう。渋谷の東急デパートの壁面に吊るされ、何万もの人々が膨らんだビニールの中村を見あげた。しかし、ほんとうの見せ場は、その数日後だった。ビニールの中村が、日本チームの青い公式ユニフォームを着たのである。胸元には、アディダスのロゴ。

中村俊輔自身、この人形には困惑ぎみだったが、一方で役所は大騒ぎになった。というのも、膨らませたビニールの乳首の部分を、役所が特に好ましくないと感じたからだ。妥協案として乳首を粘着テープで覆うという案も出たが、強いプレッシャーを感じたアディダスは、この人形を取りはずすことにした。しかし、それがまた話題を集めたのである。

日本のナショナルチームのフランス人監督フィリップ・トルシエは、これを快く思わなかった。彼は俊輔に、そんなことで時間を無駄にせず、試合に集中するように、と言っていたという。「俊輔は困惑したし、傷つきもしました」と寺本は振り返る。しかし、アディダス・ジャパンから真に笑顔が消えたのは、トルシエからかかってきた一本の電話だった。

ワールドカップの開幕が近づくにつれ、トルシエはアディダス・ジャパンの総責任者クリストフ・ベズと親しくなっていった。それに何といってもトルシエ自身、アディダスのコマーシャル数本に出演しているのである。たとえば、トルシエがピッチぎわで怒り、声を限りに指示を出しているが、よく見ると、その相手は芝刈り機の運転手だった……というもの。

その朝トルシエは苦渋の決断をしなければならなかった。彼は日本サッカー協会に報告した後、同じフランス人のベズにも知らせておくのが礼儀だと考えた。「中村をチームからはずすことにしたよ」監督は淡々とベズに伝えた。トルシエにしては珍しく控えめだったが、アディダス・ジャパンにとっては、これ以上ない最悪のニュースだった。

張り詰めた空気のなか、会議を重ね、アディダス・ジャパンは悠然と対応することにした。

実際、中村はひどく気落ちし、ワールドカップの開幕戦を日本で見るのが辛く、韓国へ飛ぶ。それに同行したのが、寺本一博だった。

のちにアディダス・ジャパンは、ジーコ監督が二〇〇二年の一〇月に中村を代表メンバーに選出すると、新聞や雑誌に広告を出した。そこには、中村が代表チームからはずされたことを報じる新聞のページがくしゃくしゃにされ、「Welcome back SHUNSUKE（お帰り俊輔）」の文字があった。

ところが、代表落ちした悲嘆に暮れる暇などなくなった。中村は、イタリアへ向かうことになったのである。自分をもっと鍛えよう……中村はセリエAのレッジーナと契約した。

アディダス・ジャパンにとって、決して喜ばしい話ではなかったが、レッジーナで「ナカ」の愛称で呼ばれるミッドフィルダーが、いずれまた日本で輝く日が来ることは信じて疑わなかった。だからこそ、二〇〇三年、寺本はイタリアの中村を訪ね、かつてない申し出をしたのである。

二〇〇二年は残念な結果に終わったものの、アディダス・ジャパンは自分たちの選択に間違いはなかったと確信していた。中田英寿その他はナイキでもいいだろう。だが、正確無比のロングパスといい、ボールをデッドする技術といい、中村は申し分のない〝アディダス・マン〟だった。

その頃、中村には西塚定人という代理人がつき、西塚は中村の今後三年間の最低契約額を推定で約三倍にアップさせた。アディダスとの契約が年間推定五億円のデヴィッド・ベッカムはさておき、中村レベルの他の選手と比べると、極端に低い額である。ただし、アディダス・ジャパンの場合、個人との契約では最高額で、アディダスはこれを次のワールドカップに向けた投資の一環とみなした。

アディダスは、来たる市場ビッグバンに備えた。ナイキのサッカービジネスへの進攻はやむことを知らず、スリーストライプとナイキとの攻防は激しさを増す一方だ。しかもプーマが、一度燃え尽きた灰の中から〝ライフスタイル・ブランド〟として甦り、全力でピッチに復帰しつつある。しかし、それでもなおアディダスは、サッカーこそ自分たちの最強の要塞とみなしている。戦ってこそ、業界のリーダーたりえるのである。

今回は、よほどの重傷でも負わない限り、中村が代表チームからはずされることはない。中村俊輔は、レッジーナ入団直後から頭角をあらわし、ヨーロッパ各地のクラブから注目を浴びた。

二〇〇四年九月にはグラスゴー・セルティックに引き抜かれ、スコットランド・リーグ優勝の立役者として称えられる。

こうして中村は、サッカービジネスに不可欠の存在となった。毎朝、練習が終わると、かつての学友に車でクラブまで送ってもらい、玄関で待機していた代理人とマネージャーが、押し寄せるファンから彼を守る。スコットランドの霧の中、少なくとも五人の日本人ジャーナリストが、中村を追ってその光景を日々目撃した。

どんなスポーツにも、伝説の一こまがある。苦しげに顔をゆがめて走るエミル・ザトペック、挑みかかるモハメド・アリの目の輝き——。アディダスは、中村俊輔もそんな伝説のひとつになると信じている。数知れない熱い記憶のなかで、スリーストライプはスポーツの感動を呼びおこしたヒーローたちとともにあった。中村俊輔をはじめ、何人ものプレーヤーが、さらなる物語をつむいでくれるに違いない。

《第一部》

第一章

ダスラー・ボーイズ

大きく膨らんだ雑のうを手に、一人の小柄な若者が、確固とした足どりでベルリンオリンピックの練習場に入っていく。周囲には、世界中からやってきた何百人というそうそうたるアスリートたち。その中を行くアドルフ・ダスラーに目をとめる者などほとんどいない。だが、大きな袋をたずさえたこの小男の胸には、これが栄光へのまたとないチャンスだという確信があった。

アディことアドルフと兄ルドルフ（ルディ）は、ドイツ最高のスポーツシューズをいくつも生み出したバイエルンの製靴工場、ダスラー兄弟商会の大黒柱として、すでに確かな地位を築いていた。こだわり続けた二人の情熱は、ドイツ中の熱心なスポーツ愛好家の注目を浴び、バイエルン北部の小さな町、ヘルツォーゲンアウラッハにかつてないにぎわいをもたらしていた。

一九三六年八月に首都ベルリンで開催されるオリンピックは、たとえ賛否両論を呼ぶことになるとしても、ダスラー兄弟の名をさらに広める格好の場だった。ダスラー兄弟商会のスパイクシューズを有名選手に履いてもらえれば、宣伝効果は抜群である。アディ・ダスラーには、それを誰に頼むのがいいか、すでに心づもりもあった。

二〇年代、兄弟の製靴事業が軌道に乗ったことで、一家は織物業との長年の縁を切った。兄弟の父クリストフは、ヘルツォーゲンアウラッハに代々続いた〝織工〟ダスラー家の最後の職人である。一九世紀の終わりまで、ここは何百人という織工や染色職人をかかえた活気ある織物工場の町として知られていた。だが、産業革命以降、その技術は時代遅れのものとなり、クリストフも靴職人に転向する。

クリストフが靴の縫製技術を地道に学んでいるあいだ、妻のパウリーナはヒルテングラーベンの自宅の裏で洗濯屋を始め、夫の乏しい収入の足しにした。仕上がった洗濯物を配達するのは、三人の息子たち――フリッツ、ルドルフ、アディの役目だ。三兄弟は、「洗濯屋の坊やたち」としてヘルツォーゲンアウラッハでは有名になった。

ダスラー兄弟が少年だった二〇世紀初頭というのは、まだスポーツという言葉さえろくに知られていなかった頃だ。それでも末っ子のアディ・ダスラーは、時間さえあれば何かの競技を考え出したり、棒を削って投げ槍を作ったり、重たい石で砲丸投げをしたりした。ときに元気いっぱいの遊び友だちフリッツ・ツェーラインを誘っては、この中世風の町を囲む森や草地を長時間走ることもあった。

だが、そんな平穏な暮らしは一九一四年の八月に終わりを迎える。ダスラー兄弟の上の二人が戦争に駆り出されたのだ。二人とも、他の何千人というドイツ人同様、数カ月で帰ってこられるものと信じていたが、実際には四年もの歳月をフランダースのぬかるんだ塹壕で過ごすことになる。そして、終戦の数カ月前、パン屋の見習いをしていた一七歳のアディも召集され、二人の兄がいる前線に送られた。

たくましく成長したダスラー兄弟がそろってヘルツォーゲンアウラッハに帰還すると、母親の洗濯室はがらんとしていた。戦後の窮乏で、洗濯物を外に頼めるほど余裕のある家庭は少なく、パウリーナは店をたたんでいたのだ。そこでアディは、すぐに決断した――洗濯室として使っていた小屋に、自前で小さな靴作りの設備一式をすえつけよう。

戦争の惨禍が色濃く残るなか、アディは田園地帯に出かけては、退却する兵士たちが残していった品を手当たり次第に拾い集めた。それを材料に、数年はもつという丈夫な靴を売りに商売をしたものの、やはり一番の関心はスポーツにあった。そして試行錯誤を繰り返したアディは、やがて初期のスパイクシューズを考案する。尖った釘を作って靴底に打ちこんだのは、町の鍛冶屋の息子だった友人のフリッツ・ツェーラインである。

起業して二年後に、ルドルフが加わった。共同経営がスムーズにいったのは、兄弟の性格が正反対だったことによる。無口なたちのアディは、革と接着剤の臭いが立ちこめる工房にこもって過ごすのが好きだった。一方、声が大きく外交的なルドルフは、販売の指揮を執るのに向いていた。

よく考えてみれば、ダスラー兄弟が商売を始めるのにこれほど悪いタイミングもなかった。ヴェルサイユ条約の厳しい規定により、ドイツは資源のほとんどを戦勝国に押さえられ、荒廃した国を再建するにもわずかなものしか残されていなかったのだ。怒りと喪失感のなか、何百万というドイツ国民が失業と飢えに苦しんだ。

そんな張りつめた社会にあって、人々はスポーツその他の娯楽に夢中になっていった。二〇年代の半ばまでには、国中で雨後のタケノコのようにサッカークラブが誕生し、何千人というサポーターがガタのきたスタンドに詰めかけた。そしてダスラー兄弟は、急増するスポーツクラブに積極的に売り込むことで、次々注文をとりつけていく。その中心はスパイクシューズとサッカーシューズである。一九二六年、商売の拡大に伴い、兄弟はかつての洗濯室から、ヘルツォーゲンアウラッハを流れるアウラッハ川の対岸の、敷地の広い空き工場に移転した。

飛躍が訪れたのは、猛スピードのバイクが一台、タイヤをきしらせてダスラー兄弟商会の工場前で止まったその日のことだった。乗っていたのはヨーゼフ・ヴァイツァー。口ひげをきちんと刈りこんだ、ひょろりとしたクルーカットの男である。ドイツの陸上競技チームのコーチを務めるヴァイツァーは、ヘルツォーゲンアウラッハのスポーツ狂が作ったというスパイクの噂を耳にして、自分の目で確かめるべく、はるばるミュンヘンからやってきたのだ。

思いがけぬ訪問の後に続いた話し合いは、何時間にも及んだ。以降、ヨーゼフ・ヴァイツァーのサイドカーつきバイクは、ダスラー兄弟商会の日常の光景の一つとなった。実質上兄弟の顧問役を務めたヴァイツァーは、とくにアディとの親交を深め、二人は一緒に走ったり、シューズについて何時間も議論を交わしたりした。そして、ヴァイツァーにぴったりとくっついて歩いたアディは、ベルリンオリンピックの選手村にやすやすと入ることができたのである。

ダスラー兄弟商会が順調に業績を伸ばし始めた頃、ドイツ経済の苦境と無能とも見える政府の対応は、急進派の台頭を招いていた。そこで急速に支持を広げたのが、アドルフ・ヒトラーと国家社会主義ドイツ労働者党（ＮＡＺＩＳ、ナチ党）が提唱する過激な変革路線である。この動きに呑まれたダスラー三兄弟も、ヒトラーが政権を握って三カ月ほど後の一九三三年五月一日、そろってナチ党に入党した。

ダスラー兄弟商会にとって、ナチは強力な後押しとなった。ヒトラー政権は彼らの理念を性急に実現化しようとし、急務の一つとしてスポーツの振興を掲げたのだ。ヒトラーはスポーツを規律と同朋意識を高める格好の手段とみなしていたうえ、スポーツでの勝利は効果的なプロパガンダとなった。

ナチズムへの熱狂的支持は拡大し、スポーツシューズの需要は急増して、ダスラー兄弟商会は図らずもその恩恵にあずかった。数倍の規模に成長したダスラー兄弟商会は増築を行い、かつてのヴァイルの工場入り口にはタワーが建てられた。二つ目の工場も、アウラッハ川対岸のヴュルツブルク通りに取得。ダスラーの一番の人気商品は、ヴァイツァーの名をとったスパイクシューズだった。

オリンピックの開催地がドイツの首都に決まったのは、ナチスが政権を取る二年前のことである。しかしながらヒトラーは、この大会を第三帝国の最優先事項とみなした。オリンピックは、アーリア民族の優秀性を立証するまたとない舞台である。同時に、新生ドイツを驚きと不安の目で見つめていた他のヨーロッパ諸国の懸念を払拭する機会でもあった。

だが、オリンピック委員の一部からは、現況ではベルリンでまともなオリンピックは開催できないとの批判が出始めていた。アメリカ選手団からの強い抗議と「ナチス・オリンピック」のボイコットを呼びかけるニューヨークでのデモによって、ベルリンオリンピックは準備段階からつまづき、論争は三年にも及んだ。そこでアベリー・ブランデージ米オリンピック委員会会長は自ら現地におもむくが、ヒトラーの啓蒙宣伝相、ヨーゼフ・ゲッベルスはこのアメリカからの賓客を非の打ちどころなくもてなした。結果、帰国したブランデージは、ドイツではユダヤ人にも均等なスポーツ競技の機会が与えられていると断固主張したのである。

これほど明らかな嘘はない。人種差別政策は一九三五年九月のニュルンベルク法により公式のものとなり、ユダヤ人やユダヤ系の人々は市民権を奪われて、スポーツ団体から締め出されたのである。それでもなお、ブランデージは主張を譲らなかった。オリンピックは何が何でも四年ごとに開催すべきであり、それでこそオリンピックを蘇らせたフランスの貴族、ピエール・ド・クーベルタン男爵の理念にかなうとかたくなに信じていた。

一方、ヨーロッパでは、ドイツで高まっていた人種差別主義に対する怒りはつのっていた。オリンピック開催直前、国際オリンピック委員会会長だったベルギーのアンリ・バイエ・ラトゥールは、ドイツ国内のいたるところで見かける反ユダヤのポスターに嫌悪感を露わにした。バイエ・ラトゥールは、いつになく挑戦的な態度で、あのスローガンをはずさなければオリンピックは中止にするとヒトラーに迫った。ヒトラーはかろうじて要求をのんだものの、その後も過激な粛清を命じ続ける。

譲歩したとはいえ、ヒトラーはオリンピックを権力誇示の場にすると決めていた。ヒトラーお気に入りの映画監督、レニ・リーフェンシュタールは、一部始終を撮影するために底なしの予算を与えられた。ヒトラーは仰々しいオリンピックスタジアムの建設を命じながら、何もかもがまだ小さすぎると、絶えず不満を口にしていた。雄大な森の中に置かれたオリンピック村には、きれいに刈りこまれた芝生や人工池も作られた。世界中から集まった運動選手たちは、数週間のあいだ、その村で走ったり跳んだり、お喋りに興じたりした。そのすぐ外でたくらまれている残虐行為には気づくこともなく。

日本代表として登録された最も有名な選手の一人に、ソン・キテイ（孫基禎）がいる。傑出したマラソンランナーだったが、ソンは日本チームのメンバーであることが不本意でならなかった。ベルリン滞在中、彼は常にハングル語でサインし、事あるごとに、韓国は日本の帝国主義の犠牲になっているとの見解を表明した。ソンは見事、マラソン競技で優勝。しかしその勝利は、表彰台で「日の丸」と「君が代」に耐えねばならないという、苦々しいものとなった。ソンには、ただ頭を垂れ、無言の抗議をすることしかできなかった。

一方、ダスラーは、友人のヨーゼフ・ヴァイツァーがナチ党の陸上競技コーチを務めることから、ドイツ選手の大半がダスラーのスパイクシューズを履くことで当てにはできたが、アディの真のねらいは一番の大物にあった。アラバマの綿花小作人の息子、ジェシー・オーエンスである。オーエンスは、オハイオ州立大学の奨学金を得て、ランナーとしてのたぐいまれな才能を開花させていた。アメリカでの報道によると、ドイツチームのメダル獲得数を脅かす、このアメリカ黒人について、ヒトラー自ら詳しく尋ねたという。

しかし、ジェシー・オーエンスと黒人のチームメートは、アメリカでつねに人種差別主義者の侮蔑的言動に苦しめられていた。白人ランナーが道端の食堂でスナックを貪る一方、黒人たちはコーチがレストランからこっそり持ち出してくるサンドイッチを車の中で待っていなければならなかった。予想どおり、ドイツの記者のなかにも同じような偏見を持つ者たちがいて、オーエンスと猿の写真を並べて印刷し、彼の速さを「動物並み」と評したりした。とはいえ、ドイツの大衆はおおむね彼の偉業を称えた。彼自身驚いたことに、ハンブルクでは何千人というファンがアメリカ選手団を出迎え、興奮した群集が大声で彼の名を連呼した。

アディ・ダスラーは、何としても自分の靴をこのランナーの足に履かせたいと思った。政治的なことはともかく、オーエンスは並外れたランナーであり、彼がベルリンオリンピックのヒーローとなることに疑いの余地はない。オーエンスを見つけたダスラーはおずおずと自分のスパイクシューズを取り出すと、身振り手振りで説明し、ついにはそれを試すことをオーエンスに同意させた。

最も心に残る試合の一つが、走り幅跳びだった。ジェシー・オーエンスと一騎打ちをしたのは、アーリア民族の広告塔となれたはずのドイツの選手、カール・〈ルッツ〉・ロングである。勝負は白熱し、いよいよ最後のジャンプに向けて、ロングはトラックを歩いていった。そして、ヒトラーの顔が輝いた。ロングは七・八七メートルの見事なジャンプで、直前にオーエンスが出したオリンピック記録に並んだのである。

しかし、オーエンスは動じなかった。満員のオリンピックスタジアムから熱狂的な声援が沸き起こるなか、彼は最後のジャンプに備えた。たっぷり二分間、黙して集中した後、オーエンスは踏み切り板に向かって全力疾走した。すさまじい勢いで宙に舞い上がったオーエンスの体は、砂場の上をゆっくりと漂い流れていくようにさえ見えた。結果、オーエンスは八・〇六メートルという驚くべき数字で前の記録を打ち破る。ヒトラーにとっては不愉快きわまりないことに、ルッツ・ロングは勝者のもとに駆け寄ると、抱きしめて祝福した。

走種目でも、オーエンスに不快感を示したヒトラーはオーエンスが一〇〇メートル走で圧勝するや、荒々しく席を立って出て行ったのである。ヒトラーは勝者に対して無礼だと非難されたが、オーエンス本人はこの騒ぎを全く意に介さなかった。驚くほど冷静な天才アスリートは、その後さらに二〇〇メートル走とリレーでも金メダルを獲得する。沸きに沸く観衆のなかで、アディ・ダスラーは誇らしさと興奮を抑えきれなかった。オーエンスが履いていたのは、側面にレザーのストライプが二本走る黒のダスラー・スパイクだったのである。

オーエンスの快挙により、ダスラーの名は世界の一流選手のあいだで評判になった。国際大会出場のためドイツを訪れた選手やコーチたちは、ヘルツォーゲンアウラッハに立ち寄って、ジェシー・オーエンスの履いたシューズをじかに確かめたりもした。こうしてダスラー兄弟のシューズは、国際的にいっそう高い評価を得ていく。

だが、その頃すでにダスラー家では葛藤が生じていた。事業が軌道に乗りだすと、兄弟の正反対の性格がしばしばぶつかるようになったのである。売り上げを伸ばす原動力は兄のルドルフだったが、彼は弟アドルフのシューズに対する異常なまでのこだわりにあきれる半面、経営に全く無関心な態度にはしょっちゅう声を荒げた。一方アディも、見栄っ張りで派手な兄をうっとうしく思い始めていた。当然、職場での会話は嫌悪になり、同居していた家では、それがさらにとげとげしさを増した。女たちが火に油を注いだからである。

ヴァイルの空き工場に移転した数年後、ダスラー兄弟は工場の隣に自宅の建設を始め、三階建ての大邸宅は、ヘルツォーゲンアウラッハでは〈お屋敷《ヴィラ》〉と呼ばれるようになった。長男のフリッツはヒルテングラーベンの家に残って、この地方の伝統的な革製半ズボン、レーダーホーゼンを作る〈クラクスラー〉という名の工房を開いた。新しくなった三階建ての邸宅は、上から兄弟の両親、ルドルフの家族、アドルフの家族の住まいとなった。

ルドルフが独身生活に終止符を打つきっかけは、ニュルンベルク駅での出会いだった。プラットホームで、一八歳のフリードル・シュトラッサーと妹のベッティ、彼女たちのいとこと知り合い、電車の中でも楽しく語り合った。そして下車駅に着く頃には、褐色の髪の、可愛らしいフリードルは、ルドルフとのデートに同意していた。妹のベッティは、当時を振り返ってこう言う——「ルドルフはちょっと見栄っ張りのところがあったけど、フリードルは生涯の伴侶と決めたみたい」

戦後すぐに父親を亡くしたシュトラッサー姉妹は、ニュルンベルク郊外のフュルトで食料雑貨店を営む母の手で育てられた。結婚式は一九二八年五月六日の日曜日にフュルトで行われ、四〇人ほどが列席。働き者で保守的なカトリックの家庭に育ったフリードルは、主婦としての役割にもすぐに順応した。一九二九年九月、長男アーミンが生まれる。

一方、アディが結婚相手と出会ったのは、プファルツ地方の丘陵地帯にあるピルマゼンスという小さな町だった。三〇代の初め、アディは靴作りの技術に磨きをかけるべく、そこの名門の靴専門学校に入学。学校の恩師の一人に、木の靴型作りの名人フランツ・マルツがいた。アディは何かと口実を見つけてはマルツの自宅に足しげく通い、師は弟子と一五歳の娘ケーテとのつき合いを静かに見守った。一九三四年三月一七日、雨のピルマゼンスでの結婚式には、マルツもルドルフ・ダスラーとともに出席した。

控えめで協調的なルドルフの妻フリードルは、義理の両親にも気に入られ、ダスラー家の生活にすんなりと溶けこんでいった。子育てをする一方で、会社の手伝いも嫌がらない。悪名高い夫の道楽にも目をつぶり、その無愛想な態度も我慢した。ルドルフの両親のきわめて保守的な価値観に照らしても、フリードルは嫁として実に模範的であった。

一方、アディの妻ケーテは、はるかに自己主張が強かった。もちろん、当時のドイツ女性らしく、不平一つ言わず夫につくし、夫のソーセージを炒めるためだけに毎朝四時に起きていた。夫が幅跳びの練習をしていれば、それを辛抱強く見守り、週末にはサッカーの試合用にサンドイッチを詰めた。ただ、世話好きで、決して控えめではなく、はっきりと物を言うたちではあった。

心温かでのびのびした性格の若い嫁は、懐疑的で無骨なフランケン人にはなじめないものを感じていた。「まじめな女性だったが、ケーテはプファルツ地方のなごやかな雰囲気に親しんでいた。フランケン人は無愛想で話しにくく見えたのだろう」と一家の伝記を著したヘルマン・ウターマンは書いている。ケーテには一面頑固なところもあり、この居心地の悪さから、たびたび家族とぶつかるようになっていった。

ナチ党の台頭により、兄弟の溝はさらに深まった。ナチ党はドイツ人の生活のあらゆる面で締めつけを行い、二人は否応なくナチズムに色濃く染まっていく。手紙の終わりには必ず「ハイル・ヒットラー!」と書いたし、二人ともハーケンクロイツを押印したNSKK(ナチ党自動車隊)の隊員証を持っていた。しかし、その信奉度には差があり、ヒトラー政権への支持をはっきりと口にするルドルフに対し、アディはいつものごとく、黙々と仕事に励んだ。

ハンス・ツェンガーという従業員は、アディに救われたことがある。ツェンガーは、一九三七年にナチ党の高官がヘルツォーゲンアウラッハを訪問した際、失態を演じてしまい、ヒトラーユーゲント（ヒトラーの青少年団）を出入り禁止にされた。アディはツェンガーを解雇するよう言い渡されたが、これをあくまでも無視する。「クビにならずにすんだのはアディ・ダスラーのおかげです。あそこを追い出されたら、前線行きしかないことをわかっていたんですよ」と、ツェンガーは振り返る。

兄弟間の意見の対立は、会社の指揮権にも及ぶようになった。また、ケーテのどこか反抗的な態度から、ルドルフはケーテが自分を嫌っていると思いこむ。彼の目に、後から入ってきた弟の嫁は親密だった兄弟の関係をこじれさせたがっているとしか映らなかった。世界大戦の勃発とともに、二組の夫婦のあいだに生じた軋轢《あつれき》は本格的な確執となった。

第二章

兄弟の不和

ダスラー兄弟の快進撃はそこでぴたりと止まった。ベルリンオリンピックの後、会社はナチの熱心なスポーツ政策の恩恵を存分に受けていたが、ヒトラーが戦況に専念するようになると、彼らの工場も厳しい規制を受け始めたのである。兄弟は思い悩んだ末、会社は閉鎖しないものの、生産は大幅に削減することを決定した。

一九四〇年八月七日、ついにアディの元に国防軍から召集令状が届き、戦争はダスラー家にとってより一層現実のものとなった。アディは無線技術者の教練を受けるべく、一二月の初めからニュルンベルク近くの諜報部隊に出頭するよう指示された。ところが、その後すぐに兵役を解除される。一九四一年二月二八日、将校に昇進し、わずか三カ月で兵役を免除されたのである。ダスラー兄弟商会にはアディの技術が不可欠とみなされたのが、その理由だった。

ドイツの兵士たちがヨーロッパ中で破壊の限りをつくしていた一方で、ヘルツォーゲンアウラッハの小さな町は比較的平穏だった。ダスラー家も庭に野菜畑を作るなどしてなんとか生活をしのいだ。女性たちは中庭を小さな飼育場に変え、そこでは二匹の豚のそばで鶏が走り回った。

その頃アディは三人の子どもに恵まれ、家庭はにぎやかになっていた。ケーテは最初の子ホルストを一九三六年の三月に出産し、一九三八年六月には長女のインゲが、開戦間もない一九四一年四月には次女のカーリンが生まれた。ルドルフとフリードルの息子アーミンは、一〇歳年下の弟ゲルト（一九三九年七月生まれ）に自分のおもちゃを分け与えた。

戦争が進むにつれ、政府は産業の合理化を推進したが、ダスラー兄弟商会は閉鎖の危機を何度もくぐりぬけた。物資の窮乏から注文をこなすのもやっとで、人手も足りない。一九四二年一〇月、アディは業務を継続するため、ロシア人の捕虜五人を労働力として要請した。会社のカタログには依然としてヴァイツァーのランニングシューズが載っていたが、新しいサッカーシューズのなかには、名称が「カンプ（戦闘）」や「ブリッツ（電撃作戦）」のようなものも登場した。

この間、戦況は悪化の一途をたどり、連合軍による爆撃はドイツの地図からすべての町を消し去ったかに見えた。ヘルツォーゲンアウラッハの住民が地下室で震えながら二晩を過ごした一九四三年の二月には、頭上を切れ目なく飛ぶ爆撃機の群れがニュルンベルクやヴュルツブルクといった周辺の町をあらかた破壊していった。ヘルツォーゲンアウラッハ自体は奇跡的に難を逃れ、五人が流れ弾の犠牲となるにとどまった。しかし一方では、東部戦線の開戦で、町から出征した男たちの命が次々と奪われていた。

戦争は人々にますます重くのしかかり、ダスラー家も窮乏し始めた。何年も前から家庭内の不和は深刻だったが、原因は主にルドルフにあった。四六時中顔をつき合わせている生活環境が、関係をさらにこじらせた。両親、折り合いの悪い二組の夫婦、それに子どもが五人とあっては、さすがの大邸宅ヴィラも窮屈に感じられた。姉のマリーも夫のジーモン・ケルネルとともに移ってきており、マリーはダスラー兄弟商会で働いては、週末のほとんどをアディの家族と過ごした。

ダスラー兄弟商会の要は明らかにアディだったが、ルドルフはなんとか主導権を握ろうと躍起になっていた。ルドルフがマリーの息子二人の雇用を拒否したとき、マリーは打ちひしがれ、アディになすすべはなかった。「実の姉の頼みを、ルドルフはにべもなく断りました。もうこれ以上、会社内で家族のごたごたはごめんだと言って。ルドルフは、信じられないほど冷淡で薄情になることがあったんです」と、ルドルフの義妹ベッティ・シュトラッサーは語っている。

長兄のフリッツはルドルフの側につくことが多かった。以前住んでいたヒルテングラーベンの家に設立した会社は、革製半ズボンに代わって、ドイツ軍用の革の弾薬入れを作らなければならなくなっていた。開戦時には弟たちの会社の従業員を一部受け入れる約束もしたが、その後はアディとろくに口もきかなくなった。

きっかけは、フリッツがフラクヘルフェリン（前線で軍隊の手伝いをする一〇代の少女たち。無事に帰還できる可能性はほとんどなかった）の徴募《ちょうぼ》に応じ、若い女性従業員の中からマリーア・プロネルを選んだことだった。マリーアはダスラー兄弟商会で四年働いた後、一九三八年からフリッツのところで革の縫製をしていたが、アディは兄の選択に怒りを覚えた。「私の兄弟がすでに二人も前線に送られていましたから、フリッツのやり方を不公平だと思ったのでしょう」と、マリーアは振り返る。アディは彼女をダスラー兄弟商会に引き取り、マリーアはそこで無事終戦を迎えることができた。

アディが短期間で兵役を解かれたこともいざこざの一因となった。会社をきりもりする二人のうち、必要不可欠な存在は弟のほうだとはっきりしたわけで、ルドルフとフリードルにとって面白いはずがない。二人の兄は、妻のケーテにそそのかされたアディが自分たちをダスラー兄弟商会から追い出そうと目論んでいると邪推した。兄弟間の軋轢《あつれき》は、絶え間ない激しい口論となって噴出し、ルドルフは被害妄想的になっていく。

ある夜のこと。連合軍による空襲が始まり、ルドルフは息子アーミンと妻のフリードル、妻の妹のベッティとともにダスラー家の防空壕に避難した。すぐにアディ夫妻も加わったが、アディはすこぶる機嫌が悪く、壕に入るなり「ほら、またいまいましいろくでなしどもだ！」と、吐きすてた。それが敵軍機に向けられたいらだちであることは、ベッティにもすぐにわかったが、ルドルフは怒りに震えて立ち上がった。「ルドルフのことではないと納得させるのは、とても無理でした」と、ベッティは言う。

非難が憎しみに満ちた敵意に変わったのは、一九四三年一月。戦争を早く終結させようと、ヒトラーは国内総動員体制をとり、その一環として、一六～六五歳の男性と一七～四五歳の女性はすべて帝国の防衛に当たることとなった。アディは、このときも工場での職務を理由に免除されたが、ルドルフはザクセン州グラウヒャウの連隊に配属される。

そして四月の初め、ルドルフはトゥシンの関税局へ異動になった。トゥシンはドイツ帝国の東のはずれ、リッツマンシュタット（ナチがポーランドのウッチ県につけたドイツ語名。一九三九年のポーランド侵攻後、かの悪名高いゲットーが置かれた）にある小さな町である。夜盲症だったルドルフは事務職についたわけで、ほかの何百万という兵士に比べれば、快適とすら言える環境のはずだった。しかし、弟が兵役を逃れたことを思うと、ルドルフは腹の虫がおさまらなかった。トゥシンから弟宛てに送った悪意に満ちた手紙には、「工場の閉鎖を求めることもやぶさかではない。そうすれば、お前は仕事を替え、そこでもリーダーになれるだろう。そして第一級のスポーツマンとして、銃をかつぐのだ」と書かれている。

半年後、事態はルドルフの思い通りになった。ベルリンからの一通の手紙が、ダスラー兄弟商会の閉鎖を通告したのである。会社の設備も、装甲車やバズーカ砲の予備部品の製造に使われた。

閉鎖が決定された日、たまたま休暇でヘルツォーゲンアウラッハに帰っていたルドルフは、材料の革を押収して直ちに生産を中止させようと工場へ飛んで行った。ところが、早くも弟が革の一部を持ち出そうとしているのを見つけ、激怒する。しかし、従業員たちは彼の怒りを無視した。そこでルドルフは、ナチのクライスライトゥング（地区指導部）の高官だった友人のもとへ駆けこみ、すぐさまアディは指導部に出頭を命じられた。ケーテは後にそのときのことを、「義兄は上層部につてがあったようです。夫はいきなり呼びつけられて、それはそれは屈辱的な扱いを受けましたから」と記している。

ルドルフがトゥシンの関税局に戻り、ヘルツォーゲンアウラッハでの騒ぎはいったん収束した。しかし、数百マイル離れたポーランドの任地にあってもなお、ルドルフは工場の指揮権を手中に収める算段をしつづけた。空軍の縁故を通じ、ダスラー社の割り当てを溶接作業からパラシュートブーツの製作に代えられないか、しつこく打診したりもした。じつはルドルフは、個人でその特許を持っていたのである。もしブーツ製作が可能になれば、責任者としてヘルツォーゲンアウラッハに帰還できるだろう。だが、特許には不備があることが判明した。

アディがドイツ軍装甲車の部品を作っていた頃、ソヴィエト赤軍の装甲車は兄のいるトゥシンを目指していた。一九四五年初頭、赤軍は目前まで迫り、怯えたルドルフは逃亡を決意する。彼の部隊がハインリヒ・ヒムラーの親衛隊（ＳＳ）の一部だったことが動機の一つだと、ルドルフは語っている——「親衛隊の規則に納得がいかなかったこと、前線に近かったこと、それに、すでに敗戦が明らかだったことなどから、それ以上軍務につくことを拒否したのだ」。疲れ果ててヘルツォーゲンアウラッハにたどり着いたルドルフは、その足で友人の医師宅に向かった。医師は、足の凍傷のため軍務につくことはできないという診断書を、快く出してくれた。

数週間後、ルドルフはトゥシンの部隊が解散したことを知らされた。一九四五年一月一九日、ルウッチを解放したソ連の戦車隊に敗れたのである。しかし、第三帝国はまだ降伏しておらず、ルドルフは親衛隊の上司から別の部隊、保安課報部（ＳＤ）への転属を命じられた。ヒムラーが設立した保安課報部は、当時、エルンスト・カルテンブルンナーの指揮下でゲシュタポと緊密に連携を取り、反抗の芽をことごとく摘み取っていた。何千人という密告者から入ってくる秘密情報をゲシュタポに提供することで、その殺戮行為に加担したのである。ここはナチの組織の中でも、とりわけ非難が集中する部署である。そして保安課報部のゴッツマン監房（ベルリン近郊フュルステンヴァルデ）への赴任を命じられたルドルフは、課報部への参加を拒否し、出頭しなかった。

連合軍のドイツ包囲網は急速に狭まっていたが、狂信的なゲシュタポ将校はルドルフの脱走容疑を審理の必要ありとみなした。ルドルフによれば、一九四五年三月一三日、ニュルンベルクの支局に出頭したところ、審理が終わるまで監視下にいるよう指示されたと言う。ルドルフはしかし、この命令に背いて支局を抜け出すと、三月二九日、ヘルツォーゲンアウラッハに戻った。ちょうどパットン将軍率いるアメリカ第三軍がオッペンハイムでライン川を渡った頃であり、ルドルフは父が死の床に臥《ふ》していると聞いていた。「当時の混乱した状況を考えれば、私がいなくなったとしても、ニュルンベルクで騒ぎになることはあるまいと思った」と彼は書いている。

ダスラー家の人々が短い再会をしたのは、四月四日のクリストフ・ダスラーの葬儀でのことだった。このつつましい靴職人は、心不全により八〇歳でこの世を去った。翌日、ルドルフの義妹ベッティ・シュトラッサーは、不安を抱えてダスラー家に向かった。何か良くないことが起きたらしいのだ。ドアを押し開けると、動転した姉のフリードルが、夫が逮捕されたと泣きながら告げた。ルドルフが、ゲシュタポに連行されたのだ。ニュルンベルクのベーレンシャンツ拘置所で数日間勾留され、ルドルフは「解放の日」まで戻ってはこなかった。

その数カ月前から、ドイツの敗北を認めようとしないのはよほど筋金入りのナチ党支持者だけになっていた。米軍の戦車がライン川を渡った一九四五年の三月には、ヘルツォーゲンアウラッハの人々も連合軍の到来を覚悟していた。それでもナチ党員はやるべき義務を遂行し、ヘルツォーゲンアウラッハを死守する人員を募った。とはいえ、この決起はまったく身の入らないものだった。四月一四日の土曜日、六〇人ほどの男が米軍と対決するため西へ向かったものの、町から数マイルほど行ったところで早くも半数が用水路や道路沿いの農場へと姿を消した。残った者たちも、一日もたたないうちに戦いを放棄して町へ逃げ帰っていった。決して名誉ある撤退とはいえないが、これには面白い後日談もある。自称戦闘員の彼らは、途中、ワインでいっぱいのバケツをぶらさげた女たちと出会った。聞けば、近くにあるナチの外相ヨアヒム・フォン・リッベントロップのワイン貯蔵庫から盗んできたと言う。女たちは、疲れ果てたヘルツォーゲンアウラッハの兵隊たちにも気前よく上等のワインをふるまった。

アウラッハ川の二つの橋は爆破されていたが、四月一六日月曜日未明、ヘルツォーゲンアウラッハに進駐した米軍が、住民の抵抗にあう危険はほとんどなかった。戦前町長だった保守派のヴァレンティーン・フレーリッヒが、流血を避けるため直ちに投降するよう、強硬派のナチ党員を説得したからである。ヘルツォーゲンアウラッハはここでも、同胞の多くの町が経験した陥落の惨状をまぬがれたのだった。

そして米軍戦車は、ダスラーの工場の前で停止した。親衛隊将校をかくまっているという情報があり、建物を破壊すべきかどうか検討する。と、そこへ、若い女がひとり進み出てきた。二八歳のケーテである。彼女は勇敢にも、工場には手をつけないでほしい、中にいる人たちはただスポーツシューズを作りたいだけなのだと懇願した。ケーテの魅力も一助となったのだろうが、米軍兵士がヴィラをそのまま残したのには理由があった。なんといっても町で一番居心地が良さそうだったし、米軍は滞在場所を必要としていたのだ。

それからの数週間、混乱と不安がヘルツォーゲンアウラッハを襲った。フレーリッヒは一時的に町長に復帰したものの、米軍は狂信的ナチ信奉者を一掃した。一方、アメリカ政府は、ナチによる異常な残虐行為を眼前につきつけることで、ドイツ市民の意識を変えようとした。多くの者が見ることを拒み、そうでない者はアメリカの行為を非難できなくなった。アメリカはドイツ市民に罪と恥の意識を徐々に植えつけていったのである。ヘルツォーゲンアウラッハの住民も、やはり米軍に映画館に集められ、ダッハウ強制収容所が解放されたときに明るみに出た、言語に絶する恐怖の映像を見せられた。

自分はまさにその地獄をまぬがれたのだ――。と、ヘルツォーゲンアウラッハに戻ってきたルドルフは言った。解放後、二週間ほどたってからである。ゲシュタポに連行されて以来、久々に再会した家族にルドルフが語ったところによると、勾留期間は一四日だったとのこと。その後、地域のゲシュタポ局長が収容者の一部を集め、彼らをダッハウに送った。二六名の男が二人ずつ鎖でつながれ、強制収容所までの二〇〇マイルの道のりを歩かされた。

ルドルフの話によれば、その道中、彼らを監視していた運転手のルートヴィヒ・ミュラーは、地元の武装親衛隊将校から囚人を射殺せよと命令された。ミュラーはこれを無視し、囚人たちをさらに南へと歩かせたが、彼らがダッハウに行き着くことはなかった。パッペンハイム付近で、米軍に阻止されたからである。ミュラーは喜んで囚人たちを解放し、家へ帰らせた。

ヘルツォーゲンアウラッハに戻ったルドルフは、会社における実権をなんとしてでも取り戻すつもりだった。ところが、七月二五日午後五時、彼はふたたび逮捕される。今回は、米軍によってである。とはいえ、特定のナチ組織の高官だった者全員に適用される「一律逮捕」だった。ルドルフの場合、逮捕状には、保安諜報部に勤務し、防諜活動と検閲を行った容疑とあった。

この混乱期、何十万という他の女性たち同様、フリードルも妹のベッティとともに何週間も必死で夫を探した。そしてフランケン地方北部、ハンメルブルクの収容所にいることをようやく突き止めたが、当時のルドルフは怒り心頭に発していた。というのも、自分の逮捕は告発によるものだと米軍から聞かされたからだ。密告者が誰なのか、ルドルフは疑問の余地などないと思った。

第三章 決別

数カ月の間、ハンメルブルクのドイツ人戦犯収容所は、何もない土地をただ鉄条網で囲い、重装備の米兵が警備している程度でしかなかった。衛生状態は悪く、バラックが建てられたのも囚人が到着してからのことである。囚人番号二五九七のルドルフ・ダスラーは、ヘルツォーゲンアウラッハに帰るべく、収容所の管理責任者に何度も要望書を書き送った。しかしハンメルブルクには何百人という政治犯がいたうえ、アメリカは個々の事件を徹底的に調査することに没頭していた。

ルドルフは、自分のファイルが書類の山に埋まって順番を待っている間、抗弁の準備をした。ハンメルブルクには、ヘルツォーゲンアウラッハでナチのプロパガンダ責任者だったとこのヴァレンティーン・ツィンクや、一九二六年からナチ党のヘルツォーゲンアウラッハ地区代表だったマルクス・ゼーリングなど、町のナチ指導部の多くが収容されていた。そしてありがたいことに、ルドルフに有利な証言をしてくれる収容者もいた。その一人が、諜報部の責任者として逮捕されたフリードリヒ・ブロックで、彼はトゥシン時代、ルドルフの直属の上司だった。そしてもう一人がルートヴィヒ・ミュラーで、ミュラーはルドルフを含む二六人を、ゲシュタポの指示でニュルンベルクからダッハウへ護送した容疑をかけられていた。

ブロックの証言は、ルドルフの最も被害妄想的な疑惑の一部、すなわち自分をダスラー兄弟商会から追い出す計略があるという話を裏づけるものだった。上司だったブロックによれば、ルドルフは製靴会社の経営を理由に、再三にわたって退役を願い出て、ブロックも上の許可が出れば良しと判断した。ところが、ニュルンベルクからなぜか極秘扱いの文書が届き、そこには「ルドルフ・ダスラーが自社の経営のために退役することは認められない」とあった。

しかし、米軍の調査により、別の事実も明らかになった。ルドルフが一九三三年にナチ党に入党したこと、四一年には国防軍に志願したことが立証されたのだ。ルドルフはトゥシンの国境警備隊で「個人案件や密輸事件」の記録担当だったが、拘束した者に密輸その他違法行為の罪をきせていた可能性があった。しかし、それより重大なのは、四五年三月、ルドルフがゲシュタポのためにニュルンベルクで活動していた点だった。ルドルフの主張によれば、トゥシンで退役審査が行われているあいだ、単に日課として事務所を訪問していただけだったが、米軍はこれを全く信じなかった。

アメリカの将校は報告書にこう書いている。「当所で妻から聴取したところ、彼は実際にそこで勤務していた。同じく当所で弟アドルフ・ダスラーから聴取したところ、やはり彼は実際にそこで勤務していた」この将校は、ややいらだった調子で、ゲシュタポに逮捕されてダッハウに送られたというルドルフの主張も伝えている。「ダスラーは常にこの事実を審問官に申し立てている」が、「ヘルツォーゲンアウラッハでの調査によれば、情報提供者はみなその事実を、彼を保護するためのゲシュタポの偽装でしかないと考えていた。ポーランドの内務省情報局保安部における役割やナチ党への入党、ナチの政治理念に対する共鳴などに基づく判断である」

ルドルフにとっては、不利な状況だった。アメリカの調査官も、彼は無罪ではないと考えていた。しかし、収容所の混乱状態を考えると、方針を転換せざるを得なくなる。すべての案件を詳細に吟味すれば、何十年もかかるだろう。ファイルは山積みにされ、それぞれに主張と反論があり、偽証や必要書類の不足もある。国家再建の努力を最優先すべき時期に、審理の遅れは収容所の中で大きな問題を、収容所の外で大きないらだちを生んだ。そこでアメリカは、安全保障上の脅威とみなされない戦犯は全員、釈放することを決定。ルドルフ・ダスラーは、ヘルツォーゲンアウラッハ出身者数人とともに、一九四六年七月三一日、晴れて自由の身となった。米軍に逮捕されてから、ほぼ一年後のことである。

そしてルドルフの帰還が、醜い争いを引き起こした。二人の兄弟とその妻は、戦中から終戦直後にかけての事情をはっきりさせようとしたのである。わけてもルドルフとケーテのやり合いは激しかった。ルドルフは弟が密告したと信じきっていたし、ケーテはケーテで無口な夫を断固として守ろうとしたからだ。ルドルフは、ハンメルブルクでアメリカ人に語ったように、自分は「悪意の告発」によって逮捕されたのだと怒り狂っていた。ケーテは悪賢い女であり、初めから自分を追い落とそうと目論んで、戦時中は悪辣《あくらつ》な手段により自分を疎外したと考えたのだ。ケーテは、自分は非道なことは何もしていないと訴え、ルドルフのほうこそ怒りに駆られて不実な行為をしたと反撃した。

二組の夫婦が依然、一つ屋根の下で暮らしていたことも、事態を悪化させた。四六年五月、三女ブリギッテが誕生し、アディにまた家族が増えた。ヴィラを米軍に占有された後は、トゥルムを間仕切りで分けて生活していたが、壁が薄く、親同士の喧嘩が子どもたちの耳にも届く。そこでアディは、年かさのホルストとインゲを寄宿学校に入学させた。

一九四六年七月、アディが地元の非ナチ化委員会で弁明することになり、これが決定的な事態を招くことになる。審議の結果がダスラー兄弟商会の経営権を大きく左右すると考えたルドルフは、その成り行きを遠くから見守った。これを機に、二組の夫婦の非難合戦はトゥルムから法廷に移り、ルドルフの疑念は後に、敵意むき出しの告発となって表れた。

ルドルフが釈放されるおよそ二週間前の一九四六年七月一三日、アディはナチ政権に積極的に関与し、個人的な利益を得たとして「容疑者」に分類され、愕然とする。この判決は、製靴工場への出入り禁止、ひいては工場没収を意味していたからだ。とはいえ、一九三三年のナチ入党、および三五年以降、ヒトラーユーゲントに関わっていたことは否定しようがない。そこでアディは、自分に「一〇〇パーセント・ナチズム」の烙印を押した反対派リーダーの判決に抗議するため、急遽《きゅうきょ》、証拠集めにとりかかった。

アディを強力に支援してくれたのは、町長とその周辺だった――「兄たちと違って、アディは地元での評判もよく、これまた兄たちとは対照的に、誰にでも進んで手を貸してくれた」前町長のヴァレンティーン・フレーリッヒ（戦時下での行為をアメリカに評価され、ラントラート（郡長）に選ばれていた）も、親書でその点を強調し、「アドルフ・ダスラーを知っている者なら誰でも、彼は立場や政治的意見に関係なく、援助の手をさしのべる人間だと称えるはずだ」と書いた。

アディは委員会への嘆願書に、終戦時、工場にいた六〇人のうち、ナチ党員だったのは一人だけだということを書きそえ、ハンス・ツェンガーがヒトラーユーゲントを出入り禁止にされたときも彼をクビにしなかったこと、反ファシストで知られたヤコブ・プロネルをナチ政権下でも雇い続けたことにも触れた。アディが工場の労働力として要請した五人の難民と四人の戦争捕虜は、他の従業員と同じ待遇で迎えた。「加えて、この九人には毎日コーヒーを飲ませましたし、余分にパンや衣服を与えたこともあります」と、アディは誇らしげに語っている。

ナチ機関とのつながりについては、ナチ党入党は政治に対する無知の証と見るべきだと主張。また、一九三五年に始まるヒトラーユーゲントでの活動は、もっぱらスポーツ関係だったし、政治的な集会とは慎重に距離を置いた。アドルフ・ダスラーは戦前からいくつものスポーツクラブの会員になっており、なかには政治的信条の面で相反するものもあった。リベラルな体操クラブに入ったかと思えば、ヘルツォーゲンアウラッハの保守的なサッカークラブ（FCH）にも籍を置き、ユニオンという名の労働者のスポーツクラブにまで加入していた。「私の知る限り、彼にとって価値のある政治といえばスポーツだけでした。政治運動には無関心だったのです」と、地元のドイツ共産党員は証言している。

ユダヤ人との関係については、彼らとの交流が政治的に不適当とされた後でもユダヤ人皮革業者と取引し続けていたことを証明する記録があった。しかし、この点で最も説得力があったのは、隣村ヴァイゼンドルフの村長で、ユダヤの血を引くハンス・ヴォルムザーからの手紙だった。ヴォルムザーは、ゲシュタポによる逮捕が迫っていることをアディが教えてくれ、しかも工場にかくまってもくれたと、詳細に記した――「真のヒトラー支持者なら、自分の命や家族の幸福を危険にさらしてまでそんな真似をするはずがない」

不当利益行為との非難に対しては、ダスラー兄弟商会の収益増加はナチ政権の恩恵とは無関係だと断固主張した。一九三四年から三八年にかけて、従業員数がほぼ二倍の八〇人に増えたのは事実だが、これはベルリンオリンピック後にスポーツシューズの需要が急増したおかげである。一九四三年一〇月に靴の製造を中止して武器製造に転換してからは、約一〇万ライヒスマルクの赤字を出し、当時としては、かなりの損失であった。

しかし、こうした釈明をもってしても、嫌疑を完全に晴らすことはできなかった。七月三〇日、ちょうどルドルフがハンメルブルクでわずかな身の回り品の荷造りをしていた頃、アディは非ナチ化委員会から判決の変更を知らせる二通目の封書を受け取った。アドルフ・ダスラーは「準容疑者」に分類された、というのだ。前回よりは軽いものの、有罪であることに変わりはない。三万ライヒスマルクという高額の罰金もさることながら、最大の損害は二年間の保護観察処分だった。つまり、ダスラー兄弟商会は保護観察官の手に委ねられ、アディは二年間、自分の製靴会社を所有することも経営することも許されないのである。動揺したアディは、弁護士を雇って控訴した。

一方、解放されて間もないルドルフは、非ナチ化委員会から戦時中のダスラー兄弟商会の活動について聞かれると、このときとばかりアディを非難した。武器製造は弟が単独で指揮したことであり、自分はその件について何も知らなかったし、もし知っていれば断固反対しただろう――。

この見えすいた嘘にケーテ・ダスラーは激怒した。そして戦時中の兄弟間の争いについて、自分の意見を文書にしたためる。ケーテは憤慨を露《あら》わにし、アディは兄のあからさまな悪意にも耐え、常に兄を助けていたと主張した。さらに、「しかもルドルフ・ダスラーは、アディが彼を告発したと非難していますが、これは事実ではありません。むしろ私の夫は、兄の潔白を証明しようと最大限の努力を払いました」とも書いた。ルドルフが、アディは会社の工場で政治演説会を開いた、と語ったことに対しても、「工場の中であれ外であれ、演説会の責任者はルドルフ・ダスラーです。工場の従業員なら、誰でもそう証言してくれるでしょう」と反論した。

一九四六年一一月一一日に書かれたケーテの意見書は、非ナチ化委員会のファイルに正式に加えられた。月が変わる前に、同委員会はアドルフ・ダスラーに対する前回の判決を撤回し、彼を「同調者」に分類。党員にはなったものの、ナチ政権に積極的には関与しなかった何百万というドイツ人の一人として認定されたのだ。アディ・ダスラーにとって、これは無罪に等しかった。「同調者」なら、各方面から増産を求められているダスラー兄弟商会で仕事を続けることができるのだ。

以降、トゥルムでの共同生活は不可能になった。激しい口論と悪言の末、兄弟は決別する。ルドルフ・ダスラーは荷物をまとめ、妻とアーミン、ゲルトを連れてアウラッハ川の対岸に移った。ダスラー兄弟商会は自分の存在なしでは立ち行かないと信じていたルドルフは、ヴュルツブルク通りの小さい工場をもらい受け、鉄道駅近くの大きな工場は弟に譲った。軍に占有されていたヴィラもアディ夫妻に譲り、自分の家族は川の対岸に住むことに同意。残りの資産は、設備からパテントに至るまで、兄弟間で細かく振り分けた。

一方、従業員がどちらに行くかは、自由意志に任せた。予想どおり、販売部門の大部分がヴュルツブルク通りの工場を選び、技術者はアディの側についた。姉のマリー・ケルネルは、二人の息子の就職を拒否したルドルフを許すことができず、アディ夫妻に協力する（息子たちは結局、戦争から戻ってこなかった）。母のパウリーナは、ルドルフ夫妻と暮らすことになった。パウリーナは皮膚病で苦しんだ末に悲惨な最期を遂げたが、息子夫婦は最後まで手厚く看病した。

資産分配をめぐる何カ月もの争いの果て、一九四八年四月、兄弟は完全に袂《たもと》を分かち、翌月には堂々と別会社を登録できることになった。アディは「アダス（Addas）」の社名で登録しようとしたが、類似の名称を持つ子ども靴の会社から申し立てがあった。そこで、自分の名前と姓を縮め、「アディダス（Adidas）」とする。当初、ルドルフのほうも同様に「ルーダ（Ruda）」としたが、どうもあか抜けないように思われ、より軽快な印象の「プーマ（Puma）」で登録する。

兄弟間の確執は家族を引き裂き、衝突の場面はさらにその後数十年間にわたって繰り返された。そしてヘルツォーゲンアウラッハの町まで、川を境にして片側はルドルフ派、対岸はアディ派に分裂し、この町の人々はいつも下を向いている、とさえいわれるほどになる。相手がどちらの靴を履いているか、確認してから会話が始まるというわけである。

しかし、川の両岸で、兄弟はどちらも半ば暗礁に乗りあげていた。ルドルフ側にはダスラー兄弟商会の管理職と販売職のほとんど全員が加わったが、技術職人がみなアディの側についたため、販売しようにも肝心の靴がないのだ。一方、アディのほうはといえば、ただちに生産を再開したものの、セールスをする人材がいなかった。四〇代後半にして、アディは一から出直すことになったのである。

　ルドルフが抜けた穴を埋めるため、アディの家族は想像以上に会社の業務にたずさわった。ケーテは発注書を書いたり出荷を監督したり、あらゆる雑事を取り仕切り、ケーテの妹マリアンネもアディダスの重要なメンバーとなった。分裂後すぐ、アディは姉妹を呼んで、新しいシューズを見るように言った。そこで二人は、従業員たちが工場の敷地を走り回るのを一心に見つめた。黒革の靴の側面には、それぞれ二本から六本の白いストライプがあった。

　ストライプ自体は、かなり以前から、兄弟商会をはじめとする靴メーカーが側面の補強用に使っていた。ただし、色はアッパー部分と同じで、たいていは黒かダークブラウンだったため、特に目立つことはなかった。一流選手が履いたスパイクシューズは自社のものだと主張したところで、それを証明するのは難しかったのである。写真で見ても、専門家でさえ、ランナーのスパイクシューズを見分けることはできず、宣伝資料やカタログには、ダスラー・シューズのすばらしさを称える選手やトレーナーの声をわざわざ掲載していた。しかし、もしストライプが白ならば、遠くからでもはっきりと見える。アディ・ダスラーは、そう考えたのだった。

　二本線とする案は、すぐさま却下された。兄弟商会で使っていたからで、ルドルフともめる材料を増やすのは避けたかった。また、四本ではやや複雑すぎるように思え、結局、その中間の三本線がちょうどよいだろうとなった。これなら、遠くからでもすぐ見分けがつくうえ、アディダスとライバル社との違いもはっきりする。このトレードマークは一九四九年三月に登録され、同時に社名も「アドルフ・ダスラー・アディダス製靴工場」となる。

　アウラッハ川の対岸では、ルドルフが早速ライバル社から技術者を引き抜き、資産分与された兄弟商会の機械を稼動させたが、出来あがってみれば、ひと目で弟のデザインとわかるものが多かった。それでも、ヘルツォーゲンアウラッハには失業中の靴職人がまだ大勢いた。そしてルドルフについた社員が兄弟商会から持ち出した住所録のおかげで、プーマの売り上げは急速に伸びていった。

　プーマの最初期のロゴは、ブランドネームとともに一九四八年一〇月に登録された。筋骨隆々たるネコ科の猛獣がDの文字の中を駆け抜けるところを描いたものだ。弟と同じくルドルフも、サイドに白い線を使うことを思いついたが、初期のシューズは、幅広の革の帯が一本、親指のふくらんだ部分からぐるっと大きくかかったものだった。これが後に、〝フォームストライプ（プーマライン）〟に発展する。一本のラインが、起点は同じだが、カーブしながらかかとに向かって細くなっていく。

　サッカーに関しては、ルドルフには切り札があった。終戦まで、ドイツのシューズはイギリスからヒントを得ており、建築現場で履いても区別がつかないような、ずしっとした作業靴ふうのものだった。それよりはるかに軽いプーマのシューズは見るからに粋《いき》で、アディダスより先に世界の競技場を征服するかに思えた。ところが、プーマにとって不幸なことに、ルドルフは喧嘩相手を間違えてしまった。

小柄なドイツのサッカー代表チームの監督、ゼップ・ヘルベルガーは、ダスラー兄弟とは旧知の間柄だった。関係を築きあげたのはルドルフだが、そのルドルフが自ら絆を断ち切ってしまったのである。自意識の強いルドルフは、自分に対するヘルベルガーの態度が不満で、噂によれば、「あんたは小さな王さまだ。こちらに合わせられないなら、他のやつに頼むまでだ」と、言ったという。だが、この癇癪《かんしゃく》はプーマに最大級のダメージを与える結果になった。

ルドルフに拒否されて以来、ヘルベルガーはアディと親交を深めていった。どちらも口数が少なく、短い言葉をかわしてうなずくだけで理解し合える、もの静かな関係である。ヘルベルガーは、細部までこだわるアディの姿勢を気に入り、ナショナルチームの数少ない関係者のなかに、アディの姿がちょくちょく見られるようになった。ヘルベルガーの隣で穏やかな笑みをたたえているアディは、つねに道具箱をたずさえ、選手たちの靴のねじを締めたり、詰め物をしたりと、いつでも快く調節した。

ヘルベルガーはスイスでのワールドカップ（一九五四年）へ向けて、ヘルツォーゲンアウラッハの友人の助けを求めた。ドイツチームは四年前に国際舞台に復帰していたが、当時の国内の空気と同じく、先行きは不透明だった。西ドイツはドイツマルクを導入し、新憲法も公布され、経済は驚異的なペースで回復しつつあった。しかし、それでもなお、国全体を覆う屈辱感と嘆きは、ぬぐいきれていなかった。

組み合わせの妙もあり、周囲の予想に反して、西ドイツチームはワールドカップ・スイス大会で決勝に進出。ハンガリーと対戦することになった。ハンガリーの英雄ストライカー、フェレンツ・プスカシュ率いる強豪チームは「マジック・マジャール（魔法のハンガリー人）」と呼ばれ、国際試合で四年半以上、負けなしだった。七月四日にベルンのヴァンクドルフ・スタジアムで開かれる決勝戦の予想も、おおかた一致していた。ドイツチームはすでに予選でプスカシュ以下マジック・マジャールに三―八で惨敗を喫しており、望みはまずなかったのである。

運命のその日、アディとヘルベルガーは、トゥーン湖を望むベルヴェデーレホテルのバルコニーで空を仰いでいた。なんとか、雨が降らないものか。主将のフリッツ・ヴァルターは重いピッチを得意としていたのだ。当日、朝のうちは雲一つなかった。ところが、選手がスタジアムに向かう頃には、うれしいことにどしゃ降りを予感させる雨が降り始めていた。

いよいよアディの腕の見せどころである。友人のヘルベルガーにはワールドカップ開始に打ち明けていたのだが、アディは後に取り替え式スタッドとして知られるようになる革新的な技術を開発したところだった。ピッチの状態に合わせ、スタッドを違う長さのものに交換できるのだ。乾いているときは短いスタッドで静止摩擦を生む、芝がぬかるんでいるときは長いスタッドで滑りやすい地面をグリップしやすくするというわけである。ヴァンクドルフ・スタジアムがじきに水びたしになるとわかるや、ヘルベルガーは「アディ、あれをつけてくれ！」と指示した。

ハーフタイムの時点で、西ドイツチームは、意外にもハンガリーと五分にわたり合い、ともに二得点を挙げていた。ところが、ぬかるんだピッチで試合終了まで六分というところで、スタジアムは再び騒然となった。ラジオに聞き入っている何百万という人々に状況を冷静に伝えるべきドイツ人アナウンサーの声に熱がこもる。「シェーファーがサイドへクロス。ヘディング、クリアされました」ヘルベルト・ツィンマーマンの実況も、ここまではまだ冷静だった。しかし、そこでボールはヘルムート・ラーンの足元に。エッセン出身の頑強なストライカーだ。「深いシュートになります。ラーン、シュート。ゴール、ゴール、ゴール！」ツィンマーマンは絶叫した。驚きのあまりしばし言葉を失った後、なんとかその興奮を言葉にしようとした。「ドイツが三―二でリード、終了まであと五分？　どうなってるんだ！　正気じゃいられないよ！」

次の数分間、ツィンマーマンは、ホイッスルよ早く鳴れと願い、我を忘れた。歓喜に沸く何百人というファンがフィールドに殺到し、ドイツ中で歓喜と興奮が炸裂した。全力で戦いぬいた選手たちがヘルベルガーを肩車する。ヘルベルガーはアディを引っ張ってきて、勝利の記念写真にはこの靴職人も一緒に納まるべきだと言い張った。

このまさかの勝利は、ドイツ民主主義の実質的な再生、ドイツ連邦共和国誕生の瞬間として祝福されることになる。書類上は、ドイツはすでに経済基盤を建て直し、民主国家としての承認も得ていた。それでも、何百万の国民にとって、ナチ政権崩壊後に受けた屈辱と困窮の暗い歳月に終止符を打ったのは、ヘルムート・ラーンのシュートだった。何年かぶりに無邪気に喜び合い、ドイツに対する誇りをとりもどすことができたのである。この試合の驚くべき結果とその後の反響の大きさから、一九五四年のワールドカップ決勝は「ベルンの奇跡」と呼ばれるようになる。

力を尽くしたチームの英雄たちと無表情なコーチとともに、アディ・ダスラーも勝利に貢献したとして、大きな称賛を浴びた。ベルンのシューズは広く紹介され、外国からも注文が殺到する。スリーストライプは「ベルンの奇跡」により、他社の追随を許さない確固たる地位を国際市場に築いたのである。

兄がアウラッハ川の対岸に行き、アディは「チーフ（Der Chef）」となった。もの静かで控えめな彼は、経営実務は喜んで妻に任せ、ケーテはスリーストライプの製品を世界各地に発送し始めた。アディはやはり、机に向かって図面に集中しているときが一番落ち着き、この堅実な姿勢は、工場の従業員たちにも愛された。

ただ、だらしなさと無知だけは、アディも容赦しなかった。「靴の持ち方が悪いという理由で、彼が不満を感じたら、かわいそうに、その従業員はお払い箱でした」と語るのは、長年アディの個人秘書を務めたホルスト・ヴィットマンだ。「会議で、ただ発言するためだけに発言するような者も同じ運命でした。アディにはそういった人たちとつき合う暇がなかったのです」

アディの自室は、細長く切った革やゴムのサンプル、メモ書きなどで散らかり放題だった。「特に夜は、次から次へアイデアが浮かんだようです」と、初期に秘書を務めたハインリッヒ・シュヴェーグラーは語る。「そして朝になると、みんなにメモを渡してまわるんです。それが彼のビジネスのやり方でした」。とはいえ、アディは大型機械を怖がることもあったという。四〇代の後半に、誤って大けがをした経験があるからだ。鋭い刃を持つ革の穴あけ機を使っているとき、それが時々逆回転することを忘れていて、左手の人差し指を切断してしまったのだ。

ゼップ・ヘルベルガーや選手たちと築いた関係から、多くの改善点が生まれた。ハンブルク出身のティーンエイジャー、〝太っちょ〟ウーヴェ・ゼーラーは、シューズに関する貴重な意見をアディに伝えた一人だ。二人は、五〇年代初期にゼーラーがユース代表に選ばれたとき以来の知り合いだった。ドイツの少年のごたぶんにもれず、ウーヴェにとってはどんなシューズでも宝物だった。サッカーシューズならなおのことで、アディがサッカーシューズを貸してくれたときは感激したものだ。いつも礼儀正しいゼーラーは、練習後に靴の泥をふき取ってから返したいと言い張ったが、アディは聞き入れなかった。スパイクシューズのどこに泥がつくかを調べたかったのだ。

その後、ウーヴェ・ゼーラーは、ダスラー家のヴィラの常連客となった。アディは仕事場を案内してまわり、開発中のサンプルを嬉しそうに見せたりもした。「すっかり夢中なんです。朝食のテーブルを皮切りに、それから一日中、思いついたことを何でも話してくれました。休む暇もありませんでしたね」と、ゼーラーは振り返る。

かたやアウラッハ川の対岸では、ルドルフがもっと大胆に采配を振っていた。会議があると、大声で笑いながら入って来たりする。従業員に対し、父親のような態度で接することが多いルドルフは、一緒に座って弁当を食べることも平気だった。ところが突然、しかもちょくちょく気分が変わり、従業員がそんな彼の性格を知るのに時間はかからなかった。陽気に振舞っているかと思えば、だしぬけに怒りだすなど、ルドルフはどんなときでも自分の存在をアピールした。

そして直情的な半面、家族経営の小心なビジネスマンの顔をのぞかせることもあった。〝締まり屋なのに気前がいい〟のである。「ルドルフに企業家らしい態度が欠けていたために失敗したこともありました」と語るのは、元生産部長のペーター・ヤンセンだ。「極端に金に細かくなって、冒険をしないのです。最新機器の導入が必要なときはいつも、納得させるのに苦労しました」

兄弟同士の綱引きには、女性陣も協力しなければならなかった。夫を支え、なにかと手を貸し、社内に家庭的な雰囲気を作り出した。シューズを買いに、あるいはダスラー家の人たちと軽くおしゃべりするために立ち寄ったお客や選手、小売店の人たちをいつでも歓待できる環境にしておくのだ。スポーツに金銭がからむことのない時代には、親しい関係を作ることが肝心だった。選手は当然、自分に一番合うもの、コーチに勧められたものを選んでいく。だが、温かいふれあいがあるとないとでは、やはり大きく違った。

ケーテはアディにとって、大切な戦力だった。社交的な妻は、内向的な夫をよく補佐し、取引業者も顧客もすぐにケーテと打ちとけた。料理やお茶をふるまわれることも多かったという。

そしてアウラッハ川の対岸でも、フリードルが懸命に夫を支えていた。優しい気配りは従業員に喜ばれ、「ディー・プーマ・ムター（プーマの母）と呼ばれるようになる。フリードルは夫の気まぐれにも耐えたが、夫は以前にも増して無愛想になっていった。

アディダスの常連客の一人に、デットマール・クラマーという背の低い男がいた。アディと知り合ったのは、五〇年代に入ってすぐ、ゼップ・ヘルベルガーのアシスタント・コーチとしてユースチームを指導していた頃である。時がたつにつれ、二人は親子のような絆を結び、クラマーはヘルベルガーを「心の父」と呼んだ。そして彼はアディとも、かけがえのない友情を培っていく。

二人が初めて出会ったのは、一九五〇年、イギリスのサッカー場でのことだった。当時の首相ウィンストン・チャーチルがイギリスの庶民院（下院）の演説でドイツとの友好関係を呼びかけ、その第一歩としてサッカーの親善試合を提案した。そこでクラマーがチームをまとめ、アディが同行したのである。以来、二人は週に一度は語り合う仲になった。

クラマーはアディを靴作りの天才と考え、アディのほうも聡明なクラマーの話に耳を傾けた。クラマーは戦争で学業を中断したものの、知識欲は旺盛で読書家でもあり、ゲーテをはじめ孔子さえも引用した。彼がヘルツォーゲンアウラッハに立ち寄ったときは、いつでも泊まる部屋が用意されていた。

その頃になると、反目し合うダスラー兄弟は、スポーツ用品会社の主として、ともに一目置かれる存在だった。プーマはドイツのサッカークラブに強固な基盤を築いていたし、一方アディダスは国際舞台で広く認められており、ヘルベルガーが指揮しているあいだは、ドイツのサッカー界でも無敵と見られていた。引退する年齢が近づいても、どちらも一線から退く気などさらさらなかった。とはいえ、二人とも安心しきってはいた。いずれは息子たちがアディダス、あるいはプーマを、父親と同じ熱意で引き継いでくれるだろう。

第四章

オリンピックでの無料配布

きゃしゃな体に情熱的な瞳、わし鼻――。二〇歳の青年、ホルスト・ダスラーが初めてオーストラリアの土を踏んだとき、持っていたのはサマースーツ二、三着と、メルボルンにあるアディダス販売店の住所だけだった。一九五六年、一一月のメルボルンオリンピックでアディダスのスパイクシューズをセールスするよう、両親から送りこまれたのだが、この出張は予想をはるかに上回る反響を呼ぶことになる。

現地に到着すると、両親が発送したアディダスのスパイクシューズは、プーマの積荷とともに、まだドックで足止めされていた。そこでドイツ人青年は、この問題の解決に持ち前の機転をきかせた。有名選手に頼みこんで、アディダスの靴がなければオリンピックに出場できない、という趣旨の手紙を税関宛てに書いてもらったのだ。同時に、プーマの荷はドックに残したままにしておくよう確認することも忘れなかった。

ホルスト・ダスラーは、ある意味、よちよち歩きを始めたときから、この仕事の訓練を受けてきたと言ってよい。学校が休みの日は下働きをし、卒業してからは家業に専念するのだ。これはアディとルドルフ、どちらの家庭の子もみな同じだった。しかし、ホルストにとってのメルボルンオリンピックは、学生の仕事という域をはるかに超えていた。その後のスポーツ界を大きく変える彼のキャリアの第一歩となったのだ。

アディとケーテには五人の子どもがいたが、ホルストはその一番上で、ただ一人の男子だった。少年時代の大半を、いとこのアーミンやゲルトと一緒にヴィラで過ごした。戦時下で物資は不足していたものの、ダスラー家の子どもたちは、ヘルツォーゲンアウラッハではおそらく最も恵まれていただろう。しかし、子どもたちは子どもたちで、戦争と親同士のいさかいに深く影響されて育った。

誰一人、不和の裏にある事情をあえて聞こうとはしなかった。そしてそれぞれの父親がアウラッハ川をはさんで落ち着くと、いとこ同士の交流は当然のごとく消滅した。村人が兄側と弟側に分かれるように、子どもたちも——肉親であると同時に、生まれたときから同じ屋根の下で育った遊び仲間でありながら——互いに安全な距離を保ったのである。

週末になると、ホルストは父親に誘われて、森で長い時間ランニングをした。若き日のホルストは父とスポーツに興じ、それが父子の間に言葉のいらない絆を育んだ。「父は決して饒舌《じょうぜつ》ではありませんでした。話といえば、実際的なことばかりで」と、ホルストはずいぶん後になって、ドイツ人記者に語っている。短距離走の合間に、アディはよく息子に仕事の相談をした。一方、母親に関しては、彼の伝記作家によると「ホルストは母を心から尊敬していたし、ある程度感謝もしていた」が、「母子の間に、さほど緊密な関係はなかった」とのことである。

ホルストは、戦争中の大半をバイエルンのエッタール修道院で過ごし、その後、エアランゲンのフリデリツィアヌム・ギムナジウムで、人文系を重視した総合教育を受ける。もの静かで控えめな一〇代のホルストは、続けてニュルンベルクの学校で二年間商業を学び、さらに父と同じくピルマゼンスの専門学校に通った。ところがメルボルンに来て、このダスラー家の若き後継者は、どこでも学べないような技能を披露してみせたのである。

オリンピックの準備に沸く街で、ホルストはメルボルン・スポーツ・デポへと車を走らせた。

この店はアディダスのスパイクシューズを販売し始めたばかりだが、彼はそこで驚くべきプロジェクトを明らかにした。アディダスの靴を、売らずに無料で配布するというのだ。国際競技では金銭の話がまだタブーだった時代、これは前代未聞の提案だった。豊かな国のなかには、スポーツ連盟が選手にシューズを支給するところもあったが、たいていは自分で買っていたのである。

当時のオリンピック規定では、選手は厳密にアマチュアでなくてはいけなかった。選手としての功績にもとづいた金銭その他の報酬は、一切受け取れないのである。同様にシューズ・メーカーも、選手の商業的価値を利用してはならなかった。新聞に広告を出す場合も、選手の顔をぼかしたり、目に黒い線を引いたりと、個人を特定できないようにする。一九五二年、国際オリンピック委員会（IOC）委員長に就任したアベリー・ブランデージは、規則の遵守に対して異常に厳しく、「スレーバリー・アベリー（人を奴隷扱いするアベリー）」というありがたくないニックネームをいただいた。

それでもホルスト・ダスラーは、スパイクは技術装備とみなされるから、提供してもなんら問題はないと考えた。その頃のトラックはシンダー舗装で、選手自ら小さなスコップを使ってスタート用の穴を掘るような時代であり、ランナーにとってスパイクは必需品だった。特殊なシューズは値が張るため、擦り切れても修理して、ぼろぼろになるまで履き続けたのである。

靴の無料提供というホルストの案に、メルボルンのアディダス小売店は興味を示さなかった。オリンピックは、シューズの売り上げを伸ばすまたとない機会である。オーナーの息子がただで配ってしまっては、売れる望みがなくなるではないか。ホルストはしかし、無料供与がいかに賢明な投資であるか、店主のハートリーを説得した。スリーストライプを履いた選手がゴールのテープを切ること以上に、効果的な宣伝などあるはずがない。ついにハートリーは、スパイクシューズ「メルボルン」（オリンピック用にデザインしたもので、緑のスリーストライプと、かかと部分の緑のクロスが特徴）を大量に店に置くことに同意した。そして好みのシューズを選んでほしいと、選手団全員が店に招待されたのである。

予算に余裕のない選手にとって、そんなスパイクシューズは高嶺の花である。デレク・イボットソンは一マイルをきっかり四分で走った最初のイギリス人ランナーだが、彼もホルスト・ダスラーの申し出に飛びついた一人だった――「私たちはみんな嬉々としてあのメルボルンのショップを訪ねました」イボットソンは、緑のストライプのアディダスシューズと、五〇〇〇メートル走の銅メダルをヨークシャーに持ち帰った。

その頃にはアディダスのスパイクシューズの評判は知れわたっていたので、一流選手のなかにはオリンピック前にすでにアディダスを手に入れた者もいた。それでもホルストは休みなくスタジアムを歩き回り、さらに大勢の人々を説得してまわった。愛想のいいアディダスの青年とその大きなリュックは、メルボルンオリンピックの選手村ではおなじみの光景となった。

ライバル会社のなかに、オニツカタイガー（現アシックス）という聞き慣れない名の会社があった。戦後この会社を興した鬼塚喜八郎は、坂口家に生まれ、戦後すぐに鬼塚家の養子となる。養父母とともに神戸に移った喜八郎は、路上でたむろする若者にスポーツを奨励することに力を注いだ。

鬼塚は神戸の大きなゴム工場の後ろ盾を得て自身の工場を立ち上げ、バスケットシューズの生産を始めた。しかし、国内外のマラソン走者に靴を供給し、長距離走の世界で一躍有名になる。タイガーのシューズが初めて世界のひのき舞台で注目を集めたのは、メルボルンオリンピックの開会式で日本人選手が履いて入場したときだった。

それでもアディダスは、プーマをはじめ、他社に大きく差をつけて、メルボルンオリンピックの主役となった。メダルの数で言えば、スリーストライプの靴を履いた選手が全体のうち七〇個を取ったと、ホルストは得意げに両親に報告した。選手がこぞってアディダスの無料シューズを手にしたおかげで、アディダスブランドはいたるところで目についた。フィニッシュの瞬間をとらえた写真の多くに「メルボルン」が写り、他社には真似のできない宣伝効果をもたらした。

メルボルンオリンピックは、競技場の外でも、ホルスト・ダスラーの名をスポーツ・ビジネス界に知らしめた。オリンピックに出場した選手の多くはその後もスポーツ界に残ったし、なかにはスポーツ関連団体で高い地位につく者もいた。ホルストはそんな人々に、自分こそアディダスのスパイクシューズを提供した気さくな青年であることを忘れずにいてもらうよう努力した。メルボルンオリンピックにより、ホルストはかけがえのない交流関係を築くことができたのである。

次のローマオリンピックに参加した選手たちは、大きなリュックを背負った気さくなドイツ人の姿を探して競技場を見回した。しかし、この四年の間に、プーマのダスラーも学んでいた。彼らも一流選手と接触し、自社のスパイクシューズを提供し始めたのである。ただし、アディダスに勝つには、それだけでは不足だった。

五〇年代後半から、ルドルフ・ダスラーは長男のアーミンを経営に参加させるようになった。とはいえ、ルドルフ自身は依然、社内で一番広い部屋を使い、自分の意見を押し通した。長男は、選手や国外のパートナーとの折衝を徐々に任せられてはいたが、父子の関係は緊張をはらんだものだった。

アーミン・ダスラーは、少年時代からずっと父親の厳格さに苦しんできた。ルドルフは、息子に期待をかけても失望させられてばかりだと、容赦なく口にした。「ルドルフは、運動が得意で、頭脳も優秀な子どもを望んでいたのです」と、アーミンの叔母ベッティ・シュトラッサーは言う。「いつもアーミンのことをけなしていました。それもよく人前で」。アーミンは、自分の道を歩ませてほしい、電子工学を研究したいと懇願したが、ルドルフは聞く耳を持たなかった。大学を卒業したらすぐシューズ業界に入る以外、アーミンに選択の余地はなかったのである。

なおひどいことに、ルドルフはアーミンより一〇歳下の次男ゲルトを偏愛した。あからさまに差をつけることで、息子たちの間に攻撃的で、時に不健全な競争心をあおったのだ。この不和は、母フリードルを疲弊させた。不公平な扱いはやめてほしいと夫にいくら頼んでも、全く取り合ってくれない。かつては陽気で気丈だったフリードルも、横暴な夫のもとでくたびれ果てていった。

この問題はやがてプーマ社内でも表面化するようになり、ルドルフ父子のきしんだ関係が見苦しい場面を生むこともあった。「ふたりの関係は、かなり厄介でした」と語るのは、アーミンのかつての学友で、後にプーマの役員になったペーター・ヤンセンである。「若いアーミンは必死で階段を上ろうとするのに、父親がそれを上から押さえつけるのです」。しかし、いったんプーマの仕事に打ちこむようになると、アーミンは父と変わらぬ熱意を持ってアディダスとの闘争を続けた。

ドイツのスプリンターで何かと物議をかもしていたアルミン・ハリーは、二社のライバル関係をあからさまに利用した最初の選手だった。ローマオリンピックの数カ月前、ハリーは数回にわたり、世界最速の男であることを実証した。一〇〇メートルを一〇秒フラットで走る最初の人類になるとまで豪語し、このタイムは一九六〇年六月、ローマオリンピック開幕のわずか数週間前にチューリッヒで達成された。

アディ・ダスラーは得意満面だった。アルミン・ハリーはアウラッハ川のアディダス側の常連客だったのだ。アディはハリーのレースを熱心に追い、長身のランナーがもたらすものを賞賛した。ハリー用のスパイクは、特に時間をかけて念入りに作った。この調子でいけば、間近に迫ったオリンピックで、一〇〇メートル走の表彰台にアディダスの靴が乗るのは間違いないと思われた。

彼が見たところ、ハリーの実力はアメリカ滞在以降に大きく伸びたようだ。ところがハリーは、最新のトレーニング法とともに、選手は報酬を得て当然だということも覚えた。スポーツ選手への報酬は、依然、公式には認められていなかったものの、ハリーはこの種のアメリカ人気質を気にいり、自分もぜひともそうしようと決心する。

ハリーはまず、アディの長女インゲの夫、アルフレート・ベンテに話を持ちかけたらしい。アルフレートはすっかりダスラー家の一員となっており、一家はアディダスの敷地内の別棟に住んで、会社の国内ビジネスの多くを任されていた。生産担当のアルフレートは次第にナンバーツーの地位にまでのぼり、インゲのほうは、国内のスポーツ関係者に対するプロモーションを担当した。

ハリーはそのアルフレートと雑談中、自分の協力に対してアディダスは何を提供してくれるか、ずばり尋ねた。きわめて異例の要求に驚いたアルフレートは、現金を渡すことはできないと、きっぱり断った。しかし、代替案に関しては、アディ・ダスラーと相談することを約束した。代替案とは、ハリーをアメリカにおけるアディダスの卸業者に指名し、手始めに無利子で一万足を信用貸しするというものである。アルフレートの予想通り、アディは怒ってそれを拒否した。

その頃ハリーには、アウラッハ川の対岸にも何人か友人ができていた。仲立ちをしたのは十種競技でドイツの、後にヨーロッパのチャンピオンにもなったヴェルナー・フォン・モルトケである。フォン・モルトケは一九五八年からプーマを使っており、シューズを無料提供してもらう代わりに、国際大会で選手にプーマを紹介することに同意していた。それがアルミン・ハリーと一緒なら、もっと楽である。二人はチームメイトになった。「彼にプーマの靴を渡して、金も少々あったから、昼飯に誘った」とフォン・モルトケは振り返る。何カ月かの間に関係は深まり、ハリーはじきにアウラッハ川の両岸を行ったり来たりするようになる。

一〇〇メートル走の決勝を観戦するため、スタディオ・オリンピコの観客席に着いたアディ・ダスラーは、ハリーがアディダスのスパイクシューズを履いて出てくるものと信じていた。非常識な金の話など、もう忘れたに違いない――。そしてアディは、愕然とする。入場ゲートから現れたハリーは、なんとプーマのシューズを履いていたのだ。他の選手は四人ともスリーストライプのシューズだったが、ハリーのフォームストライプはスタンドからでもはっきりと見えた。ハリーが一〇・二秒をマークして金メダルを獲得すると、プーマ陣営の顔は輝いた。フォン・モルトケも認めているように、ハリーがプーマを選んだ理由の一つは分厚い茶封筒にあった。金メダルに対して推定一万マルク、当時としてはかなり高額のボーナスが提示されていたのである。しかしその数分後、今度はプーマ側が茫然とした。ハリーはメダル授与式にアディダスの靴を履いて現れたのだ。「両手を広げてハリーを迎え入れたルドルフとフリードルには、相当こたえただろう」フォン・モルトケはこう言ってため息をついた。

貪欲なビジネスマン的側面を持つアルミン・ハリーは、両方の会社から報酬を得ようと考えたのだろう。しかし、これにうんざりしたアディは、アウラッハ川の自分の川岸へは、このドイツ人スプリンターを出入り禁止にした。そしてハリーはその後もプーマへの協力を続けたが、プーマの首脳陣もローマでの出来事を忘れることはできず、ハリーのことを「両岸を食い物にした男」と呼び続けた。ローマオリンピック以降、陸上競技界、そして陸上競技に不可欠のシューズ業界は、必ず様変わりする。誰もがそう確信した。

ローマオリンピックを訪れた日本人ゲストのなかに、この成り行きを不安げに見つめる者たちがいた。四年後に開かれる東京オリンピックの主催者たちである。彼らは競技場を中心に繰り広げられる靴の取引で五輪を汚されては困ると思った。東京オリンピックは、日本が尊敬される国として復帰し、戦後の苦しみと孤立に終止符を打つきっかけとならなくてはいけない。

そしてその点に関し、一九六四年の東京オリンピックは大成功を収めた。開催へ向けて、日本の首都はすっかり生まれ変わった。新しい高速道路や鉄道が縦横に走り、駒沢オリンピック公園にはすばらしいスポーツ施設が建設された。丹下健三設計の国立代々木競技場は、日本の復興を告げる記念碑となる。

満員の競技場に昭和天皇が臨席して行われた開会式も同じ精神にのっとって企画され、クーベルタン男爵が広めようとした平和というメッセージが強調された。ただ、北朝鮮とインドネシアの選手団だけは、論議の的となっていた新興国スポーツ大会に参加したことから、開会式前に帰国することになってしまった。ハイライトの一つは聖火の入場だ。聖火リレーの最終ランナーに選ばれたのは、坂井義則。この若い学生が選ばれたのは、彼が広島に原爆が落とされた一九四五年八月六日に生まれたという理由からである。そこには、犠牲者の冥福を祈る気持ちと平和への強い願いがこめられていた。

しかし、この気高い象徴性をもってしても、オリンピックを営利目的で利用しようとする製靴業者たちを阻止できなかった。ハリーが前例を作って以来、競争は一段と激しさを増し、さらに多くの選手がシューズ・メーカーの先行投資を受け入れるようになっていた。

そして今回は、日本人が競争の渦中に置かれた。主催者側はスタジアム内での商行為を禁じたが、聖火ランナーや関係者用に日本ゴム（当時、無地のスポーツシューズの最大手だった）が寄贈した五〇〇〇足の靴は受け取った。

それよりさらに大きな投資をしたのは、オニツカタイガーである。「当時としては莫大な額」と鬼塚喜八郎も言うように、じつに三〇〇億円もの金額をオリンピックのプロモーションにつぎこんだ。そしてターゲットにした種目の一つが、マラソンである。もとはバスケットボールからスタートしたオニツカタイガーだが、その後ランニングシューズに力点を置くようになっていた。ところが前回のローマオリンピックでは、裸足で走ったエチオピアのアベベ・ビキラがマラソンの金メダリストとなった。鬼塚はこれを「ショッキングな出来事」ととらえ、「裸足で走ることが流行したら、ビジネスが続かない」と考えた。

その後アベベが〝毎日マラソン〟で来日したとき、鬼塚はホテルまで会いに出向いた。アベベの足を見せてもらった鬼塚は、それが「シルクのように柔らかい」ことを知る。鬼塚は、アベベのために特別に製作したタイガー・シューズを試してほしい、と頼みこんだ。超軽量であり、履いた感覚は裸足と変わらない、ただしガラス片から足を守ってくれる――。ところがアベベが東京オリンピックのマラソンに参加したとき、鬼塚はまたしても「ショッキング」な光景を目の当たりにした。アベベが履いていたのは、新品のプーマだったのである。

陸上競技ではダスラー家の支配を切り崩せなかったオニツカタイガーだが、日本人の関心が高かった体操やレスリングでは勝利を収め、この分野では日本人選手のメダルラッシュとなった。

結果的に、東京オリンピックの金メダリスト二〇人が、オニツカタイガーのシューズを履いたことになる。

しかし、最大の収穫は、この大会で初めて正式種目となったバレーボールの日本男子チームだった。日本チームは男女ともに世界の最高水準にあったことから、日本のファンは大いに期待していた。タイガーの靴を履いた男子チームは、ソ連戦に勝って観衆を沸かせたが（ソ連は最終的に金メダル）、チェコスロバキアに一歩及ばず、銅メダルに終わった。

女子チームはさらに人気が高かった。二人を除いて全選手が、日本リーグを何度となく制した、大松博文監督率いる日本紡績工業（現ユニチカ）の女子バレーボール部〈ニチボー貝塚〉の出身である。大松監督は容赦なく暴言を浴びせ、荒々しい指導で知られたが、独特の動きも考案した。日本中がこのチームに熱狂し、ソ連から優勝を勝ち取った決勝戦は八〇パーセントの視聴率を記録した。

そして満面の笑みで金メダルを胸にした日本人選手の足元は、鮮やかなスリーストライプで飾られていた。とはいえ、日本チームの主将、河西昌枝が確かに記憶しているところによると、問題の三本ストライプは、日本の小さなブランド〈ベア〉のものだったということである。もっとも、このブランドはその後数年で姿を消した。

日本人がマラソンに声援を送るのには、特別な理由もあった。円谷幸吉の活躍である。円谷が二位でスタジアムに入ってくると、割れんばかりの拍手と歓声に迎えられた。すでに限界にきていた円谷は、最後の一周でイギリスのベイジル・ヒートリーに抜かれてしまったが、それでも堂々と銅メダルを獲得。これはベルリンオリンピック以来、日本人が陸上競技で初めて勝ち得たメダルで、円谷は国民的英雄として称えられた。

レースの大半をアベベのすぐ後ろについて走っていた円谷は、赤のストライプが三本入った、目立つ白いシューズを履いていた。だが、それがどのブランドかを見分けるのは難しい。東京オリンピックで三本線の入ったシューズを提供していたのはアディダスだけではなかったからだ。日本のもう一つの大手、美津濃（現ミズノ）も、ほとんど同じデザインのランニングシューズを作っていた。

美津濃は、二〇世紀の初めに水野利八が弟の利三とともに大阪で創業。野球大会を開催したり、スキーやゴルフクラブの生産も始めたりするようになる。六〇年代までには、野球をはじめとするスポーツ用品の日本を代表するブランドとして、ほとんどあらゆるスポーツ分野のシューズを作るようになっていた。

美津濃は日本でもトップの売上高を誇り、日本オリンピック委員会の長年のパートナーとなる。もちろん美津濃も他ブランド同様、スタジアム内に企業名を出すことは禁じられていたが、日本人選手にトレーニングジャケットなどの衣料を提供することで、主催者をサポートした。さらにその関係を通じて、自社の広告に赤の〈ニッポン〉チームスーツとヘルツォーゲンアウラッハと似た三本線のスパイクシューズを載せたのである。

日本のスポーツ用品メーカーがどこもはがゆい思いをしたのは、アディダスブランドへの忠誠心を公言したなかに、ほかならぬ日本のサッカーチームも入っていたことだ。そもそもの発端は一九六〇年、日本サッカー協会の会長だった野津謙《のづゆずる》が、東京オリンピックを前にして日本チームの実力向上を図ったことにある。ドイツ語が堪能な野津は、当然のことながら、ドイツ人のコーチを採用しようと考えた。

彼の要望は、アディ・ダスラーの親友で親日家でもあったデットマール・クラマーのもとに届けられた。「庭師だった父が、日本はすばらしいとよく言っていましたし、大戦中落下傘部隊にいた私は、日本の戦闘機パイロットの勇気に感銘を受けました」と、クラマーは説明する。問題は、ドイツリーグのチームを見捨てていくわけにはいかない点だった。そこで彼は日本チームに、ドイツまで来て、デュースブルクにある彼の施設で練習することはできないか、と打診した。

まもなくドイツに到着した日本選手団を率いていたのは、岡野俊一郎という若者である。元日本代表選手で、コーチとしても名をはせ、ドイツ語も勉強していた。岡野はその後数カ月間、クラマーと選手団の通訳を務め、折にふれクラマー家に宿泊。その間に二人の絆は強まり、デットマール・クラマーの母親も日本の青年を気に入って、戦争末期にベルリンで失った息子の代わりに養子にしたいとさえ言ったほどだ。

日本チームに対し、最初にクラマーが教えたチーム改善策のひとつは、シューズを替えることだった。チームのほとんど全員がヤスダ・ブランドのシューズを履いていたが、クラマーの目には重すぎると映ったのだ。彼は全員をヘルツォーゲンアウラッハに連れて行き、サイズを測らせ、各選手に合ったシューズを作るようアディに依頼した。選手たちは感激し、また感謝もした。以来、クラマーの指導を受ける限り、日本のサッカー選手はスリーストライプ以外のものを履こうとしなかったのである。

陸上競技の場合、最も競争が激しかったのは、やはりダスラーのいとこ同士―ホルストとアーミン―だった。どちらも来日し、露骨な金銭の提供もためらわなかった。とはいえ、オリンピック出場選手が金銭を受け取ることは当時も厳禁されており、違反すれば除名されかねない。そこで細心の注意を払い、廊下を往来してはさまざまな言語で「ボーナス」という言葉をささやいたりした。

二〇〇メートル走で金メダルを取ったアメリカのスプリンター、ヘンリー・カーは、当時の様子を詳しく再現してくれた――「東京でのことはよく覚えていますよ。まるでジェームズ・ボンドかミステリー映画のようでね。シューズ・メーカーのエージェントがトイレに入り、個室の陰に封筒を置いていくと、私がすぐ後からその個室に入るんです。封筒の中を見ると、五ドル札や一〇ドル札で六〇〇～七〇〇ドルとか、時には数千ドル入っていることもありました」。彼の場合、便器の陰に一番分厚い封筒を置いたのはアディダスだったようだ。

プーマにとって、東京オリンピック最大の収穫がアベベだったことは疑いようがないが、その他の種目、たとえば円盤投げでのメダル獲得もアーミン・ダスラーを喜ばせた。アルフレッド・オーターは、ふだんはスリーストライプを履いていたのだが、東京オリンピックではプーマを試してみることに同意した。結果は、どちらを履いても大差はないことがわかった。このアメリカ人選手はメルボルン、ローマ、東京と、連続して三つの金メダルを手にしたのだから。

しかし、結局、東京で一番の成果を上げたのはホルスト・ダスラーだった。今大会は、美津濃やオニツカタイガーなどの日本ブランドを世に知らせる格好のチャンスだったはずだが、メダルを獲得した選手の大半がアディダスを履いていた。何百人という選手がスリーストライプのシューズを履き、そのなかから栄光のメダルを手にする者が次々現れたのである。そして一部のメダリストによれば、メダルと封筒の厚さとは、当然無関係だった。

イギリスのランナー、ロビー・ブライトウェルは、長年にわたってプーマを愛用し、シューズは定期的にドイツから送られてきていた。そして東京オリンピックの二年前に開催されたヨーロッパ選手権（ベオグラード）で優勝した際、ホルスト・ダスラーから自己紹介されても、格段驚きはしなかった。ブライトウェルはその後まもなく、スリーストライプを履くようになる。

ブライトウェルが東京オリンピックでイギリス選手団の主将に選ばれたことは、アディダスにとって追い風となった。結果的に、ブライトウェルは四位に終わったものの、フィアンセのアン・パッカーがすばらしい活躍をする。パッカーは得意種目の四〇〇メートルで銀メダルを獲得したが、ブライトウェルのために八〇〇メートル走にも出場。驚異的な追い上げを見せ、最後の直線コースで他の走者をごぼう抜きにして優勝。目立つブルーのアディダスを履いたパッカーは、ブライトウェルの腕の中にまっすぐ飛びこみ、これがロマンチックな見出しで世界中に報じられた。

東京を訪れたイギリス選手団の主将ブライトウェルは、ホルスト・ダスラーがスポーツ業界のリーダーになると確信していた。「説得力があって、選手のためにはどんな労苦もいとわない」と、ブライトウェルはホルストを評価する。「若くて頭もいいし、彼にはオーラがあるよ」ホルスト・ダスラーが、じきにスポーツ業界の大きな存在になるのは疑問の余地がなかった。

第五章

アルザスの計略

深夜。若い男たちのグループが、アルザスの瀟洒《しょうしゃ》なレストランの大テーブルを囲んでいる。高級なコニャックをすすりながら、興奮した面持ちで、大胆かつ入念な計画を練る。スポーツ界を支配する計略である。

彼らは連日のように〈オーベルジュ・ド・コッヘルスベルグ〉で密談を重ねていた。ここは、もと狩猟小屋で、それを高級レストランとすばらしいワインセラーのあるホテルに大幅改装したものだった。ここなら、客は夜遅くまで最高のもてなしを受けることができる。いま、彼らフランス人経営幹部は、若きチーフ、ホルスト・ダスラーのもとに集合していた。

ホルストの両親は、息子がまだ二〇代前半だった一九五九年、彼をアルザスに送った。これにはいくつか理由がある。メルボルンオリンピック（一九五六年）から帰国して以来、ホルストはどこか不安定だった。父親からは熱意を、母親からは忍耐強さと頑固さを受け継いだホルストだが、会社での決定権や発言力を高めてほしいと両親に頼んでも、なかなか聞き入れてくれない。母親に言わせれば、社内で力を発揮できるチャンスは、子どもたち全員、平等であるべきとのこと。母子の話し合いは、激しい口論で終わることが多くなっていた。

これに追い討ちをかけたのが、モニカ・シェーファーだった。モニカに惹かれたホルストは、彼女となら人生をともに歩めると思った。しかし、嫁はきちんとした家庭から、と考えていた両親は眉をひそめた。モニカは才能ある体操選手だったものの、以前は地元のサーカスで空中ブランコに乗っていたのだ。なお悪いことに、ダスラー家が代々カソリックなのに対し、モニカはプロテスタントだった。

一方、アドルフとケーテは、性急な息子をヘルツォーゲンアウラッハの外に出そうと決心する。ただし、才能ある後継者を家業から遠ざけるのは賢明ではない。そこで、ホルストを別の工場の責任者にした。息子と両親のあいだに距離を置けるうえ、商売の面でも、増える一方の需要に対処できる。

両親はアルザスに目をつけた。フランスとの国境を越えてすぐ、ヘルツォーゲンアウラッハから車で四時間あまりだ。そこの製靴業は不振に苦しみ、工場主が必死で買い手を探していた。ダスラー家が選んだのは、デットヴィラーという小さな村にある古びた工場、フォーゲルだった。

独立できるうれしさに、ホルストは喜んでアルザスに移り、工場の上にある部屋を住居とした。ところが、両親の思惑に反し、モニカ・シェーファーが片田舎までやってきて、ホルストと暮らし始めた。二人の静かな結婚式は、サヴェルネの〈オーベルジュ・ド・オー・バール〉で行われた。こうしてアルザスは、ホルストにとって、かつてない大スポーツ帝国を築く拠点になると同時に、わが家ともなったのである。

それから一〇年とたたないうちに、ホルストは経営の一切を取り仕切っていた。いやな臭いのするデットヴィラーの工場を足がかりにして、アディダスの事業を積極的に築いていく。そんななか、ランデルスハイムのさびれた村にある〈オーベルジュ・ド・コッヘルスベルグ〉がホルストの目にとまった。頭に描いていた事業を展開するには、うってつけの場所に思えた。かつての狩猟小屋の裏手に何棟かの事務所が建てられ、テニスコートやサッカー場もつくられた。

書類上はヘルツォーゲンアウラッハの指示を仰ぐべき子会社にすぎなかったが、〝アディダス・フランス〃は経営面でもドイツ本社からほとんど切り離され、商品構成や取引業者も分立した。ランデルスハイムの新築の事務所と〈オーベルジュ〉は、アディダスの司令塔となっていく。

いったん動き出すと、ホルストはためらわず前進を続けた。多少の障害などものともせず、部下には即座に行動に移らせた。ホルストが難しい仕事を任せられる側近のなかでも、とりわけ豪胆だったアラン・ロンクは、次のように言う。「社長は、問題点と経費を秤にかける会議には興味がありませんでした。思いきりよく決断を下し、それを実現する具体的な方法を見つけるのが私たちの仕事というわけです」。ロンクは輸出部門のアシスタントとして入社した。「社長が時速二〇〇マイルで突っ走る後を、私たちは肩で息をしながらついていくんです」

ホルストは部下に大いに汗をかかせた。社員の多くは働き詰めで、私生活をほとんど返上して彼についていった。仕事は朝早くから夜遅くまで続いた。〈オーベルジュ〉での夕食を兼ねた長いミーティングの後、ホルストのナイトキャップにつき合ってから、ようやく終業である。雇用契約に土曜出勤の規定はないが、それでも事務所は平日と変わりなかった。日曜日の会議は、よりくつろげるよう、〈オーベルジュ〉やエッカルツヴィラーのダスラー家で行われた。

アルザスで〈ル・パトロン（経営者、ボス）〉と呼ばれたホルストは、誰よりもよく働いた。どこから見ても仕事中毒で、常に時間の節約を考える。その一例が、有名な〃回転ディナー〃だ。たとえば三つのグループと会食をするとき、あらかじめ各席に重役を一人ずつつけておく。そしてホルスト自身は第一グループで飲み物を、第二グループでオードブルを、最後のグループでデザートをとるのだ。退席するきっかけは〝緊急〟ミーティングによる呼び出し。これで三グループとも、ホルストと会食した気分になれる。

一番の問題は、ホルストが睡眠をほとんど必要としないことだった。彼に近い立場にあると、深夜、毎晩のように電話がかかる。ホルストは完全に目が覚めていて、アイデアがひらめいたからすぐに話し合いたいと言うのだ。ある社員の恋人だったアメリカ人女性は、夜な夜なかかってくる電話に我慢できず、自ら受話器を取って怒った——「ホルスト、あなたは私たちの夜の生活を邪魔しているのよ！」。気の毒な社員は、それから何週間も、夜の生活について聞かれるはめになった。

ホルストが眠らないのは、出張に同行する者にとっては、わけても厄介だった。会議はたいてい日付が変わるまで続くのだが、終了後、何時間もしないうちに電話のベルが鳴る。そして翌朝は、深夜に放送されたボブスレー競技の感想を、当然のごとく聞かれたりするのだ。

式を挙げてまもなく、モニカ・ダスラーは子どもを二人もうけた（アディ・ジュニオーとズザンネ）。しかしホルストは、子どもたちの顔をめったに見ることはなく、社員にも家庭生活を大事にしろとは言わなかった。前述のアラン・ロンクは、あるとき、マルタでの会議に出席するようホルストから指示され、途方に暮れた。当日は、結婚式を挙げる予定だったのだ。ところがホルストは、さして困った顔をしなかった。「社長は、私の婚約者はマルタに行ったことがあるかと聞きました。いいえと答えると、じゃあ一緒に連れて行けばいい、三日間の会議にも出られるし、彼女とも三日間過ごせると。そんなわけで、出張がハネムーンになってしまいました」

それだけ私心を捨てて仕事に励んでもらうために、ホルストは部下に対しても〈オーベルジュ〉で客をもてなすのと同じ気配りを示した。私生活について語り合うことはめったになかったが、何かの折には手をさしのべた。社員が酒酔い運転で捕まれば拘置所から出してやり、社員の家族が経済的に困っていると聞けば力を貸した。軽傷で入院した社員をわざわざ見舞ったことすらある。「もちろん、多少は計算ずくの部分も感じましたよ」と、なかの一人は認めたが。

それでも、アディダスの若い管理職のほとんどがホルストに心酔した。その意欲、スタミナ、説得力、淀むことのない頭脳に魅せられるのだ。ホルストは照れ屋で口が立つほうではなく、脚光を浴びることを好まない。しかし、そこには人を惹きつける静かな魅力があった。ホルストが冒険の船出をするとき、部下はあらゆる努力を惜しまず同じ船に乗ろうとした。「わくわくしましたよ」と、当時の法律顧問ヨハン・ファン・デン・ボッシュは言う。「みんな、その一端でも担いたいと思ったんです。たとえ身を粉にして働こうともね」


ピルマゼンスで技術を学んだおかげで、ホルストは製造面もそつなく管理できた。時折訪ねてくる父も、ここで生産される靴がスリーストライプにふさわしいことを認めないわけにはいかなかった。需要は伸びる一方で、ホルストはもう数軒、老朽化したアルザスの工場を買い上げた。とはいえ、意欲に燃える若者は、一介の工場経営者で満足する気などさらさらなかった。

次にホルストは、フランス市場に進出した。およそ二年のあいだ、アルザスの製品は大半がまっすぐルツォーゲンアウラッハへ送られ、そこからドイツ市場や一部国外の卸業者に分配される。ホルストはアディダス・フランスを徹底して子会社化し、フランス製アディダス製品を国中でセールスできる、やる気のある若者を集めた。

当初は、フランス国内のクラブや選手からの小口注文しかなかった。主なライバル会社は、ハンガリアとレイモン・コパである。コパは五〇年代、フランスで最も人気のあったサッカー選手で、後にスポーツ用品会社を興した。コパはフランス・サッカー界に縁故が多く、ホルストも協力的な選手を探した。試合期間中は全国でアディダスの靴を配り、試合が終わればバーで新しい友人を作れるような人材だ。またホルストは、アディダスの靴をクローズアップで写してくれるカメラマンとも気前よく卓を囲んだ。

陸上選手と違い、サッカー選手は現役中もスポーツ用品を売って副収入を得ることが許されていた。そして選手が引退すると、ホルストはときに即座に雇いいれた。会社の評判があがり、貴重な人脈作りに役立つのはもちろんだが、ホルストは彼らの士気と忍耐強さをかっていたのだ。ビジネススクールの卒業生に忍耐や意志の力を教えこむよりは、選手経験者にスポーツ用品ビジネスのコツを教えるほうが、はるかに楽である。

アディダスに加わった一人に、ジュスト・フォンテーヌがいる。スウェーデンのワールドカップ（一九五八年）で、六試合一三得点という大会最多得点記録をつくったフランスの選手である。その四年後、故障したフォンテーヌは販売代理人としてアディダス・フランスと提携し、シューズをセールスすることになった。これはフォンテーヌにとっても、魅力的な取引だったといえる。

というのも、彼ほど才能のある選手でさえ、比較的短い現役時代に大きな収入を得るのは難しく、引退する頃には経済的に苦しい状況になっていた。

セールスを始めた当初、フォンテーヌはなかなか売り上げを伸ばせなかった。拒否されるときはたいてい、ドイツ人に対する反感を聞かされる。しかし、この小太りの元選手は、もう一つ、理由があるように思った。アディダスが他のフランス・ブランドに遅れをとるのは、ボールを作っていないからではないか。「そこでホルストに、アディダスもボールを作るべきだと言ったんです。たちまちヒットしましたよ。私の提案を入れて作った白黒二色のアディダスボールは、他社製品より目立ちましたからね。ピッチでも、一目見ればどこのボールかわかるんです」と、フォンテーヌは語る。

他社のボールはあっという間に市場から消えた。フランス代表チームのゴールキーパー、フランソワ・ルメテールは、ロッカールームに忍びこんでは、審判のロッカーにアディダスのボールを置くことで知られていた。「フランソワは、当日試合に出場する親しい選手に、アディダスのボールを観客席に蹴りこむよう頼んだりもしました」と、当時の販促担当者、ジャン＝クロード・シャップは振り返る。「そして彼自身が、ピッチの端に立ち、さりげなくその選手のほうにボールを転がすんです」

エンドースメント契約は依然として意味をなさないことが多かったが、それでもホルストは従業員に、個人的な関係を築いてスポーツ選手をひきつけるよう指導した。部下の一人が、アディダスと契約しているチームの選手が他社のシューズでピッチに出てきたと、こぼしたことがある。

するとホルストは彼を叱りつけた。「君はロッカールームに入ったのか？　選手の奥さんたちの名前を知っているか？　一緒にランチをとったのか？　そんなこともしないで、何を期待する？」

　ホルスト自身は、この分野が得意だった。驚くべき記憶力を発揮して、数え切れないほど多くの選手や関係者の名前、顔を覚えた。〈ル・パトロン〉が会話の最後に、相手の家族の様子を聞き忘れることなど、一度もなかった。ふつうは気にかけてもらえるだけでもうれしいが、ホルストは相手の答えに誠実に耳を傾けた。ある取引関係者が、息子がファンのチーム名をそれとなく口にしただけで、後日そのチームの選手数人のサイン入りシャツが届けられたこともあった。このような気配りは、ホルストのモットー「ビジネスは人間関係」の実践だと言えるだろう。

　そして、絆をさらに強める切り札が〈オーベルジュ・ド・コッヘルスベルグ〉だった。ホルストは、客を遇《ぐう》するのにふさわしい眺めのよい場所を探して、ここに目をつけたのだ。契約の交渉でランデルスハイムを訪れたサッカーのコーチや選手たちは、〈オーベルジュ〉で数日を過ごす。豪華なワインと料理をふるまわれた後で、いざ本題に入るのである。

　疲れを知らぬ部下たちと持ち前の温かいもてなしにより、ホルスト・ダスラーはスポーツ業界で独自のスタイルを築いていった。かなりの個人的出費を要したものの、それだけの価値はあるはずだった。一方、ヘルツォーゲンアウラッハでは、年上のいとこが相変わらず、父親の会社で自分の居場所を探していた。

アーミン・ダスラーは怒ってヘルツォーゲンアウラッハを飛び出した。短気な父ルドルフとまたしても口論したあげく、我慢の限界に達したのだ。いとこのホルストがフランスに落ち着いた頃、アーミンは怒りにまかせてオーストリアに向かう荷造りをしていた。

父親との関係は、つねにぎくしゃくしたものだった。アーミンが自信を持つようになり、父親の保守的なやり方に疑問を抱き始めてからは、それがいっそう悪化した。ホルストを見ていたアーミンは、スポーツの世界が急速に変わりつつあることを感じていた。プーマが正しい方向に進むには、自分が舵をとらなくてはいけない。でなければ、会社は完全に取り残されてしまう。

当時アーミンは、最初の二人の子（フランクとイェルク）を産んだ妻、ジルベルトと別れたばかりだった。一九六一年、怒ってヘルツォーゲンアウラッハを飛び出したとき、彼と行動をともにしたのはイレーネ・ブラウンという女性である。プーマの輸出部門で働いていたイレーネは、アーミンと下の子イェルクと一緒にザルツブルクに住み、フランクは実の母のもとに留まった。

父親とあわただしくかわした取り決めでアーミンが手にした資金は、ザルツブルクの工場を買い上げ、オーストリア市場をカバーするに足りるものだった。ただ、そこから先は完全に自力で進めなければならない。父ルドルフは、オーストリアの銀行に対する保証はもとより、どんな形の援助も頑として拒んだ。「おかげで私たちのビジネスはやりにくくなったわ」と、イレーネは振り返る。

さらに悪いことに、オーストリアのスポーツ市場は季節に左右されることがわかった。一一月の初旬から、オーストリア人は週末のほとんどをスキー場で過ごす。それから半年近くは、トレーニングシューズを売ろうとしても無駄なのだ。プーマ・オーストリアはたちまち財政難に陥ったが、親会社からの援助は当てにできなかった。

そこでアーミンは、裏の営業で補うことにした。ルドルフは、オーストリアの製品を他のマーケットで売ってはならじ、と固く禁じていたが、アーミンはアメリカの大手販売店と手を結ぶことにした。父には内緒で、オーストリア製のサッカーシューズをダスラーの名で輸出。プーマのシューズとそっくりながら、ロゴだけ少し違っていた。

これはルドルフの厳命に明らかに背くものだったが、より大量の注文がなければザルツブルクでビジネスを続けられない。五〇年代初期、アーミンはアメリカに視察に行き、そのときに築いた人脈があった。また、イレーネはイレーネで独自のルートを持っていた。販売店側にしても、ルドルフには引退の時期が近づいており、後継者に手を貸すほうが得策に思えた。ヘルツォーゲンアウラッハは大西洋のむこうだ、誰かがルドルフに告げ口でもしない限り気づかれる心配はないだろう――。

ルドルフと息子の間には依然、距離があり、父は息子の二度目の結婚式にも参列しなかった。挙式は一九六四年九月の予定で、ルドルフが恒例にしているバート・ヴェリスホーフェンでの休暇と重なったのだ。「運転手つきの車で送り迎えするからと言ったのに、私たちの結婚式で休暇を邪魔されたくないって手紙をよこしてきたわ」と、イレーネは語る。

だが、ホルストと違って、アーミンはすぐにヘルツォーゲンアウラッハに呼び戻された。息子をオーストリアに追放して三年後、ルドルフはその息子に帰ってきてほしいと気弱に頼みこんだのである。六〇を優に越えたルドルフに、プーマの指揮を執る体力は残っていなかった。会社がダスラー家のものであるためには、アーミンが必要だったのだ。

次男のゲルトは当時まだ三〇代前半で、その役目を担うには若すぎ、フランスでプーマの子会社を設立することになった。ダスラー兄弟はここでも火花を散らそうとしたのだろうか、選ばれた場所はスフレンハイム。ランデルスハイムから、わずか数マイルのところだった。

ヘルツォーゲンアウラッハでは、アーミンが指揮を執り、プーマは勢いを取り戻した。しかし、ライバルはもはやアウラッハ川の対岸にはいない。プーマの後継者はすぐに悟った。早くもホルストは、アディダスの陰の原動力になっていたのだ。

折にふれ、いとこ同士がぶつかり合うことは避けられなかった。父親たちほど憎しみ合っていたわけではないが、相手に対する不信感は、かなり根深いものだった。そしてメキシコで、アーミン・ダスラーは自分が直面しているものの正体を知ることになる。

第六章

メキシコでの大当たり

サッカーの日本代表チームは、自信に満ちあふれてメキシコへ旅立った。デットマール・クラマーに鍛えられたおかげで、見違えるほど力がついている。日本のコーチたちも、以来このドイツ人指導者のアドバイスに従ってチームを作り、必ずや好成績を上げられるものと信じていた。

メキシコオリンピック（一九六八年一〇月開幕）の準備期間中も、日本チームはアディダスの友人たちから支援を受け続けていた。「チームを連れてドイツに行ったとき、トレーニングウェアやサッカーシューズ、ボールでいっぱいの箱が、ロッカールームにいくつも置いてあるのを見て驚きました。日本でこういうものが提供されたことは一度もありません。でも、アディダスはいつでも協力を惜しみませんでした」と、選手兼アシスタントコーチだった岡野俊一郎は言う。

日本オリンピック委員会（JOC）との取り決めにより、サッカー代表チームがメキシコオリンピックで着用するユニフォームは、日本の大手スポーツブランドの美津濃が支給することになっていた。開会式では決まりどおりのユニフォームを着たものの、アディダスに強い恩義を感じていたメンバーは、選手村周辺ではスリーストライプ以外のトレーニングウェアを着なかった。

とはいえ、日本のサッカー選手のそんな恩義の表現も、メキシコオリンピックで繰り広げられた一流スポーツブランド間の競争に比べれば、些細なものでしかなかった。アステカ・スタジアム内では歴史に残る偉業も達成されたが、一九六八年という年は、収拾のつかない事態になった年として、多くの人の記憶に残っていることと思う。

開幕のかなり以前から、メキシコオリンピックは平穏無事に終わらないだろうと囁《ささや》かれていた。ベトナム戦争やキング牧師の暗殺、プラハの春を力ずくで終わらせたソ連のチェコ侵攻など、さまざまな出来事が起きていた頃で、オリンピックはこうした時代の空気を反映し、敵意に満ちた抗議活動の新たな場になってしまったのだ。そしてまた、両ダスラー家の最も貪欲な争いの舞台ともなり、それがアマチュアスポーツ界の崩壊へとつながっていく。

メキシコオリンピックをめぐる話題の中心は、黒人の権利を主張するカリフォルニア出身のアメリカ黒人選手たちだった。当時の抵抗の気運を映し、彼らは政治上の権利を求めて立ち上がると同時に、陸上競技界を覆う頑迷な保守的空気を吹き払おうとしたのだ。

一九六八年一〇月一二日の開幕まで残り数週間となっても、有名選手が出場するのかどうかさえ、なお不明だった。アメリカ選手団のなかでもとりわけ期待を担っていたランナーのトミー・スミスやジョン・カルロス、リー・エバンスらが、オリンピック人権委員会（Olympic Committee for Human Rights）の先頭に立って、ボイコットの支援を呼びかけたりもした。「黒人よ、立ち上がれ。わずかなドッグフードをもらって芸をする動物さながら利用されるのを拒否せよ。いまが、そのときだ」彼らの声が響きわたる。

非難の矛先は、選手に対する金銭報酬を禁じているオリンピックの規則にも向けられた。実際には、ロッカールームに茶封筒が散乱しているではないか――。アメリカの黒人選手たちは、あらゆる偽善を鋭く批判した。もし、製靴会社と関係した一流選手全員に断固たる処置をとるなら、オリンピックは二流選手の集まりでしかなくなるだろう。

延々と続くダスラー家の敵対関係は、大会での活躍を金銭に換えたい選手には好都合だった。アメリカ人ランナーのなかには、メキシコオリンピックの数カ月前に、アディダスからランデルスハイムに招待された者もいる。そのうち二人は長年プーマを愛用していたのだが、豪華なホテルでまる一週間、至れり尽くせりのもてなしを受けた。金に困っているとこぼすと、アディダスの重役から、五〇〇ドルでスパイクシューズを履かないか、と持ちかけられた。ホルスト・ダスラーは、アメリカ人選手らが宿泊したときは不在だったが、そこで何があったかは正確に把握していた。「彼らは金を受け取り、書類にサインして、その写しを受け取った。私がいたら、写しは渡さなかったのだが」と、ホルストはため息をついた。「彼らはそれを持ってまっすぐプーマに向かったのだ」

アーミン・ダスラーの奥の手は、サンノゼの元学生、アート・シンバーグだった。シンバーグはスポーツライターとして働く一方で、プーマの靴を売り歩いて副収入にしていたが、他のシューズ会社は人好きのするこの青年をよく冗談の種にした。アメリカの陸上競技大会に行くと、予約したはずのホテルやハイヤーが必ずアディダスにキャンセルされているからだ。気の毒なシンバーグが鞄をいくつもぶらさげ、空き部屋を探してあちこちのホテルを渡り歩く寂しげな姿は、アメリカの陸上界ではおなじみの光景だった。

そのシンバーグが、メキシコオリンピックを前にして、すばらしい人脈を築いたのだ。前回のオリンピックの一〇〇メートル走で金メダルを取った黒人スプリンター、ワイオミア・タイアスと婚約して以来、アメリカ人選手と親しくつき合ってきたからだった。開幕が近づくと、シンバーグはプーマの経営陣とともにメキシコに腰をすえ、アーミン・ダスラーが送ったプーマシューズのコンテナ到着をいまかいまかと待っていた。ところが、機転の利くいとこホルストが、早くも手を打っていたのである。

ホルストがこの計略を思いついたのは三年前のことだった。そのとき彼は、口ひげを生やしたオリンピック関係者と、ある取引を結んだ。公正な商取引の基本ルールをあからさまに無視して、アディダスはオリンピックの選手村におけるシューズ販売を独占しようと目論んだのだ。ほとんどのシューズはメキシコの製靴会社が作ることになっているが、アディダスは別枠で、ドイツのシューズを無税で納入できる特別許可を得た。一方、プーマは自社製品をメキシコに入れるのに、一足一〇ドルもの税金を払わなければならない。

いとこのずる賢さに憤慨したアーミンも、関税を払わずに済むよう、ちょっとした策を弄《ろう》した。そして九月の終わりになって、ようやくプーマのコンテナがメキシコに届いたが、それはどうやら免税されたアディダスのものらしかった。エールフランスからの電報によると、到着した貨物は緊急のアディダスの荷とのこと。箱には「AD、メキシコ」とあった。

ホルストはしかし、あらかじめ税関職員に徹底した指示を出していた。プーマの人間が靴を引き取りに税関の倉庫に行くと、警備員がニヤニヤ笑いながら首を横に振った。「コンテナは全部没収されていたんですよ」と振り返るのは、プーマの元役員、ペーター・ヤンセンである。「開幕まであと何日もないというのに、私たちは税関から靴一足出せないまま、メキシコシティでただ手をこまねいていたのです」

その後、制服姿の男たちがアーミンのホテルに飛びこんできて、彼はまたしてもショックを受けることになる。「彼らは真夜中に私たちを連行しにきました。アーミンが税関に偽造文書を提出したと言うんです」と、ヤンセン。数時間にわたって尋問されたアーミンは、猛烈に反論した。エールフランスが間違えたのであって、自分の責任ではない、自分のイニシャルはADで、アディダスが使っているコードもADなのだ。しかし、アーミンの抗議は聞き入れられず、国外退去を求められた。

この問題は、部分的には封筒を使って解決できた。「私は封筒をハンドバッグに入れ、ホテルからタクシーを長時間走らせて空港まで行くと、販促担当のゼップ・ディートリッヒに渡しました。彼がちょうどいい賄賂の相手を見つけたのです」と、アーミンの妻のイレーネは語った。「だけど、税関倉庫からたった五〇足出すだけで何千ドルもかかったんですよ」

しかし、あるイギリス人選手のグループが、もう何足かをこっそり持ち出してくると約束してくれた。「空の靴箱を持って税関に行き、スパイクが合わないから別のシューズと取り替えなくてはいけない、だから倉庫に入れてくれと頼んだのです」とイレーネ。「もし、警備の人が箱の中身を確認したら、大変なことになっていましたけどね」

数日後、アート・シンバーグがプーマの靴を詰めた鞄を手に選手村を歩いていると、二人の男に腕をつかまれた。私服の警官だった。シンバーグがいくら懇願しても、警官は詳しい説明を一切しないまま、彼を連行した。婚約者のワイオミア・タイアスは、目の色を変えて彼を探しまくった。メキシコシティでは、オリンピック開幕の数日前にもデモ中の学生が多数射殺されている。そんな政治情勢を考えると、シンバーグの身が不安でならなかった。「彼女は僕が死んだのではないかと、泣きじゃくりました」と、シンバーグは後に語っている。「僕は地上から忽然《こつぜん》と姿を消したんです」
拘置所に入れられたシンバーグは、逮捕の理由も知らされず、電話をかけることも許されなかった。「ぞっとする体験でした」と、シンバーグ。「ある日、隣の房の男が急性胃けいれんを起こしたんですが、看守は彼がわめくのをやめるまで、隅に押しやっただけでした」。プーマ関係者とアメリカの職員がようやくシンバーグの居場所を突き止めたところ、彼の容疑は観光ビザで商売をしたことだとわかった。彼を釈放させるにはアメリカ国務省から強く働きかけてもらわねばならず、シンバーグは五日間の拘留で胃腸を傷めてしまった。

一方、鬼塚喜八郎には、アディダスの特別取引を出し抜く独自の策があった。地元のスポーツ用品店に協力を仰ぎ、選手村の中にタイガーを置くスペースを確保してもらったのである。ところが二日目には警備員がやってきて、靴をすべて撤去しなければ押収する、と通告した。鬼塚は怒ったが、なすすべもなく、「残念ながら、オリンピック組織委員会の命令により、選手村内でのオニツカタイガーの靴の販売は差し止めとなりました。当社の靴をご希望の方は、恐れ入りますが、市内の販売店へご来店ください」と書いた大きなポスターを貼り出した。鬼塚の期待どおり、オニツカブランドを愛する選手たちは、アディダスの独占契約に猛烈に抗議し、委員会も結局、オニツカに対する撤去命令を破棄する。

それでもなお、トラベラーズチェックは、ばらまかれた。アメリカの記者たちは、報酬を受け取る選手がアーミンの部屋の前に並んでいるところを見ているし、ホルストの宿泊ホテルでも同様の長い列ができていた。選手の一人がプーマからもらった分厚いトラベラーズチェックを選手村内の銀行で現金化しようとして、ひと騒動になったこともある。多発する銀行強盗を恐れて、地元の銀行はそれほど多額の現金を用意していなかったのだ。

しかし、なんといってもメキシコオリンピックで忘れられないのは、二〇〇メートル走の決勝戦だ。トミー・スミスとジョン・カルロスの両選手は、ともに予選で世界記録を更新。スミスは前走で脚のつけ根を痛めたらしく、勝機はカルロスにあるように見えた。しかし、スミスは完璧ともいえる走りをして、タイムは一九・八秒。二〇〇メートルの自身の記録をまたもやぬりかえた。カルロスは結局、オーストラリアのピーター・ノーマンに次ぐ三位に終わっている。

その日、一九六八年一〇月一六日。競技の数時間後に三人の男が表彰台に向かうと、息を呑む音がさざ波のように満員のスタジアムに広がった。二人の黒人選手は、黒いソックスを履き、黒いスカーフを首から垂らしていた。そしてアメリカ国歌が鳴り響くと、二人は頭を垂れ、空に向かって片手を突き上げた。握られた拳には、黒い手袋。アメリカの黒人が味わわされているあからさまな不公平と貧困を糾弾するこのジェスチャーはさまざまな方面に大きな衝撃を与え、結局スミスは陸上競技界から追放されてしまう。とはいえ、かなりの歳月がたってから、彼が掲げた拳は黒人解放の痛烈なシンボル、ブラックパワーの勇気ある表現として、歴史の教科書に写真入りで掲載されることになる。ただし、こういった政治的決意とは別に、スミスは自分が結んだ契約を履行することも忘れなかった。メダルの授与式には、プーマのスパイクシューズの片方を持って行き、表彰台にそっと置いたのである。

競技が盛り上がるなか、オリンピック・スタジアムの地下の世界では、取引がやむことなく続いていた。とりわけ注目を集めた〝どんでん返し〟は、ある雨の日、走り幅跳びの選手が最後の試技に登場したときに起こった。ニューヨーク出身のボブ・ビーモンは青春の一時期を監房で過ごしたこともある黒人選手だったが、シンバーグはこの選手もプーマ陣営に引き入れていた。決勝に進出した一七人の選手の四番手として試技にのぞんだ彼は、踏み切り板を目指して疾走し、完璧なタイミングで踏み切ると、空前の高さで宙に舞った。着地の反動は激しく、ビーモンの体ははね返って、砂場の外に落ちた。

このすさまじいジャンプに光学測定器は反応できず、審判は呆然としながら旧式の巻尺で測定した。結果は、八・九〇メートル。過去の記録をはるかに超え、この数字はその後二〇年以上も破られることがなかった。自分が何をしたか、気づいたビーモンは脱力発作的症状を起こしたほどだ。ビーモンのジャンプはスポーツの偉業として、今後も繰り返しテレビ視聴者の目を釘づけにするに違いない。そして、アーミン・ダスラーは髪の毛をかきむしって悔しがるのだ――どのアングルから見ても、ビーモンのシューズには、まぎれもないスリーストライプがあった。

日本サッカーチームの予想外の躍進も人々を驚かせた。杉山隆一と釜本邦茂という傑出したプレーヤーを有する日本は準決勝に躍り出ると、対メキシコ戦で二―〇の勝利をあげる。彼らが東京に持ち帰った銅メダルは、当時の日本のサッカーチームにとってはこの上ない、記念碑的成績であった。

そのとき、この試合をテレビで観戦していた長田眞男《おさだまさお》は、ひと際高い歓声を上げた。ちょうど一年前、彼の勤める兼松江商は、アディダスシューズの日本における販売権を獲得していた。これまでの数多の労苦が、日本チームの勝利によって報われるに違いない。

販売契約が結ばれたのは一九六七年。交渉は何カ月にも及んだ。アディダスと交渉したのは、兼松江商ドイツ事務所の代表クラウス・シュテヒャーである。兼松江商のスポーツ部門は小規模だったが、東京オリンピックにおけるスリーストライプの活躍に注目した。シュテヒャーはアディダスの輸出部門と交渉を重ね、アディダスは日本にも正規の代理店を持つべきだと説得した。

輸出部門はすぐに賛同したものの、困ったことにアディその人が日本をはねつけた。日本といって思い出すのは、法廷闘争でしかない。日本のメーカー何社かが、彼のシューズを真似したばかりか、その類似品にスリーストライプまで飾ったのだ

「ヘルツォーゲンアウラッハを訪ねたときも、裏口から通されました」と、シュテヒャーは振り返る。「輸出部門の部長たちは、私と会うことを彼に知らせすらしなかったのです」。チーフことアディに紹介してもらうだけで、数カ月もかかった。そこで、アディの不信感をぬぐうため、兼松江商はダスラーの信頼を得ている岡野俊一郎に同行を依頼する。

その後、兼松江商は契約を結べたものの、アディダスの日本での販売が難しいことにも気づいた。スリーストライプが最も知られているのは、やはりサッカー界である。しかし、当時の日本でサッカーはあまり興味をもたれず、人気のある野球と相撲に関しては、アディダスに提供できるシューズはない。

さらに悪いことに、アディダスは価格面で妥協しなかった。ヘルツォーゲンアウラッハのダス

ラー家の指示で、日本におけるサッカーシューズの販売額は一足一万五〇〇〇円と決められたのだ。新入社員だった長田眞男の月給が、当時二万六〇〇〇円を少し超える程度。こうなると、ほとんどのサッカー選手が、三〇〇〇円前後のヤスダのシューズを選ぶしかなかった。

兼松江商のスポーツ用品販売部にとって、サッカーチームの銅メダル獲得は願ってもないことであり、サッカーに対する日本人の関心は一挙に高まった。とはいえ、残念ながら、選手がアマチュアだったため、オリンピックの快挙をコマーシャルその他、商業目的に存分に利用することはできない。Jリーグが誕生するのは、二〇年以上後のことである。

それでも兼松は、この突然のサッカー熱を少しでも利用しようと、広告メッセージに一流選手の推薦文をつけることにした。ただし、そのほとんどがドイツ人選手である。ウーヴェ・ゼーラーや〝皇帝〟ベッケンバウアーが外国のコマーシャルに登場し、アディダスを称賛するのだが、キャッチフレーズは「勝利を呼ぶ三本線のアディダス」。また、アディ・ダスラー自身が広告写真に載り、「機能性に優れ、健康に良い」スポーツシューズの考案者として紹介されたりもした。

メキシコオリンピックの銅メダリストのほとんどは、スリーストライプを履いていたが、主力選手の少なくとも一人は別ブランドだった。左ウイングの杉山隆一は、染み一つないぴかぴかのプーマを誇らしげに履いていたのだ。

アウラッハ川対岸の動向をつぶさに追っていたプーマも、七〇年代初期には日本での販売契約を結んだ。プーマの輸出部長が提案した提携先は、ヨーロッパの高級ブランドを扱う輸入業者リーベルマン・ウェルシュリー（現コサ・リーベルマン）である。

リーベルマン・ウェルシュリーは、二〇世紀初頭、貝ボタンやシルクの輸入会社としてスイスに誕生した。第二次大戦後は極東にも支店を開いて、ロレックスの時計からバリーの靴までスイス製品全般を扱い、六〇年代に入ると、クナイスルのスキー板やボグナーのジャケットなど、スポーツ用品も加わった。そして一九六八年のオリンピック以後は、サッカー市場の拡大に着目する。リーベルマンはアーミンとの交渉を開始し、一九七一年末、日本での販売契約を結んだ。

アディダス同様、プーマもターゲットをサッカーに絞ったものの、やはり同じ問題を抱えた。つまり、ドイツ製サッカーシューズは、一握りの選手にしか手が出ない価格なのだ。また、ドイツ製の型で作られている点で、アディダス側も販売に苦労したかもしれないが、フィット感はプーマのほうがもっと悪かった。ヨーロッパの基準からしても細めだったのである。リーベルマン・ウェルシュリーでプーマを担当した泉田弘《いずみだひろし》は頭を抱えた。

ブランドイメージを守るため、リーベルマンは杉山と彼の所属する三菱重工チームとの連携を模索した。しかし、日本の選手は全員アマチュアだったことから、ここでも海外の選手に目を向けざるを得なくなる。キャッチフレーズは、「プーマは〈歴史〉」だった。

メキシコでの銅メダルをきっかけに、全国のどのスタジアムでも、観客は徐々に増えていった。アディダス、プーマともに、八〇年代までは苦労を重ねたものの、その後は日本での製造が許可され、売り上げは飛躍的に伸びていく。

だがその一方で、二つのダスラー家の溝はさらに深まっていった。

第七章

手に負えない息子

ヘルツォーゲンアウラッハでは、アドルフとケーテが、性急なたちの息子を不安と困惑のまなざしで見守っていた。夫婦は来る注文をこなせば満足できたが、ホルストは日増しに大胆な動きをとるようになっていた。この対照的な姿勢がときに親子の激しい口論を招き、息子は両親の保守的な姿勢に縛られるのを断固拒否した。

ホルストは父親を心から尊敬していたが、母親とはしばしば対立し、四人の妹たちの口出しにも我慢ならなかった。四人とも実家で同居し、真剣さはまちまちながら、仕事にも関わっている。もちろん、努力と意気込みにおいては、兄の足もとにも及ばない。従業員たちも、ダスラー家の娘たちがもし普通に入社試験を受けていれば、今のような立場にはいないだろうと感じていた。

意欲と実績を見る限り、いずれ家業を継ぐだけの資質が備わっているのは間違いなくホルストだったが、家族はそれを急いで決める必要などないと考えていた。だがホルストには、じっと座って待っているような忍耐力がなかった。スポーツ市場は目覚しい勢いで変化しつつあるのに、両親は貴重な時間を無駄にしている。状況をつぶさに観察、分析すれば、スリーストライプを売りこむ機会はあらゆるところに転がっているではないか——。ホルストは、手をこまねいていることに耐えられなかった。

主導権を握るには、フランス国外にまで影響力を及ぼさなくてはいけない。他国で売られているアディダスの大半は、その国の販売店がヘルツォーゲンアウラッハの本社から買いつけたものである。そこでホルストは考えた。販売代理店がランデルスハイムからの仕入れを増やせば、収益は確実に向上する。

ホルストは、事実上両親を向こうに回して商売することを決意したのだ。そして目的を達成するべく、ランデルスハイムの事業所を開発、生産、マーケティング、輸出の部門別に再編成した。独自ラインのアディダスシューズを生産し、ドイツとは分離して提供するのである。フランスとドイツのアディダスは、それぞれ熱心に販売店に働きかけ、恥じらいもなく受注合戦を繰り広げた。

日本も両者に挟まれて、居心地の悪い思いをした。兼松江商はドイツ側と契約を結び、ダスラー家の長女インゲの夫アルフことアルフレート・ベンテと個人的関係を築いていた。アルフはアディダスのナンバーツーとして、海外取引を担当していたのだ。

兼松江商はしかし、フランスのほうが積極的で、国際市場に適応していることに、いやでも気づいた。往々にして、フランス製品のほうが日本のマーケット向きなのだ。だが、それ以上に重要なのが、生産管理だった。ランデルスハイムは、その点でヘルツォーゲンアウラッハよりしっかりして見えた。「ドイツはスケジュールどおりの配送をしたためしがないようでした」と説明するのは、デュッセルドルフの兼松江商代理人、クラウス・シュテヒャーだ。「商品が日本に到着する頃には、シーズンが終わっていたのです」

アディダスはライン川を隔て、それぞれ生産のスピードアップに励んだ。ランデルスハイムは、ハンガリーおよびチェコスロバキアの工場と生産契約を結んだが、当時の国の情勢を考えると、かなりの外交努力が必要だったと思われる。これに対し、ヘルツォーゲンアウラッハはユーゴスラビアに生産工場を作ったが、同国製シューズの初出荷分はばらばらに分解してしまい、完全に期待を裏切られた。全体として、フランス製シューズはドイツ製より四割ほど安く、発送の点でも信頼がおけた。

ヘルツォーゲンアウラッハで開かれる定例会議では、受注をめぐってドイツとフランスが険悪になるため、販売業者は不愉快に感じていた。が、それでもなお、業者の多くは進んでドイツ側をフランス側にけしかけ、自分たちに有利な状況を作り出そうとした。そうしておいてから、会議後こっそりランデルスハイムへ出向き、商品構成を検討しては買いつけ価格の交渉に入るのだ。「会議が終わると、業者をニュルンベルク空港まで送ります」と、ヘルツォーゲンアウラッハの元輸出担当者は言う。「ところが彼らは、私たちが背を向けるなり空港から出て、まっすぐランデルスハイムに向かうのです」

ドイツ側は必死でテリトリーを守ろうとしたが、独創性で勝るランデルスハイムの経営陣は、国外ビジネスの大部分をヘルツォーゲンアウラッハからさらっていった。決定的に有利だったのは、ヘルツォーゲンアウラッハより収益をあげるという固い決意のもと、ホルストが常に次の大きな一手を探っていることだった。ただし、陸上競技とサッカー界における両親の地位は不動のものに思われ、ホルストは別の分野への進出を決断する。

ランデルスハイムでマーケティングを担当していたゲルハルト・プロチャスカが、海外の販売業者との定例会議でヘルツォーゲンアウラッハに現れると、ドイツ側の同僚たちはその大きな鞄をうさんくさそうに眺めた。またもや彼らを困らせる隠し玉が入っているかもしれないのだ。

プロチャスカはそんな役割を何度も演じてきた。「ホルストは徹底して会議の準備をしていました。業者との会話で、彼らが欲しがっているものを正確につかむのです」と、プロチャスカは振り返る。「製品の検討が始まると、ドイツ側は試作品をいくつか見せるのですが、何かが足りない。そこで私は、鞄の中をごそごそ探して、ためらいがちにサンプル商品を取り出してこう言います。『ちょっと見てください。うちもちょうど、今おっしゃっていたような靴にとりかかっていたんですよ。こういうのはいかがでしょうか』とね」

プロチャスカの鞄から出てきたもののなかでも、とりわけ周囲を驚かせたのは〈スーパースター〉だ。その頃まで、バスケットボール業界は〈オールスター〉で有名なアメリカの製靴会社コンバースのほとんど独壇場と言ってもよかった。しかし、コンバースのハイトップも、当時市場に出回っていた大方のバスケットボールシューズ同様、キャンバス製だった。そしてオールレザーの〈スーパースター〉が発表されるや（一九六九年）、コンバースはアメリカのバスケットボール業界からおおむね締め出されていくのである。

発案者は、元販売業者で、その後ホルストの相談役を務めたクリス・セヴァーン。彼の目に、バスケットボールシューズは過去数十年の間、ほとんど変化していなかった。コート上の動きが激しいのにキャンバス製の靴ではグリップが弱く、選手はいつも足首や膝を痛めていた。アッパーをすべてレザーにすれば、ホールド感も高まる。つま先を守るためにセヴァーンが考案したのは、奇妙な外見のラバーキャップ「シェルトップ」だった。もう一つの際立った特徴はアウトソールで、溝が並んだ靴底は製靴業界の手本となり、「ヘリンボーン」として知られるようになった。
クリス・セヴァーンが〈スーパースター〉を手に、得意げにロッカールームに入っていっても、選手たちは彼の話をまじめに受け取ってよいものかどうか戸惑った。「それまでずっとキャンバス地のシューズでプレーしてきたんですから。〈スーパースター〉は全くなじみのないものに見えたのでしょう」と、セヴァーンは言う。「コンバースと契約していたわけでもないのにね。単なる習慣だったわけです」コンバースは元選手を含め、販売員総出でセールスしたが、セヴァーンはというと、たった一人で、短い商品説明をするだけで売り歩いた。しかも予算はゼロである。

突破口は、サンディエゴ・ロケッツだった。選手に〈スーパースター〉を試すよう頼み込んだクリス・セヴァーンは、シーズン開幕の日、観客席に座って両手を組み、幸運を祈った。「選手たちがアリーナに駆けこんできたとき、なんと全員がスリーストライプを履いていたんですよ」と、セヴァーン。「全身がぞくっとしました。観客の間にもどよめきが起きましたよ」

一方、コンバースは、それくらいで怖気をふるったりはしなかった。サンディエゴ・ロケッツは、リーグ最下位チームでしかないのだ。しかし、彼らは見落としていた。開幕戦の結果がどうであれ、ロケッツはその後、全国をまわってすべてのチームと戦っていくのである。シーズンが終わる頃には、プロ選手の全員がロケッツの足元の革製シューズを目の当たりにしているわけだ。こうしてクリス・セヴァーンのところには、他チームの選手からも電話がかかってくるようになった。

発表から二年目には口コミで広がり、ボストン・セルティックスのほとんどの選手が〈スーパースター〉を履いていた。その後、セルティックスがNBAチャンピオンに輝き、注文が殺到するようになった。反響はすさまじく、このオールレザーのシューズの発表後、四年足らずで、アメリカのプロバスケットボール選手の約八五パーセントがアディダスを履いた。

コンバースは選手との専属契約を結ぶことで反撃に転じ、コマーシャルの出演料として数百万ドルが動くビジネスへと発展していく。選手の中には報酬と引き換えに元のキャンバス製シューズへ戻る者もいた。そこでセヴァーンは、アディダスの象徴となる選手と契約するよう、ホルストを説得。登場したのは、見上げるような巨人、カリーム・アブドゥル＝ジャバーだった。身長二メートル一八センチのこの選手は、ロサンゼルス・レーカーズに入団するや、たちまちその名を知られていた。ダスラー家は渋りながらも年間二万五〇〇〇ドルの契約金に同意。こうしてアブドゥル＝ジャバーは、アディダスと契約した最初のバスケットボール選手となった。

ホルストのねらいどおり、〈スーパースター〉の発売で、アメリカの販売店からランデルスハイムへの注文は飛躍的に伸びていく。七〇年代初期、バスケットボールシューズはアディダスの売り上げの一〇パーセント以上を占め、それがすべてアディダス・フランスのものとなった。

同時期、ホルスト・ダスラーはドイツの本家にさらなる打撃を与えた。テニス市場の乗っ取りである。ランデルスハイムの見るところ、テニス界には急激な変化が起きていた。もはやテニスは上流階級、つまり、きちんとプレスしたズボンを穿《は》く洒落た男性やドレス姿の女性だけのものではなく、さまざまな人が楽しむスポーツになっていたのだ。

アディダス・フランスは、手始めにロバート・ハイレットをパートナーに選んだ。五〇年代終わりにはフランスにプロテニス選手は二人しかいなかったが、その一人がハイレットである。ちょうど引退を考えていた一九六四年、ハイレットはホルストから、世界初の革製テニスシューズへの協力を依頼された。「最初はかなり難航しました」と、ハイレットは振り返る。「完成まで一年以上かかりましたし、ソールがどうしてもはがれてしまうんです」。それでも技術的な苦労は報われ、〈ロバート・ハイレット〉はその頃登場した少数のプロテニス選手たちのあいだで高い評価を得た。

ところが、ロバート・ハイレットはさっさと引退してしまう。そこでホルストは、もっと有名な名前をつけて再度売り出すことにした。それが、スタン・スミスである。「ゴジラ」の異名を持つこのアメリカ人選手は、コートでめったに笑顔を見せず、試合以外でファンを楽しませたりもしない。しかし、七〇年代初期には世界のテニス界に君臨し、アメリカチームを一度ならずデビスカップ優勝に導いた。

アディダスは、スミスの名前を冠した靴のロイヤルティなど、充実した内容の契約条件を提示し、スミスは即座に同意。一九七一年に発売された〈スタン・スミス〉はコートを独占するようになり、その後数十年で数百万ドルがスミスのもとに渡った。ところが、対戦相手の多くがアディダスを履くようになったことで、スミスはまごついたという。「私のシューズを履いた相手に初めて負けたときは、本当に悔しかったよ」

ホルストは、さらなる進撃でドイツのライバルをテニス界から一掃した。激情型のルーマニアのテニス選手、イリー・ナスターゼは、目をみはるテクニックとコート上でのおどけたしぐさでファンを魅了していた。七〇年代初め、報酬にうるさい彼に話を持ちかけたのは、アメリカで急成長を遂げたナイキだった。一九七二年、ナイキはナスターゼと五〇〇〇ドルの契約を結び、かかとに「Nasty（「悪童」の意味もある）」とエンボスされたシューズを渡した。一方、ダブルスのパートナー、アメリカ人のジミー・コナーズが渡されたシューズのかかとには「ジンボー（コナーズの愛称）」とエンボスされ、コナーズは大喜びで、無報酬ながら得意げに履いていた。

アディダスのスタッフの大半は、ナスターゼはブランドイメージにふさわしくないと考えていた。審判と喧嘩をしたり、ファールプレーぎりぎりの術を使うナスターゼは、アディダスの評判に傷をつける恐れがある。「わが友ホルストは、彼らに向かってこう言ったんだ。だからこそ、僕を選んだのさってね」と語るのは、ナスターゼ本人である。「それでみんな黙ってしまったよ」。こうしてナスターゼがアディダスと契約したのは、一九七三年。当時としては破格の五万ドルという契約金で、四年間、テニス用品はすべてアディダス製を使うという条件だった。

ホルストは何人もの選手にアプローチしたが、ナスターゼとは個人的な友情を結ぶまでになった。毎年クリスマスになると、ルーマニアの選手のもとにホルストから、家族へのプレゼントとしてダンボール何箱ものアディダス製品と個人的なプレゼントが届いた。ホルストは、ナスターゼが最初の離婚をすると慰めの電話をかけ、ときには実にうれしそうに高価な時計を見せびらかしたりもした。時計の裏には「わが友ホルストへ」と、ナスターゼのメッセージが刻まれていた。

〈スタン・スミス〉と〈ナスターゼ〉は、世代を問わずテニス・ファンに愛用されたが、学生がジーンズにテニスシューズを履くようになると、売り上げは弥増《いやま》した。たとえ選手が引退しても、その名を冠したシューズはカルト的人気を保ちつづけ、その後の数十年で〈スタン・スミス〉は約四〇〇〇万足、〈ナスターゼ〉は約二〇〇〇万足販売された。

テニスシューズがブレイクした結果、フランス・アディダスの輸出量は急増して、ホルストが輸出担当者に数字を低く抑えるよう指示するほどになった。バスケットボールとテニスシューズ、それより廉価なサッカーシューズも合わせると、ランデルスハイムの年間総生産量は一〇〇〇万足に及んだ。「ホルストは、輸出ビジネスがヘルツォーゲンアウラッハのそれをはるかに上回る勢いで伸びている事実を隠してくれと言いました」と証言するのは、ランデルスハイムの元輸出担当責任者ギュンター・ザクセンマイヤーだ。「彼は両親が激しいショックを受けるのではないかと、心配だったのです」


フランスの事業が拡大する一方で、ホルストの母ケーテは、どんな屈辱的なことをしてでも立場を守りぬこうと決意していた。これまで、フランスとドイツの競り合いには、ある程度目をつぶってきた。それが会社の刺激になったのは確かだからだ。しかし、こと国際取引に関しては譲れない。最近は以前にも増して頻繁《ひんぱん》に、それも公然と、衝突するようになっていた。

ホルストが自前の組織を立ち上げ始めたことから、母親はその様子を注意深く監視した。フランスの幹部がヘルツォーゲンアウラッハへ行くと、彼らが「ラ・ミュッティ（ママ）」と呼ぶケーテから矢継ぎ早に鋭い質問を浴びせられ、他の者も見本市などでは極力ケーテと顔を合わせないようにした。彼らが何をしようと、ドイツ／フランスの協約を侵害しているのではないかと責められる可能性が高かったからである。

この状況は、特にランデルスハイムの幹部には辛いものがあった。職務を遂行するには、頻繁にドイツのルールを侵すしかなかったのだ。ランデルスハイムの輸出担当責任者、ギュンター・ザクセンマイヤーは、たびたびヘルツォーゲンアウラッハから苦情を言われた。ホルストは無視しろの一点張りだが、やはり気が気ではない。「ホルストからは、ともかく競争に勝てと言われました。私たちのことは、ホルストが裏で家族と話をつけてくれていたのでしょうが、それでもヘルツォーゲンアウラッハとのねじれた関係は、かなりのストレスになりました」と、ザクセンマイヤーは言う。

ケーテとホルストの緊張関係は、販売業者とのつき合いにも影響を及ぼした。ケーテはヘルツォーゲンアウラッハを訪ねた業者たちに簡単なスピーチをするときでさえ、不愉快さをほとんど隠しもせず、海外取引はドイツ主導であると必ず言った。〈オーベルジュ・ド・コッヘルスベルグ〉で数日のんびりするつもりの業者たちは、椅子の中で縮こまった。

兼松江商のドイツにおける代理人クラウス・シュテヒャーも、母子のねじれた関係に眉をひそめた一人である。「ケーテ・ダスラーがランデルスハイムについて話すのを聞いていると、とても自分の息子のこととは思えませんでしたね。アディダス・フランスを、同じ会社の一部というより、脅威と感じているようで」と、シュテヒャーは言う。「二人がうまくいっていないのはいやでもわかりましたから、議論をしてもひどく気づまりでした」

ヘルツォーゲンアウラッハでは、アディ・ダスラーがますますビジネスと距離を置くようになっていた。七〇代に入ったアディは、幹部や自分の妻、さらには娘たちから、ひっきりなしに聞かされる不満にうんざりしていたのだ。側近の一人によれば、いちいち答えるのが嫌なものだから、工場から家まで車で帰ることすらあったという。距離にして一〇〇メートル足らずだが、そうすれば誰かに会って面倒な話を聞かずにすむ。しかし、そんなアディでさえ、我慢できないような侮辱を受けることもあった。

第八章

頭からつま先まで

ミュンヘンオリンピックに関し、ダスラー家には強力な隠し球があった。もちろん、それがなくても、多くの一流選手にスリーストライプを履いてもらえる自信はある。しかし今回は、主催者側との大胆な交渉に成功していた。アディダスは、選手の足を覆うばかりか、その胸にも輝くことになるだろう。

衣料分野にも進出したことで、アディダスはスポーツ産業を一新した。以降、ダスラー家はスポーツ業界と広範にわたる取引ができるようになり、さまざまなチームとスポンサー契約を結ぶ。その宣伝効果は、かつてないほど大きかった。選手のシューズがテレビに映る機会は少ないが、ウェアなら常に画面に現れるのである。

アディ・ダスラーが衣料品を扱うことを渋ったために、この分野への進出はだいぶ遅れた。「布きれなんかに興味はない」それが彼の口癖だった。ドイツのサッカーコーチから再三依頼され、ようやくトレーニングパンツを作ることに同意したのだ。すると、六〇年代初め、バイエルンの選手が上下そろいのスリーストライプ入りトレーニングウェアを着たのを機に、他のクラブや連盟も次々注文してくるようになった。

アディはそれで十分満足だったが、ケーテはスパイクとシューズにウェアが加われば完璧ではないか、と夫を説得した。サッカーに関して言えば、スリーストライプ入りジャージの宣伝効果は計り知れないし、サッカークラブとの関係もいっそう深まるだろう。ただし、陸上競技については、著名なブランドを目立たせるなど論外ということで、別の案が生まれた。それが、三本の平行線付き三つ葉模様、すなわち〝トレフォイル〟である（ニュルンベルクの小さなデザインスタジオ、ハンス・フィックによる意匠)。

それまで、ランニングシャツをはじめとする衣料品はアンブロや美津濃など、スポーツ衣料の専門会社が扱っていたが、首のラベル部分に社名を入れるのが許されている程度だった。しかし、ダスラー家の強い要望を受けて、ミュンヘンオリンピックの主催者はより柔軟な姿勢を見せるようになった。長々と続いた交渉の末、ついにアディダスは、オリンピック用のシャツをトレフォイルで飾る許可を得た。

この同意を取りつけるや、ダスラー家は名門スポーツ連盟をいくつか説得してまわり、ミュンヘンオリンピックにトレフォイルのウェア姿の選手を送る確約をとりつけた。こうして陸上選手の胸元から、体操選手のウェアに至るまで、あらゆるところにトレフォイルが舞った。

当然、アディダスブランドはトラックの外でも人目に触れた。女子選手はグリーン、男子選手はラベンダーブルーのトレフォイル付きトラックスーツを渡され、喜んでこれを着て歩き回った。当時まだＩＯＣ会長だったアベリー・ブランデージは、オリンピックに大会社が介入するのを阻止しようと躍起になり、荒くれ男を選手村周辺に送りこんでは、ルフトハンザのロゴ入り空港バッグを押収したりした。しかし、氾濫するトレフォイルには目をつぶったのである。

アディとケーテは、ミュンヘンオリンピックへの投資を惜しまなかった。ヘルツォーゲンアウラッハに押し寄せる選手すべてには対応できないことから、客を迎えるための宿泊所まで新築する。そして竣工なったのが、アディダスの工場を見下ろす丘の上に建つ〈スポルトホテル〉(ヘルツォークスパルク・ホテル)である。当初は選手村に付属した宿舎だったが、後に世界各地から集まる賓客を迎えるホテルに格上げされた。

かたやホルストは、ミュンヘンオリンピックでも両親をしのいだ。選手村内に出店できるよう手配したのである。オリンピック規定では、村内でスリーストライプの靴を売ることも無料提供することも禁止されているが、この規定を厳格に適用するのは次第に無意味になってきた。「ミュンヘンにいた選手はみんな、うちのテントの裏にある特別室で、スパイクシューズが無料配布されているのを知っていました」と、アディダスの関係者は言う。

かたやプーマは、この成り行きをうらやましげに眺めていた。提供できるウェアなどなく、いまだにプーマシューズを履くよう選手に頼みこむだけだったのだ。アーミンは、ミュンヘンの南にあるシュタルンベルク湖畔の別荘を一軒まるごと使って、プーマを履く選手をもてなしていた。そのなかでも、特に記憶に残る選手はメアリー・ピーターズだろう。アイルランドのアルスター出身で、ドイツ国民が本命視していた相手を破り、みごと五種競技で金メダルに輝いた。

ミュンヘンオリンピックで、無敵のダスラー家を脅かす存在といえば、ナイキだった。自身が中距離ランナーで、スタンフォード・ビジネススクールを卒業したフィリップ・ナイトが、アメリカで立ち上げたばかりのブランドである。「カモシカ」というニックネームで呼ばれたナイトはアディダスの愛用者だったが、アメリカ人学生が高価なドイツの靴を買うしかない状況は理不尽だとも感じていた。そこでスタンフォードの論文に、競合ブランドを立ち上げる事業計画の概略をしたためた。タイトルは――「日本のカメラがドイツのカメラに成し得たことを、日本のスポーツシューズはドイツのスポーツシューズに成し得るか」である。

スタンフォードを卒業後、公認会計士として働き始めてからも、この疑問はナイトの頭の隅に残っていた。一九六二年、日本を訪れたナイトは、タイガーブランドのオーナー、鬼塚喜八郎と面談する。そして臆面もなく、ブルーリボンスポーツという社名をでっちあげ、自分はアメリカの販売業だと自己紹介した。しかし、はったりながらもナイトの弁舌には説得力があり、鬼塚は彼に、アメリカにおけるタイガーの独占販売権を与えた。

そしてナイトはじきに、オニツカのような製造業者と生産契約を結べば、自前のブランドが作れることに気づく。一九七二年、彼はタイガーシューズのイミテーションを別ブランド名で売り出した。当初ナイトは「ディメンション・シックス」という名称を考えていたが、ナイトの部下で、かつての陸上仲間が、勝利の女神という意味の「ナイキ」を思いつく。ロゴマークは、美大生が三五ドルでデザインを引き受けた。カンマを回転させたようなこのマークは、後に〈スウッシュ〉と呼ばれて親しまれる。

ナイキ設立のもう一人の立役者は、ビル・バウワーマンだ。すばらしいアスリートを数多く輩出したオレゴン大学の元陸上コーチである。アドルフ・ダスラーが母親の洗濯室でしたことを、バウワーマンはガレージでやり、斬新な発明をした。その一つがヴァギナ（「見かけは恐ろしげだが内側はすばらしい」の意）で、もう一つが名高いワッフルトレーナーである。バウワーマンがワッフルの焼き型を使ってソールの型を取ったことから、こう呼ばれるようになった。

ナイトとバウワーマンは、「業界に入った目的はただ一つ、アディダスを倒すことだ」と、事あるごとに語っている。ミュンヘンオリンピックで、最大のライバルの地元を訪れたバウワーマンは闘志満々だった。彼はアメリカ陸上チームのコーチに指名されており、これはドイツに一矢報いるよい機会でもあった。そしてマラソンコースの一部が走りにくい砂利道であることを派手に非難し、主催者になぜそこまで言うのかと問われた彼は、指を二本立てて答えたという――

「第一次世界大戦と第二次世界大戦だ」

だが、アメリカチームの成績は振るわず、ナイキの宣伝効果も期待ほどではなかった。メダルの数となると、ミュンヘンオリンピックのメダリストの約八割がスリーストライプの着用者だと、アディダスは余裕で発表した。シューズと衣料品のおかげで、アディダスは競合他社に大勝したのである。

アディ・ダスラーも、衣料分野への進出が会社の利益につながったことを否定しなかった。ウエアが厳密に機能性を追求している限り、何の問題もない。ところが、息子のホルストがこれを無視したことで大騒動になる。

ミュンヘンのスタジアムで手に汗握る試合が展開されるなか、プール会場ではオリンピック最大の快挙が達成された。ヒーローは、マーク・スピッツ。このハンサムなアメリカ人は、なんと七個もの金メダルをさらっていったのだ。

自信満々のスピッツは、ドイツからメダルを一袋持って帰ると自ら予告した。もともとスピッツは、チームメイトから敬遠されるほど驕《おご》りが強い。ところがメキシコオリンピックでは全く成果をあげられず、面子がつぶれた。最低六つのレースで圧勝するつもりが、個人種目では一つも金メダルを取れなかったのだ。しかしここミュンヘンで、彼は絶好調だった。それは最初のレースから明らかで、二〇〇メートルバタフライに余裕で圧勝し、世界記録をぬりかえた。

このアメリカ人選手が台風の目になるのは間違いなく、ホルストはなんとか便乗したいと思った。そして選手村で会ったとき、メダル授与式にはアディダスの靴を履くようスピッツに依頼する。問題は、水泳選手の場合、すぐに脱げるように、裾がゆったりしたスウェットパンツを着ていることだ。そこでホルストは、靴を手に持っていけないだろうかと提案した。

スピッツは二〇〇メートル自由形で二つ目の世界記録を樹立すると、ホルストに言われたとおりのことをした。メダル授与式には裸足で、手にアディダスの〈ガゼル〉を持って登場したのだ。プール会場にアメリカ国歌がこだまし始めると、彼は表彰台の上に靴を置き、演奏が終わると、再び靴を手にした。そしてスリーストライプを持ったまま、観衆に向かって熱烈に手を振ったのである。この宣伝行為にオリンピック委員会は激怒し、調査に乗り出すと脅した。スピッツのマネージャーはおろおろし、ホルストは全力で事態の収拾に奔走する。

ユダヤ系アメリカ人だったマーク・スピッツは、厳重な警護のもと、大会終了前に西ドイツを出国することになった。九月五日早朝、選手村に忍びこんだパレスチナのテロリストがイスラエル選手団の二人を殺害し、九人を人質にしたからだ。スピッツの周囲は、さらなる攻撃を恐れた。襲撃を受けたとき、七つ目のメダルを取ったばかりのスピッツは、すぐ近くで寝ていたのである。

その後すぐに引退を表明したスピッツは、個人契約を結べる立場になった。当時、水泳選手が個人で商品のエンドースメントをすることは厳禁されていたが、引退したチャンピオンが自分の選んだブランドを宣伝するのに障害はない。ミュンヘンでは、救出作戦の失敗により、人質のイスラエル人九人は全員が殺されてしまったが、この間スピッツは代理人とともにロンドンに飛んで、いくつものスポンサーと会談を持っていた。

そのなかに、ホルストから個人的な指令を受けたアディダス・フランスの幹部がいた。若きホルストは、マーク・スピッツが巻き起こした興奮を足がかりに、スイムウェア市場に参入しようと考えていたのである。

ホルストはこの計画を数カ月前から練っており、デザイナーと打ち合わせしたり、繊維素材を探したりしていた。しかし、息子から計画を聞かされたアディは、胸躍るどころではなかった。「お前はいったい、どこまで面倒をかけるんだ！」とアディは怒鳴りつけた。「確かに、お前はよくやってくれた。だがスイムウェアだけは絶対に駄目だ！　全くどうかしている。アディダスのブランドを使うことは、絶対に許さん！」アディダスはシューズ・メーカーであり、水泳選手は靴を履かない。したがって、スイムウェアは問題外というわけである。

ミュンヘンオリンピック前、ヘルツォーゲンアウラッハで開かれた社内会議でこの企画を発表したフランスの幹部は、またしてもドイツ側から辛辣《しんらつ》な言葉を浴びせられた。輸出部長のギュンター・ザクセンマイヤーは、「頭がおかしいんじゃないのか」と言われた。「次はアディダスのブラジャーとかパジャマとか言い出すんだろう！」。そんな手厳しい批判を受けても、ホルストは冷静だった。気にするな、と彼は穏やかに答えた。両親がアディダスブランドのスイムスーツを許可しないなら、「アリーナ」という別ブランドがあるではないか。

ホルストは数年前から、このブランド名をスペインで使っていた。スペインの囚人の手による革製ボールの製造を――両親に反対されるのは間違いないだろうから――アリーナ・エスパーニャという社名で行っていたのである。その後「アリーナ」は、ホルストがフランス市場に安いスニーカーを売り出すときにも使われた。もともとは、フランスの貿易会社の商標で（ニーム市にあるローマ時代の闘技場《アリーナ》の近くで商売をしていた）、それをホルストが買い取ったものである。

アディダス・フランスは、ダイヤモンドを三つ組み合わせたデザインをアリーナのロゴとし、それを二本のストライプとともにキャンバス製のシューズにつけた。アリーナは、小規模で地味なブランドとしてアディダス・フランスに組み入れられたが、ホルストにとっては、家族の同意なしで事業を展開するときの逃げ道の意味もあった。そしてスイムウェアは、ホルストが自分でビジネスを起こす最初の大きなチャンスとなったのである。

この仕事は、仕事熱心な輸出部長アラン・ロンクに任された。ロンクはホルストのオフィスで休むまもなくペンを走らせ、アリーナのスイムウェアに関する彼の説明を書き留めた。「彼の頭の中には、実務面の細部に至るまで、すでに一切合財がありました。生産、マーケティング、提携先、その他すべてです」とロンク。「彼は二時間しゃべり続け、私はそれで三年分の仕事を与えられたわけです」

ホルストは、アリーナをひっさげてスイムウェア業界に乗りこむつもりだった。ともかくあのマーク・スピッツを、まだ公式には存在しないフランスのブランドに引き込むのだ。スピッツはミュンヘンオリンピックで、アメリカ水泳連盟とスポンサーとの契約に従い、「スピード」を着ていた。アラン・ロンクはほとんど単独で動き、できるだけ多くの国で販売契約を取りつけるのに腐心した。しかし、何より肝心なのは、何かと口うるさいドイツからの訪問者に、アリーナの書類を見られないようにすることだった。

マーク・スピッツが引退を表明すると、ホルストはすぐに行動を開始した。ミュンヘンオリンピックの直後、スピッツはアリーナのトランクスのサンプルを穿《は》いて撮影されることに同意していた。ホルストはその写真を親しい記者たちにばらまき、それがスピッツのメダル大量獲得に関する記事に添えられた。「おかげで、マーク・スピッツがさもアリーナを穿いてメダルを取ったかのような印象を与えたんです」と、アリーナの海外販促担当ジョルジュ・キールは笑った。

ホルストはアリーナで、フランス・アディダスの力を証明して見せた。父親との対立後一年もたたない一九七三年八月、アリーナのスイムウェアはベルリンで開催されたヨーロッパ選手権で正式デビューする。二年後の世界選手権（コロンビアのカリ）では、選手の約三分の二がアリーナを身に着けていた。ホルストはチームとのスポンサー契約や主催者側との合意など、一〇万ドルもの大金をこの選手権につぎこみ、プール全体がアリーナのダイヤモンドマークに覆われたようになった。それまで水泳界をほぼ独占していたオーストラリアのブランド、スピードは、フランスのライバルの躍進に唖然とするほかなかった。

アリーナの開発は、ホルストの両親の猛反発にあって歪んだ形をとったが、コストの一部はアディダスが間接的に負担したことになる。何といっても、アラン・ロンクはアディダス・フランスから給与をもらっているのだから。とはいえ、アリーナの開発に携わった幹部たちには自由に使える予算がなく、臨機応変な対応を余儀なくされた。たとえば、最初のカタログ用スナップはアラン・ロンクのオフィスで撮影されることになった。アディダスの重役何人かが進んで裸になり、アリーナのトランクスを穿いてポーズを取ったのである。

ホルストは、自前のブランドの確立を急ぐあまり、ほとんど見境なく誰とでも契約を結んだ。選ばれたパートナーのなかには三流のカナダ人コーチもいて、本人によれば大規模な販売会社を経営しているとのこと。するとホルストはそれを信用し、カナダとアメリカにおけるアリーナの独占販売権を託してしまった。

一緒に食事をしていたアラン・ロンクは、この性急な決断に不安を抱き、後に彼の不安は的中した。カナダ人コーチのビジネスは、カリフォルニアのガレージでゴーグルを数箱扱っている程度だったのだ。「アリーナの売込みに夢中になるあまり、しょっちゅう大失敗をしていましたよ」と、ロンクは語る。「それでもスポーツ市場自体が未開拓だったので、私たちは猛スピードで突き進んでいきました」

アリーナの急速な拡大にいらだったドイツ側は、アディダスブランドのスイムウェアを開発することで対抗した。「業界のことを何一つ知らないのにスイムウェアに手をつけたのですから、正気の沙汰ではありません」と、当時ヘルツォーゲンアウラッハの輸出部長だったペーター・ルドゥヒも認めている。「ホルストがやったからという、ただそれだけの理由で、うちもやるしかなかったんです」

アディ・ダスラーがいくら軽視しようと、衣料部門はたちまちドイツ・アディダスの売り上げの半分近くを占めるようになった。レジャーウェアとスポーツウェアの境が曖昧になったことが、爆発的な伸びにつながったのだ。あまりの需要の多さに、アディダスの幹部はあえて注文を取る必要がなくなった。

日本も何とかアディダスウェアを輸入しようとしたが、兼松江商は自社で扱うには無理があると感じた。そこで、石本他家男《たかお》が大阪に設立したスポーツウェアの専門会社、デサントと提携する。一九七二年、兼松はアディダスウェアのライセンスを所有し、生産と販売はデサントに委託する契約が成立した。

プーマのほうも、同様の取り決めがなされた。プーマの衣料分野への進出はまだ小規模だったが、日本の販売代理店は大々的に売り出したがっていた。そして靴製品のライセンス契約はリーベルマン・ウェルシュリーが保持し、アパレル関連の権利は衣料ブランドを多数扱うヒットユニオン（東京の田辺照幸が経営）に委託した。

父親のこだわりに煩《わずら》わされなくなったホルストは、衣料マーケットの開発調査をさらに推進した。フランスでもドイツ・アディダス同様、スリーストライプのショーツやトラックスーツを大量に販売したものの、あくまでウェア部門の基本の一部としてだった。フランスはこの分野でも、幾度となくドイツをしのいだのだ。

そのフランス・アディダスの衣料ビジネスは、スタッド・ド・ランスの元サッカー選手ジャン・ヴァンドリングに負うところが大きかった。ヴァンドリングはかつてのチームメイトで、後にスポーツ関連事業を興したレイモン・コパのもと、繊維担当重役を務めていたことがあった。七〇年代初期、ホルストが自社に引き抜いた頃のヴァンドリングは、スポーツ衣料関係でかなりの人脈を築いており、専門知識も豊かだった。

ホルストは、同時にデサントの重役とも個人的関係を結んでいた。デサントはスポーツウェア産業では揺るぎない地位にあり、ホルストはスポーツ衣料に特化した繊維の知識や生産手法など、デサントの経営をじっくりと観察した。

また、トロワ市のVENTEX（ヴェンテックス）も、アディダス・フランスの躍進に大きく貢献した。もとは生地の供給業者で、それをアディダス・フランスが吸収したのだが、かつて化学製品会社が所有していたVENTEXの開発研究室は、業界の憧れの的となっていく。「ドイツ側の重役にVENTEXを案内してほしいと頼まれても――」とジャン・ヴァンドリングは言う。「研究室は立ち入り禁止だと断りました」。繊維業は世界中で急成長しており、独創的でカラフルなランデルスハイムの製品は、ヘルツォーゲンアウラッハへの大きな圧力となった。

衣料ビジネスについて、アディ・ダスラーには依然忸怩《じくじ》たる思いがあり、アディダス・フランスが販売する派手な服を目にするたび、あっけにとられた。サッカーに関する限り、アディは一線で仕事をし続けたが、ピッチ周辺で日増しに増えていく恥知らずな要求に、不安は募るばかりだった。

第九章
ペレ協定

サッカービジネスへの投資が拡大するにつれ、ホルストとアーミンはメキシコの二の舞いをなんとか避けようとした。アディの娘婿のアルフ・ベンテは、アーミンとドイツサッカー界に関して非公式の話し合いをするため、何度もアウラッハ川の対岸へ出向いた。一方ホルストも、アーミンの弟ゲルトと以前より理解し合えるようになった。ゲルトはランデルスハイムのすぐ近くにあるプーマ・フランスを任されていた。

一九七〇年のワールドカップ（メキシコ）でも、裏金の応酬が再び騒動を起こすかに見えた。ところが今度は、大会が始まる前に、ホルストとアーミンは驚くべき取り決めを交わしていた。ある選手にだけは、決して手を出さない——。その点で、敵対するいとこ同士の意見は一致した。ブラジルのペレ。この稀有な選手を奪い合ったら、金額が許容範囲を超え、極端につり上がるのは目に見えている。二人はこれを「ペレ協定」と呼んだ。

メキシコのワールドカップに備え、プーマは豪胆なドイツ人ジャーナリスト、ハンス・ヘニングセンを雇い、ブラジルチームにもぐりこませた。ヘニングセンは長年ブラジルチームを取材し、あちこちの国際紙に記事を書いていた。選手たちともしょっちゅうビールを酌み交わす仲で、その多くをプーマ陣営へ引きこんだ。ヘニングセンは、ペレには近づくなと厳命されたことに驚いた。

これは、ペレをよく知るヘニングセンにとって、困った事態だった。彼はペレに、プーマから話は来ないのかとせっつかれていたのだ。ペレはイギリスのスタイロ社と小口の契約は結んでいたものの、なぜプーマからオファーがないのか、不思議でしかたなかった。他のブラジル人選手たちは、とっくにプーマと契約しているというのにだ。選手権開幕の数日前になっても、今大会ナンバーワンのビッグスターには、まだ何のオファーもなかった。ヘニングセンは、「こんなばかな話があるか」と思った。そして「協定」を無視し、メキシコ大会に関して二万五〇〇〇ドル、その後四年間で一〇万ドル、ペレの名前で売り出すプーマシューズに一〇パーセントのロイヤリティという条件を提示した。

アーミンは、このチャンスに抗しきれなかった。いとこは怒り狂うだろう。しかし、だからといって、せっかくヘニングセンがまとめてくれた話を反故《ほご》にするのは、なんとも惜しい。二人はペレの住むブラジルの港町サントスまで、直接現金を運んだ。このジャーナリストは、「ペレが数千ドルの札束を金庫に投げこむのを見て、とても驚いた」ことを覚えている。

ペレとの提携は、プーマに計り知れない恩恵をもたらした。閉幕が近づいたある試合で、ヘニングセンとペレは宣伝効果を高めるちょっとした仕掛けを考えついた。キックオフの直前にペレが審判に話しかけ、ちょっと待ってくれるよう頼む。それからペレは膝をつき、おもむろに靴紐を結び直す。数秒の間、世界の何百万というテレビ画面いっぱいにペレの靴が映し出されるというわけだ。

効果は絶大だった。ペレのおかげで、ブラジルはワールドカップで再度王座をものにし、プーマはその後何年にもわたる〈プーマキング〉の安定した注文を見込める。当然ながら、ホルストは面白いはずがない。メキシコを去る前、ヘニングセンは最悪の場面に遭遇した。彼をはさんで、一方には困った顔のアーミン、もう一方には怒り心頭のホルスト。その脇にはたくましい三人の男がいるが、どう見てもなごやかな会談のためについてきたとは思えない。これを境に、和平合意はすべて破棄された。

ペレとの提携により、アーミンはあることを確信した。アディダスはプーマとの仁義なき戦いで、靴紐を結んで走れるサッカー選手なら誰とでも契約するだろう。プーマは別路線を進むべきだ、とアーミンは思った。国際的に通用する、カリスマ性を持った一握りの選手、つまり新聞の見出しを独占するような選手に絞って獲得したほうがよい。

この作戦の裏には、二流選手も含め、ドイツの全選手をめぐって争うほどの資金力がプーマにはないという事情もあった。そしてアーミンは、サッカー界にスーパースターがひしめく時代、マスコミが目を向けるのはファンを熱狂させる一部の選手だけだということもわかっていた。そうした大物選手との契約には金がかかるが、一面の見出しを一度も飾ることのない平凡な選手といくつも小口契約を結ぶより、見返りは大きいはずだ。

プーマが獲得した一番の有望株は、ヨハン・クライフという名のやせたオランダの選手だった。オランダでプーマの販売権をもっているヤープ・デュ・バイとコール・デュ・バイの兄弟が声をかけた選手である。一九六七年一月にクライフの母親がサインした契約により、この二〇歳の選手は試合と練習のたびにプーマシューズを履くことで、一五〇〇ギルダーを受け取ることになった。また、契約の一部として、クライフの当時のニックネームを使った〈プーマ・クライフィー〉ブランドのシューズを売り出すことも決まった。

ところがなぜかクライフが、プーマの靴を履くと足が痛くなると言い出し、両者の関係はたちどころにこじれた。クライフはアディダスを履いて試合に出るようになり、コール・デュ・バイとの契約を破棄したいと申し出たが、デュ・バイは「全くのナンセンス」だと言って取り合わなかった。確かに、クライフの足は非常に特殊ではあったが、それでもプーマは、彼に合ったシューズを見つけられるはずだ。

何度か話し合いをもったものの解決できず、コール・デュ・バイは契約不履行でクライフを訴え、クライフには罰金二万四五〇〇ギルダーが科された（彼がアディダスを履いて出場した試合と練習一回につき二五〇ギルダー）。当時としてはかなりの額で、クライフが全額を払うことを拒否すると、デュ・バイは、所属していたアヤックスからクライフに支払われる報酬を差し押さえた。

この件はアムステルダムの裁判所で結審し、デュ・バイの主張が通って、クライフの申し立ては認められなかった。「実際は（クライフが）より多くの金銭を望んだに過ぎない」と、主席判事は総括した（一九六八年九月三日）。こうしてクライフは裁判に負けたが、その年の暮れには、大幅に改善された条件でコール・デュ・バイと契約を交わした。年間二万五〇〇〇ギルダーを向こう三年間保証されたのだ。

面白いことに、ヨハン・クライフは、それでもアディダスのシューズのほうが気に入っていたようだ。再契約を交わして数週間後、デュ・バイの側近の一人はオランダの新聞、テレグラフ紙の写真をじっと見つめていた。そして、鷹のような目を持つこの男は、クライフが左足に履いているのはアディダスだと見破ったのである。かかとの特殊な白いクッションでそれとわかったらしい。「この部分を、たとえば黒く塗りつぶすとかして、うまくごまかしていただけるとありがたいです」と、このプーマの販売代理人は書き送った。そして、「もちろん、左足にもプーマシューズを履いていていただけるなら、それに越したことはありませんが」と、遠慮がちにつけ加えた。

天才的プレーヤーで、しかも目端のきくサッカー選手とくれば、自分を極端に高く見積もり、細部まで口うるさく、年中もうけ話に目を光らせているというイメージがあるが、クライフとプーマの小競り合いがまさしくそれだった。これまでの選手と違ってクライフは、サッカーは自分の仕事であり、正当な報酬を得ていいはずだと公言した。彼はまた、代理人で義父でもあるコール・コスターの熱の入ったバックアップを受けていた。コスターは攻撃的な策士であり、その容赦ないやり方には、たいていのサッカークラブがたじたじとなった。

よりよい条件でプーマと交わした契約が切れると、コスターは次の契約相手を決めず、保留にした。そしてランデルスハイムからの招待を喜んで受け、豪華な食事を満喫する。それからまもなくの一九七二年四月、コスターのもとにホルストから私信が届いた。そこには、クライフとの向こう五年間の契約金は一二〇万ギルダー、という途方もない好条件が記されていた。しかし、抜け目のないビジネスマンは、対処の方法を熟知していた。四日後、プーマの海外事業の責任者、ゲルト・ダスラーの机の上には、コピーされたホルストの提案書があった。

ゲルトは、すぐさまタイプライターに向かった。「親愛なるホルスト様」と彼は書いた。「当方は、貴殿がヨハン・クライフ氏との契約を得るべく、クライフ氏の義父コスター氏に申し入れを行ったことを承知しております」。ゲルトの説明によると、このオランダ人選手はプーマの掌中にあるという。コール・デュ・バイと交わした契約の一環として、クライフはうかつにもデュ・バイ兄弟に自分の名前の無制限かつ独占的使用権を与えたのである。コール・デュ・バイは、クライフとその派生商品を商標として登録済みだった。「したがって、当方といたしましては、貴殿がヨハン・クライフ選手に対して意識的に、あるいは少なくとも不用意に、契約破棄をそそのかしたと考えざるを得ません」ゲルトは怒りの文面をいとこに送った。

「親愛なるゲルト様」早速、返信が届いた。ホルストは、自分がヨハン・クライフと「個人的に親しい関係にある」ことを指摘。そしてデュ・バイがクライフの名前を登録したからといって、アディダスのシューズを履く妨げにはならないと反論した。「技術的理由および友情に基づき、彼が以前からわが社の靴を好んでいたことを考えれば、なおさらのこと」。さらにホルストは、プーマにはメキシコでペレ協定を破った過去があり、自分だけが紳士協定を守るいわれはないと書いた。

ホルストの目論見どおり、このやり取りによって、プーマはクライフにさらに好条件を提示しなければならなくなった。ホルストは使い古されたビジネスのテクニックを使っただけだったのだ。クライフとの契約が無理なことはわかっていたので、少なくとも契約料をつり上げるよう仕向け、財政的負担を大きくしたというわけである。プーマはフランスのサッカー関連衣料メーカーのルコックスポルティフと協同で、クライフに毎年最低一五万ギルダーを提示した。以降は、このわがままなオランダ人も、二度とパートナーを裏切らないと宣言する。

ところが、これが頭痛の種となった。オランダは、ドイツで開催予定のワールドカップ（一九七四年）に向けて準備を進めていたからだ。七〇年代初期、オランダは世界の垂涎《すいぜん》の的となる選手をずらりと配した見事な布陣を誇った。その中心がアヤックスで、「トータルフットボール」として知られる機敏で予測不可能な戦術により、サッカーファンを魅了した。

問題は、オランダサッカー協会がアディダスと契約を結んだことである。規定により、クライフをはじめとする選手は全員、スタジアムではスリーストライプのトラックスーツとオレンジのシャツを着ることになった。コール・コスターはしかし、プーマとの契約があるため、ヨハン・クライフは例外扱いするよう主張した。契約書の条項に、他のスポーツブランドを宣伝する行為は慎むこととある以上、クライフがスリーストライプを着るわけにはいかないのである。コスターとオランダサッカー協会の幹部は、緊張した雰囲気のなか、アムステルダムのヒルトンホテルで会談し、事態は山場を迎えた。サッカー協会が折れない限り、クライフはチーム不参加も辞さないことを誰もが承知していた。

協会がほっとしたことに、アディダスは妥協に応じた。最高のオランダチームの中心選手ヨハン・クライフが、アディダスを理由に参加しないとわかったら大騒ぎになる。その程度のことは容易に想像がついたからだ。着用はオランダのライオンを縫い取ったオレンジのシャツだけ、袖のストライプも二本にするということで話は落ち着いた。

ただし、オランダチームが記念撮影に招集されたとき、アディダスはささやかな復讐をやってに、アディダスの靴をそっと落としたのである。

のけた。オランダでアディダスの販促を担当しているヘニー・ワルメンホーヴェンはサッカー協会関係者と親しかったことから、簡単にチームのベンチに紛れこむことができた。そしてメンバーが並んだところで、彼はその一人とおしゃべりしながら、クライフのプーマシューズの真ん前に、アディダスの靴をそっと落としたのである。

長髪で、自己主張の強い選手が増えてくるにつれ、オランダでの騒動に似たことは、あちこちで起きるようになっていた。ほかの点ではおとなしいドイツでさえ、この流れに無縁ではなかった。ヨーロッパの他国では、選手が甘やかされてふんだんに報酬を得ている。ドイツの選手も、リーグからのわずかばかりの施しには、もはや満足できなくなっていた。そこで、得点に対して相当額のボーナスとブランドの靴を履くことを求めたのである。

一九七四年のワールドカップに向けて準備中のドイツチームには、すばらしい選手がいた。が、なかでも傑出していたのはフランツ・ベッケンバウアーで、ドイツサッカー界ではひときわ尊敬を集め、アディ・ダスラーの長年の友人でもあった。クライフ同様、彼もまた時代の流れに合わせて髪を伸ばし、スポーツカーやディスコを楽しんでいた。それでも彼の場合は、スマートな選手という評判を高めるだけで、現役引退後も輝き続けるのは間違いなかった。実業界ともつながりがあり、オペラの通し券を買ったりもした。

アディダスとベッケンバウアーの関係は古く、七〇年代初期に画期的な契約を結んだことで、絆はいっそう強まった。ベッケンバウアーは自分の名を冠したシューズやシャツ、ショーツなどで相当額のコミッションを手にする。光沢のあるベッケンバウアーのショーツはヨーロッパのキャンプ場周辺で大人気となり、販売量はかなりにのぼった。ベッケンバウアーへの支払い額は、ケーテが抗議しだすほど膨大になる。

そのケーテの不満に追い討ちをかけたのが、ベッケンバウアーの長年のマネージャー、ロベルト・シュヴァンによる追加要求だった。シュヴァンの圧力を受け、アディダスはベッケンバウアーを失いたくないがために、少なくとも二回は高額の裏金を手配した。だが、アディ・ダスラーの個人秘書ホルスト・ヴィットマンは、この件が絶対にボスの耳に入らないようにした。「そんなことは知りたくもないでしょう」と、ヴィットマンは言う。

というわけで、アディダス製品を着用する見返りに堂々と茶封筒を要求されたとき、アディはわが耳を疑った。ベルンでの劇的勝利以来、アディは代表チームの国内キャンプにはたいてい顔を出していた。一九七四年のワールドカップを控えたドイツチームから、バルト海近くのリゾート地、マレンテに招待されても、アディは当然のように出向いていった。ところが彼は、そこで初めて違和感を覚えた。選手はもはやシューズのことなど眼中になく、すべてが金を中心に回っているように見えた。

そしてドイツ代表選手からの前代未聞の要求は、あからさまな反抗的態度と結びついた。ドイツリーグ（ブンデスリーガ）が他のヨーロッパ諸国に数十年遅れてプロ選手を受け入れたのは、ほんの数年前である。時間がようやく追いついたのだろう。フランツ・ベッケンバウアーを通して、選手たちは少なくとも一人当たり一〇万ドイツマルクの報酬を連盟に要求した。交渉は夜を徹して行われ、最終的に七万五〇〇〇ドイツマルクで決着がつく。この事件でノイローゼ寸前になったコーチのヘルムート・シェーンは、選手の態度に嫌気がさして帰り仕度を始め、ベッケンバウアーが必死で説得するという一幕もあった。

アディ・ダスラーも同じく失望した。選手はスリーストライプを着用する義務がないことを、はっきりと彼に示したのだ。試合を数日後に控えてもなお、特別手当が出ないならストライプを靴墨でぬりつぶすと脅しをかけた選手すらいた。ヘルムート・シェーン同様、嫌気のさしたアディも荷物をまとめ始めた。そして誰一人、彼を引き止めることはできなかった。

このワールドカップで、ドイツはベルンの奇跡以来二〇年ぶり、二度目の優勝を飾った。優位にあったはずのオランダチームは油断したのか、ゲルト・ミューラーの決勝ゴールでドイツがこれを打ち破り、トロフィーを手にした。しかしアディ・ダスラーにとって、この決勝戦は、アディダスをサッカー業界に君臨させる原動力となった彼の思いの終焉を意味した。そしてヘルツォーゲンアウラッハでもまた、老いつつある兄が同じような幻滅を味わっていた。

ゲルト・ミューラーの痛快なシュートにドイツ中が浮かれているさなか、短気な老人ルドルフ・ダスラーの行動は、日に日に手に負えなくなっていた。相変わらず長男を叱りつけ、遺言状には何度も修正を加える。家族は後になって知るのだが、ルドルフはこの頃から肺癌《がん》をわずらっていたようだ。

ルドルフはプーマの経営の表舞台から身を引いて久しかったが、取引に関しては定期的に報告を受けていた。最後の数カ月間彼を苦しめたものの一つに、プーマのフランス支社の問題がある。ルドルフの下の息子ゲルトにとって、フランス市場でブランドを確立するのは苦労の連続だった。どこに行っても必ずアディダスのホルストが先にいるうえ、ゲルトが何を提供しようが、〈オーベルジュ・ド・コッヘルスベルグ〉の評判には到底かなわなかった。「すごかったよ。あのホテルの噂を聞かない日はないくらいだった」と、彼はため息をついた。

ゲルトは一度、ランデルスハイムから招待されたことがある。そして好奇心と不快さの入り混じった思いを抱え、自分の目で確かめに行ったのだが、帰るときはもっと気分が悪くなった。ホルストが、よいことを教えてやろうとばかりに、お前の兄のアーミンがお前をおとしいれようとしているぞ、とささやきかけたのだ。

ゲルトはこの後すぐ、窮地に立たされることになった。フランス支社は売り上げの不調と過分な出費で赤字に転落したのだが、原因はダスラー一族の贅沢な暮らしにあると取り沙汰されたのだ。父のルドルフはフランス支社の債務を引き受けると約束してくれたが、フランスの銀行はルドルフに、息子を経営から外すよう求めた。「ひどく厄介な問題でした」と、アーミンの妻イレーネは語る。「フランス支社を救済したことで、会社全体が財政的に苦しくなりましたし、夫は実の弟を実質的にクビにするしかありませんでした」

この事件が起きたのは、ルドルフの体調がおかしくなり始めた頃だった。一九七四年の九月には、深刻な病気であるのがはっきりした。ルドルフは急いで休養地から戻ると、またしても遺言状を書き換えた。プーマはかなり以前から合資会社（KG）だったが、定款《ていかん》では父親が死んだ場合、アーミンがプーマの株式の六割を引き継ぎ、残り四割と他の全資産がゲルトに相続されることになっていた。ところが病魔に捕われたルドルフは、突然この分配では駄目だと感じたのだ。ルドルフの人生最期の数時間、熱心な牧師が彼に弟と和解して心の安らぎを取り戻させようとした。兄弟は、決裂してからずっと互いに苦しめ合ってきたのだ。七〇歳の誕生日の当日、メキシコオリンピックの後遺症として、明らかにアディが要求したと思われる接近禁止命令を受け取ったこともあった。しかしその後、ほとんどの家族や従業員に内緒で、アディとルドルフは数回会っていたのだ。アディの秘書ホルスト・ヴィットマンは、七〇年代の初め、ニュルンベルクのグランドホテルやフランクフルト空港などで、四回にわたり兄弟がゆっくりと話し合う場を設けていた。

ルドルフの最期の夜、牧師は自らヴィラに電話を入れた。アディは川を渡って最後に一度だけ兄を抱擁することは断ったが、兄を許すという意思は伝えた。それからほどなくして、ルドルフは息を引きとった。一九七四年一〇月二七日のことである。

いつものように格下のライバルを見下す態度で、アディダスは皮肉な声明を発表した——「アドルフ・ダスラーの家族は、敬愛するがゆえに、ルドルフ・ダスラーの死に対するコメントを控えます」それでもアディとケーテは、告別式に長女のインゲ・ベンテを参列させた。

数日後、アーミンとゲルトの兄弟は、遺言状開封のため、公証人役場で座っていた。公証人は深いため息をつきながら、あちこちにある走り書きや訂正を苦労しながら解読していった。しかし、解読せずとも、ルドルフの意思は明らかだった。プーマの所有権はゲルトに譲られ、アーミンについては一切書かれていなかったのだ。「夫は打ちのめされました」と、イレーネは振り返る。

　ゲルトが和解を拒んだため、アーミンとその妻は何人もの弁護士に、どういう条件なら土壇場になっての訂正が無効になるか尋ねたが、故人の意思を尊重すべきだと、そっけない答が返ってくるだけだった。しかし、一九七五年一月、夫妻はデュッセルドルフのユルゲン・ヴァルドゥクシという弁護士に会うことができた。ヴァルドゥクシは、つい先ごろ、世間の注目を集めた製薬会社がらみの訴訟で、新聞の見出しをにぎわせていた。

　弁護士は頼もしげな笑みを浮かべると、最高裁の判決のコピーを取り出して「何もご心配には及びませんよ」と言った。最高裁判決によれば、遺言状よりも合資会社の定款のほうが優先されるというのだ。「それで一件落着でした」とイレーネは言う。修正前の配分に従って、アーミンはプーマの株式の六割を所有する有限責任社員と定められ、ゲルトは無限責任社員として残り四割の株式とその他の遺産すべてを相続した。

　この苦々しい闘争に片がつくと、アーミンは口やかましい父親に邪魔されることなく、好きなように会社を運営できるようになった。これを境にプーマの業績は一気に好転し、売り上げは約一〇年で五倍に伸びた。しかし、それでもまだアーミンはいとこのホルストに及ばなかった。ホルストは、スポーツ産業のなかでも最も影響力のある領域へ入っていくところだったのである。

《第二部》

第十章

スポーツポリティックス

ホルスト・ダスラーは、会社を大きくしていく過程で驚くべき習慣を身につけていた。ランデルスハイムで海外プロモーションを担当していたジョン・ボウルターがそれに気づいたのは、七〇年代中頃にホルストに同行してウィンブルドン大会が開催されているロンドンに行ったときである。かつてはオリンピックにも出場したランナーだったボウルターは、ハイドパークでジョギングをしようと出かけたとき、ホテルのロビーで、ホルストが一人で座っているのを見かけた。そしてジョギングから帰ってくると、ホルストはまだエレベーターの真ん前で、さっきとまったく同じ姿勢で座っていたのである。「具合が悪いわけじゃないんだ、ジョン」と、ホルストは説明した。「誰か大物が通らないかと思って、座っているのさ」

ホルスト・ダスラーはどこにいても、あらゆる機会を使ってスポーツ関係者との友情を深めたり、新たな友人を作ろうとしたりした。他の者たちがスポーツ関係者と話すことを厄介な義務だと思っていたのに対し、ホルストは非常に熱心に、彼らとつき合ったのである。この姿勢は、ホルストの座右の銘である「すべては人間関係に尽きる」という言葉と完全に一致している。彼には世界中に友人を作るのに申し分のない才能があった。五カ国語に堪能で、物腰がやわらかく、答えにくい質問は一切しない。そのうえ、見事なほど気配りができたのである。

そもそもこの疲れを知らないロビー活動の裏には、アディダスを厚遇してもらいたいという狙いがあった。各国のスポーツ連盟と友好関係を結べれば、その見返りは確実だ。なんといっても、数多い製品の中から代表チームが身につけるシャツや用具を選ぶのは連盟なのだから。ただし、ホルストにとっては残念なことに、シューズはそうした契約から外されていた。専門的な技術を要する用具とみなされ、各選手が自分に合ったものを選ぶことが許されるべきだとされていたからだ。それでも連盟と契約を結べば、アディダスは選手たちに取り入って、膨れ上がる一方の要求を満たすという面倒を省けた。メディアへの露出を考えれば、連盟全体と契約するほうが、個々の選手と契約を結ぶよりも、はるかに旨みがあったのである。選手と個別に契約するとなれば、おそらくは何週間もの交渉が必要なうえに、その選手が負傷したり、成績が振るわなかったりしたら、全く意味がなくなってしまうのだから。

スポーツ連盟がまだ地元のビリヤードクラブと大差ない意識で運営されていた頃、ホルストの献身ぶりは強烈な印象を与えた。「こうした連盟の事務局長というのはたいてい引退した人間で、あくせく働いても得るものがありませんでした」そう振り返るのは、元マーケティング責任者のゲルハルト・プロチャスカだ。「それがとつぜん表舞台に押し出されて、ちやほやされたり尊敬されたりしたわけです。ホルストは、そういう事情をほかの人よりずっと前から理解していたのです」

〈オーベルジュ・ド・コッヘルスベルグ〉は、この作戦の中枢センターとなった。レストランガイドのゴーミヨーはその料理に二トック（＝ゴーミヨーの評価単位）の評価を与え、ミシュランは一つ星を与えている。ソムリエのビル・ジーベンシューは、この地方の羨望の的である職場にいた。三万本にも及ぶワインを貯蔵しているワインセラーは、個人所有のセラーとしてはアルザスで最も贅沢だという定評を得ていた。そして、しばらくすると、ジーベンシューは二つ目のワインセラーを近くに借り、さらに六万本のワインを管理することになったのである。

ランデルスハイムのフランス人幹部は、ゲストによって宿泊に使う予算を正確に区別していた。ラグビーチームであれば、ロッジに二泊させ、心づくしの料理とふんだんな地ビールをふるまうという標準的なもてなしで迎えられた。だが、最上級の賓客は〈オーベルジュ〉の上階の豪華なスイートルームに招かれた。食事は別室で、金の装飾が施された皿で供されたのである。「最上級のもてなしは、かなり予算に響きましたが」とプロチャスカは振り返る。こうした賓客の場合は週末じゅう歓迎会が開かれ、狩猟で締め括られることも度々だった。

ホルスト・ダスラーと特に親しい客の場合は地下のワインセラーに招き入れられ、シャトー・ディケムやシャトー・ペトリュスから最高のアルマニャックにいたるまで、何でも味うことができた。特にホルストが熱心な夜はともにセラーの椅子に座って、葉巻をくゆらせながらワインかコニャックを一杯やった。棚には名だたる高級ワインが並んでいたが、ホルスト自らがもてなすときは、南ブルゴーニュの比較的無名なシャトー・ド・ラシェーズが選ばれた。また、最高に洒落た趣向の一つとして、ゲストが生まれた年のワインを出すこともあった。

こうした接待を余すところなく手配するために、アディダス・フランスは、ランデルスハイムのオフィスの一階に本格的な旅行代理店を置いた。そして、地元の空港まで客を迎えに行ったり、アルザスの丘陵地帯を案内したりできるように、自由に使えるリムジンを何台か用意していた。

スポーツ産業で一旗あげようと思っている者にとって、〈オーベルジュ〉に泊まることは避けては通れない通過儀式になった。「ランデルスハイムに一度も招かれていないやつは、大したことのないやつだったということです」ダスラー家に招待されたことのある者は、そう言った。招待された者の中には、有望なスポーツ選手に加え、国際的なスポーツ連盟の野心的なメンバーやオリンピック委員、そしてスポーツに引き寄せられた、あらゆる肌の色の政治家たちがいた。

海外からの客の場合は、パリに泊まるという選択肢もあった。アディダスのフランス人幹部たちはルーブル通りにオフィスを構えており、階下には小さなレストランがあった。料理の繊細さは近隣の店は及ばなかったものの、もしバーにゲストブックがあったら、深夜の記帳はさながら世界のスポーツを動かす重要人物の紳士録に見えただろう。

パリに泊まる客のために、アディダスはテラスホテルを用意していた。このホテルはモンマルトルのふもとにあり、部屋は平凡だが、屋上のレストランからは、パリのすばらしい景観を見渡せる。何よりも重要だったのは、ホルストがジャッキーという献身的なバーテンを抱えていることだった。ホテルのバーは表向きは午前零時に店を閉めたが、ジャッキーはアディダスの社員と客のために、奥のバーつきの部屋を開けておいてくれた。他の客は断りながら、ホルストたちには会合が終わるまで飲み物を出してくれたのである――早朝まで続くことが多かったにもかかわらず。また、都合のいいことに、テラスホテルはパリの大人の遊び場から近く、とりわけ〈ムーランルージュ〉からは目と鼻の先の距離にあった。

アディダスはあらゆる文化圏から客を迎え入れており、最も慎重さが必要なのは、それぞれの客にふさわしいバランスを知ることだったが、これはホルストの得意分野だった。「どうやったら相手の心を動かせるかのがわかる、驚くべき能力に恵まれていたのです」と言うのは、ダスラーのパートナーの一人だった、パトリック・ナリーである。「とても魅力的な男でした。相手を知ろう、理解しようと熱心で、夜明け近くまで飲んだり話したりしていました。大事なのは、何がよくて何がいけないかを知ること、そして決して怒らせないことです。現金は少しだけ渡したほうがいいのか、それともたくさん渡したほうがいいのか、相手にふさわしいやり方を選びました」

その並外れた記憶力が発揮できなかったときに備えて、ホルスト・ダスラーは、知り合った一人ひとりに関する細かいファイルを作っていた。最新情報が綿密に書きこまれたこのファイルには、各人の最も近しい家族の名前、年齢、服のサイズ、好きなものと嫌いなもの、前回会ったときに話し合った内容、贈ったプレゼントなどが載っていた。そして、ホルストの側近たちも同様に記録を取ることを教えられていた。「一日の終わりは倒れて寝るだけと思うでしょうが、私たちはかなりの量の記録をつけなければなりませんでした」ナリーは言った。「社員は全員メモを取るように言われており、完全な情報をホルストに渡すよう訓練されていたのです」

ホルストは、すべてを知り尽くした究極のビジネスマンという名声を欲しいままにした。当初、情報収集の目的は純粋だった。全世界のあらゆる種類のスポーツ界で、できるだけ多くの友人を作ろうという作戦だったのだ。だが、時がたつにつれ、この投資は戦略的な色合いを帯びるようになった。

ホルスト・ダスラーは更なる影響力を求めて、国際スポーツの交渉を専門とする非公式なチームを立ち上げることに決めた。部下全員に友人作りを指導する一方で、七〇年代に組織したこのスポーツポリティックス・チームには、さらにその先を歩ませたのだ。その活動はひたすら、主要なスポーツ組織への浸透を目指していた。

この目論見は、強い影響力を持つスポーツ組織では、各国がその重要度や規模にかかわらず、一同様に一票ずつ投票権を持っていることに拠っている。アディダスにとって重要な決定が、一握りの小国や遠国の代表の投票に左右され得るのだ。したがって、ホルストの部下であるスポーツ外交員たちは、世界中にその手を伸ばそうとして奮闘した――遠く離れた国の友人たちが重要な審議に加われるように、航空券を提供するほか、あらゆる手を打ったのだ。

ホルストが雇ったロビイストの中で最高の実績を誇ったのは、一九七二年のミュンヘンオリンピック直後にアディダスに入社したクリスチャン・ジャネットだった。ミュンヘンオリンピックで儀典長を務め、役員に関する手配の一切を取り仕切っていたジャネットには、数え切れないほど多くの友人たちがすり寄ってきた。彼がチケット配分の担当者だったことから、遠い親戚や友人たちを招待してほしいと、恥ずかしげもなく頭を下げてくる者もいた。〈オーベルジュ〉でもてなす以上の貸しを作ったのである。ジャネットの役割で最も重要だったのは、ソ連の友人たちとホルストの絆を強めることだった。

ホルストは持ち前の鋭い観察力と愛想のよさで、通常であればなかなか受け入れてもらえないソ連へも入りこめた。ランデルスハイムのスイートの一つに敷いてある白熊の敷物は、当時ソ連の共産党書記長だったレオニード・ブレジネフからホルストへ贈られたものだと、アディダスの幹部たちは誇らしげに語った。ホルストは、ロシア語を話せるユゲット・クレルジロネを助手に雇って、旅行によく同行させた。ホルストは個人的に集めたロシアの聖像（イコン）を大事にしており、ロシアの友人たちとの付き合いも心から楽しんでいた。しかし、何よりも関心があったのは、共産圏の代表すべてに方針を指示し、確実に票をまとめられるソ連の立場であった。

ソ連についてホルストを悩ませた唯一の問題は、ヘルツォーゲンアウラッハの家族がソ連を自分たちのテリトリーだと思いこんでいることだった。上の二人の妹はスポーツの振興と宣伝に専念していたが、アドルフとケーテの三女、ブリギッテ・ベンクラーは、ロシア語を勉強したいと両親に頼みこんでいた。ブリギッテは東欧に魅了されており、ハンガリーとソ連に特に深い思い入れを抱いていた。

ホルストはクレムリンにも個人的につき合う友人ができたが、ブリギッテはソ連においてダスラー家の外交官という立場を確立していた。アディダスを代表して定期的にモスクワを訪れていたのだ――もちろん、手押し車に西側のお土産を一杯に載せて。八〇年代初期には、アディダスはブリギッテの努力によって、ソ連で工場を設立した。少なくとも部分的には西側企業が管理できるソ連初の工場の一つである。

互いの関心が一致したことで、ホルストとブリギッテとの間には絆が生まれた。それは他の三人の妹たちとの絆よりもはるかに強く、尊敬に近い気持ちを持つところまでいった。それでも、ドイツ側のダスラー家が東側に首を突っ込んでくることは、ランデルスハイムを大いにいらだたせることがあった。ブリギッテがイコンをこっそり持ち出そうとしてソ連の空港で捕まったとき、ホルストは激怒した。そういう真似はするなと何度も警告してあったのだ。外交問題に発展するのを避け、妹をソ連の税関から無事に救い出すために、ホルストはいくつもの借りを作ってしまった。

ソ連の関係者とのつき合いは、たいてい金がかかった。アディダスのスポーツ外交員も認めるように、ソ連のスポーツ界の重要人物はどの国よりも、いちばん欲深かった。クリスチャン・ジャネットは、ソ連の代表団がパリのヴァンドーム広場にある高級宝石店を次々と漁っていくのに、分厚い財布を持ってついて回ったことをよく覚えている。

生産と用具供給の提携を通じて、ダスラー家は東欧のほかの多くの重要人物とも親密な関係を築いた。東ドイツの国家元首エーリヒ・ホーネッカーは、自らアディダスとの独占的な契約に署名した。スリーストライプは国際的に活躍する東ドイツ選手のトレードマークとなったのである――自国のスポーツシューズ・ブランドであるゼファの二本線を退けて。

この契約の大部分は用具の提供だったが、それでも、スポーツチームの威信のためには投資を惜しまない東ドイツには価値があった。東ドイツでは、スポーツは教育に不可欠であるとみなされており、国はスポーツ関連の研究や医学に莫大な費用を投じていた。東ドイツ政府はアディダスの製品を買うことを、自国の選手が実力を発揮できるよう最高の装備をさせる一つの方法と考えていた。アディダス製品が最高の品質であることは間違いなく、東ドイツは資本主義国家の製品であることに目をつぶったのだ。包括的な契約の利点の一つには、アディダスの重役が安心できるという点があった。東ドイツが契約を尊重することを請け合ってくれたのである。

アディダスと東ドイツ政権のあいだにつながりがあるからといって、シュタージ（秘密警察）

がホルスト・ダスラーへの監視の目を緩めたわけではなかった。情報源として一番役に立ったのは〈IMメーヴェ〉。ずっと後になってわかったことだが、この「情報提供者カモメ」という意味のコードネームに隠れた正体は、カール＝ハインツ・ヴェーアという男だった。東ドイツの無名のスポーツ関係者だったヴェーアは、二〇年以上にわたって、ホルストの側近たちの取引の様子を定期的にシュタージに伝えていた。「私の見るところでは、ダスラー自らが率いているこのスポーツポリティックス部門は、資本主義世界において最も重要なスポーツ諜報部隊でもあると思われます」と、彼は報告している。

ヴェーアの回想によれば、共産主義国家の代表が国際組織で重要な地位を占めるようになった七〇年代に、ホルストは東ドイツとの緊密な関係を築き始めた。当時、スポーツは国際政治のもう一つの舞台となり、冷戦状態の二つの超大国は互いを牽制し合っていた。共産主義国家は自らの声を反映させることに躍起になり、国際的なスポーツ連盟は各委員会において代表者の勢力バランスを保つことに神経を使っていたのである。

ホルストは、東ドイツスポーツ界の二大巨頭であるマンフレート・エヴァルトとギュンター・ハインツェと、定期的に会合を持っていた。そして、明らかにこの二人の歓心を買うために、カール＝ハインツ・ヴェーアを国際アマチュアボクシング連盟（AIBA）の事務局長に就けた。

この立場からIMメーヴェは、ホルストの部下たちをつぶさに観察した。アディダスに「懐柔された」国際団体の代表団の様子から、同社が催した「乱痴気騒ぎの酒宴」に至るまで、事細かにその手法を報告したのだ。「我々が直面しているのは、現在のスポーツ界においては、この会社なくしては何も起こらないという事実です。そして私の見る限り、このグループの影響のもとに多くの事柄が起こっています」と彼は書いている。

プーマ側はこの成り行きを失意のうちに見守っていた。ヴェーアの報告によれば、東ドイツはプーマの広報部長からもアプローチされたことがあった。広報部長はアディダスと同等もしくは、それを上回る条件を「即座に出す用意がある」ともちかけ、東ドイツは一年につき七〇万ドイツマルクを得た。それでもプーマ側は、ホーネッカーには会えなかった。「我々にできることは何もありませんでした」とゲルト・ダスラーはため息をついた。「ホルスト・ダスラーが完全に独占していたのです」。

共産主義圏の友人の中でもホルストと一番親しかったのは、ハンガリー人だった。ホルストの密かなアプローチにより、アディダスとブダペストのスポーツ界の利害は密接に結びついた。ハンガリーの靴工場との生産提携によって、アディダスはハンガリー政府が渇望していた外貨を供給し、ハンガリー政府はその見返りとして喜んでアディダスと契約し、トップクラスの選手がスリーストライプを誇示できるよう取り計らったのである。

アディダスのハンガリー政府に対する影響力は絶大で、酔っ払い運転で逮捕された重役を釈放させたほどだった。この重役の無謀運転で、少なくとも一人の死者が出ていたのに。西ドイツの一般市民がこのような状況で逮捕されたら、残りの人生をハンガリーの刑務所で過ごすことになっていただろう。ところが、ホルストが二、三本電話をかけただけで、この重役はドイツに戻れたのである。

このほかにアディダスの外交員が気前よく接したのは、アフリカのスポーツ界だった。アフリカ大陸の新興国の多くは経済が低迷しており、平均的な市民にはアディダスのシューズなどとても手が出ない。市場として計算できるのは、ほんの一握りの国だけだった。それでもホルストは、スリーストライプを普及させ、影響力を増せるようにと多大な投資をした。

ホルストがアフリカに興味を抱いたのは、そこからすばらしい選手が生まれているという事実のせいでもあった。アディダスの外交員はアフリカの新興国のスポーツの発展に少なからぬ力を貸した。スポーツでの勝利はどんな政治的な事業よりも大衆の熱気をかきたてると言って、スポーツに投資するよう政治家を説得したのだ。政治家は自らの政治的立場を確立するために優れたスポーツ選手を必要とした。その手助けをしたのがアディダスだった。エンドースメント契約（製品を使用することで、その宣伝に寄与する契約）に見合うスポーツ団体は多くはなかったが、ホルストはスリーストライプのスポーツ用品を山ほど贈ったのだ。

側近の多くは、ホルストの行動を純粋な慈善事業だと確信していた。それでも長い目で見れば、アフリカ人が国際組織に席を置き始めれば、ホルストに感謝する人々が恩に報いてくれるのは間違いなかった。「長年にわたって尽きることなくアディダスから支援されてきたスポーツ関係者が、ホルストからこの人を応援すべきだと言われて断れるでしょうか」元マーケティング責任者のゲルハルト・プロチャスカは言った。

モロッコのサッカー代表チームの監督であるブラゴ・ヴィディニッチも、その恩恵に与《あずか》った一人である。背が高くがっちりとしたヴィディニッチはユーゴスラビアの名ゴールキーパーとしてその名を轟かせ、時にはソ連のレフ・ヤシンと並び称されるほどだった。引退後は監督になり、初めて任されたのが、一九五六年にフランスから独立を勝ち取ったモロッコである。一九七〇年のワールドカップ・メキシコ大会を前にして、まともなチームを作ってほしいと頼まれたのだ。その年、ヴィディニッチはシャツやシューズが詰まったアディダスの箱が次から次へと送られてくるのを見て驚いた。モロッコのサッカー連盟には贅沢な用具を買う余裕はなかったが、アディダスの箱はメキシコ大会が開催されるまで届き続けた。そして、メキシコでも新品のシューズがモロッコ人選手を待っていたのである。

ヴィディニッチとそのチームは予想どおり一次リーグで敗退したが、その後もう二、三日メキシコシティにとどまって、他の試合を見ることにした。ヴィディニッチがマリアイサベル・ホテルの前で、チームを乗せたバスに乗って、一時間ほどかかるアステカ・スタジアムに出発するのを待っていると、若い男が同乗してもいいかと声をかけてきた。ヴィディニッチは承知し、その男と話し始めた。ワールドカップに間に合うように、モロッコをまともなチームにするのは大変だったと、ヴィディニッチは認めた。「でも、運がいいことに、信じられないほどの支援をアディダスから受けたんだ」と彼は付け加えた。「トーナメントのあいだ、ずっとシューズやトラックスーツを贈ってくれたんだ。あれがなかったら、どうなっていたかわからない」すると、ヴィディニッチの隣に座った男は手を差し出した。「お褒《ほ》めに与《あずか》って恐縮です。私はホルスト・ダスラー。今日から、家族ぐるみで親しく付き合いませんか」この握手によって、ホルストは献身的なアフリカの情報提供者を得たのである。

ただし、アディダスが提供した用具が実際にどのくらい選手のもとに届いたのかはわからない。そのことに思い至ったのは、アフリカ西部の国、ブルキナファソの元大統領トーマス・サンカラが、コンテナ一台分のサッカーボールを宮殿まで届けてほしいと言ってきたときである。アディダスの基準から見ても妙な要求ではあったが、アディダスは言われたとおりにパリの大使館にボールを送った。それから数年後、サンカラ暗殺の状況を報道する新聞を読んで、ランデルスハイムでは思わず笑いが起こった。反乱軍が大統領の宮殿を家捜しすると、彼らが喜んだことに、地下の貯蔵庫からアディダスのボール三〇〇〇個が見つかったのである。

また、アディダスの友人であるアフリカの高官たちは、《シャンピオン・ダフリック》（「アフリカのチャンピオン」の意）という雑誌であからさまにおだて上げられた。一九七四年に英語を話すジャーナリストが立ち上げたこの雑誌は、切れ味鋭い論調でアフリカのスポーツを紹介していた。ところが七〇年代後期になると、この雑誌はチュニジア人のハモウダ大佐に乗っ取られてしまったのだ。ハモウダ大佐は、メルボルンオリンピックでホルストと知り合い、その後、混乱していたボクシング界を支配していた競合団体の一つの役員となった。そして《シャンピオン・ダフリック》を通じて、アディダス外交チームの主要なメンバーとなったのである。

この雑誌はすぐに、アディダスのパンフレットと化した。まともな出版社なら尻込みするような退屈な文章で、ホルスト・ダスラーとアフリカのスポーツ関係者を褒めそやしたのだ。誌面の大部分は、アフリカの要人たちがホルストやスポーツ界の実力者と握手をしている写真で占められていた。実際のスポーツに関する記事はほとんどなく、論説となると、アフリカの友人たちとそのビジョンを称賛するものばかりだった。

こうしたアフリカの友人たちは、ホルストが国際的なスポーツ組織の決定に影響を及ぼしたいときに、大いに助けてくれた。当時の他の世界と同様に、スポーツ組織も共産圏と西側資本主義勢力の間で、しばしば意見が割れた。そして多くの場合、アフリカの票で大勢が決定したのである。

アメリカではまた別のやり方が求められ、アディダスはマイク・ララビーとジョン・ブラッグのすばらしい資質に大いに助けられた。ララビーは東京オリンピックで見事な走りを見せて、アメリカ人選手たちの間でアディダスの評判を高めた後、ホルストにスカウトされた。ララビーは自分の補佐役として、旧知のジョン・ブラッグを紹介した。ブラッグはしかたなく継いだ家業に嫌気がさしていたところだった。

ララビーが主にスポーツ選手たちとの交渉に当たった一方で、ブラッグは微妙な問題を引き受けた。ブラッグがホルストの目に留まったのは、一九七〇年一二月。モハメド・アリとアルゼンチンのボクサー、オスカー・ボナベナとの対戦がニューヨークのマディソン・スクエア・ガーデンで行われる前夜、突如アリとの間に危機が生じたときのことである。アリはもう何年もアディ・ダスラーが自ら作ったシューズを履いていたが、ひとから勧められて、自分の信条に即した黒一色のシューズを履くと言い出したのだ。

アディはこの問題を解決するためにドイツ人の部下をニューヨークに送ったが、アリに即座に追い返されてしまった。そこで、応援で送られたジョン・ブラッグは、別の方法を試みた。「アディ・ダスラーは、世界最高のボクシングシューズをデザインしたがっています」ブラッグはニューヨークのホテルで、アリにそう言った。「そのためには世界一偉大なボクサーのアドバイスが必要なのです」

一瞬の沈黙の後、モハメド・アリは、前夜ニューヨークのクラブで見かけたダンサーのことを話しだした。ダンサーたちはタッセル（飾り房）の付いたミニスカートを穿《は》いており、ステップを踏むと、そのタッセルが優雅に揺れた。だから、ボナベナとの試合ではタッセル付きのアディダスのシューズを履いてみたいと言うのだ。それから数時間、ブラッグはタッセルとミシンを探して、ニューヨークの裏通りを駆けまわった。その夜、アリはホテルでシューズを受け取ると大喜びしたが、靴は包んだままにしておくようにとブラッグに固く命じた。そして計量のとき、「世界一偉大なボクサー」は集まった記者から試合について質問されても、それには全く答えなかった。アディダスが用意した「秘密兵器」のことしか話さなかったのである。アリはブラッグを指差すと、この男がはるばるドイツから、自分を無敵にする秘密兵器を運んできてくれたのだと叫んだ。「まるで台本を用意していたみたいでしたよ」とブラッグは言う。こうして、〈アリ・シャッフル〉と呼ばれたタッセル付きのシューズは、大々的に報じられたのである。

それ以降、ブラッグはホルスト・ダスラーの代理として、アメリカで多くの任務をこなした。ブラッグが築いた人脈の中に、国際アマチュアボクシング連盟の会長だったハル大佐がいる。アメリカ人の入国がほとんど許されないキューバでボクシングの世界選手権が開催されたとき、ホルスト・ダスラーは自信満々で電話をかけた。果たして、ハル大佐の手配で、ブラッグは大佐の技術スタッフとして同行を許されたのである。

ハル大佐が国際アマチュアボクシング連盟会長を退くと、パキスタン人のアンワール・チョウドリが後任に就き、アディダスから多大な援助を受けた。チョウドリはアジアで最も熱心な協力者のひとりで、彼がいなければ、アジアでアディダスに協力する者はほとんどいなかったろう。論争好きなチョウドリは、アディダスに有利な発言をしてくれることが多く、アジアのスポーツ連盟総会の議長として、他のアジア諸国の支持をも取り付けようとした。だが、それが合意に達することは少なく、各国が独自の道を歩むことがしばしばだった。

ホルスト・ダスラーは来日すると、あからさまに冷淡な態度を取られた。問題だったのは、七〇年代に国際オリンピック委員会（ＩＯＣ）のメンバーであった竹田恒徳《つねよし》と清川正二《まさじ》である。二人はオリンピックにおけるアマチュア精神を飽くまでも支持しており、自分たちの在任中に影響力を増そうとするビジネスマンとの取引には頑として応じようとしなかった。

それでもホルストは、日本のサッカー界で出世を続ける岡野俊一郎の揺るぎない支援を当てにできた。岡野はホルストがいかに易々と国際的なスポーツ組織の決定に影響を与えられるかを、何度も目の当たりにしていた。ある日のこと、東京のホテルオークラでの朝食の席で、ホルストはいつもの思いやりのある態度で、何か助けになれることはないかと岡野に尋ねた。そこで岡野は、一年後に神戸で開かれる予定のユニバーシアードの種目にサッカーが復帰できるといいのだがと、何気なく答えた。

それからの数分間、岡野はホルストが自分の望みをかなえるのを驚きの目で見守っていた。ホルストは、国際大学スポーツ連盟の会長を長年務め、のちに国際陸上連盟の会長にもなった友人のプリモ・ネビオロに電話をかけたのだ。「ホルストはニューヨークにいるネビオロをつかまえて、電話口に呼び出しました」と、岡野は振り返る。「ホルストは私がすぐ近くにいて、ネビオロにどうしても頼みたいことがあるそうだと言いました。私が電話を代わると、あとは簡単でした。私が頼みごとをすると、ネビオロはそのとおりにしてくれたのです」その後、サッカーはユニバーシアードの正式種目として復活した。そして岡野はアディダスに対する借りをまた少し増やしたのである。

アーミン・ダスラーが、いとこの友人作りに対抗できることはほとんどなかった。このプーマ会長にはそんな人脈を作れる体力も、性格も、基盤もなかったのだ。アーミンは抜け目がなく狡猾だったが、いとこの洗練された態度には太刀打ちできなかった。「ホルストはすばらしく知性があり、どんな状況にも対応でききました。とても落ち着いていたのです」と、ジョン・ブラッグは言う。「実に魅力的な男で、自分がやろうとしていることに完全に集中していました。大使になっていても、成功していたと思いますよ」

アディダスの取引の中には、好意と賄賂の線引きが難しいものもあった。ホルストはおおっぴらに不正行為を奨励したことはなかったものの、ルールを曲げることに反対ではないと、役員たちに明言していた。初期の役員の中には、友情だと思われているのに、実は相手を操っている側面があることを心苦しく思う者もいた。「心配することはない。コントロールしているだけなのだから」ホルストはよくそう言っていた。相手を操ることについてホルストが話すことはほとんどなかったが、そばで働いている者たちは、不自然なほど安易に鍵を外している扉があることに気づかない訳にはいかなかった。「実際に見たことはないし、ホルストも決して喋りはしませんでしたが、何かが進行していることはわかっていました。みんながみんな、心からの親友にはなれませんから」ある者はそう語った。のちにマスコミの徹底的な調査により、高い地位にあるオリンピック関係者が行った胸の悪くなるような権力の乱用と、奇妙な銀行預金の動きが明らかになったのである。

ジャン＝マリー・ウェベールは、ホルスト・ダスラーの怪しげな取引の裏にいる男として広く知られていた。アディダス・フランスの会計士として雇われた、この地味ながらも洗練された男は、やがてホルストの側近のひとりとなった。ウェベールは「ホルストの右腕」とも呼ばれたが、そのものずばり、「鞄持ち」と言われることのほうが多かった。アディダスの幹部たちは、ウェベールの肩はそのうち脱臼するぞ、とよく冗談を言っていた。自分だけが見る書類をいっぱいに詰めた大きなスポーツバッグを、少なくとも一つは持ち歩いていたからだ。そして、荷物が重くなりすぎると、誰かに奪い取られないようにランデルスハイムの小さな村で納屋を借りたと噂された。

七〇年代中頃までは、ホルスト・ダスラーの外交員たちは、国際スポーツ界における幅広い情報提供者や友人たちのネットワークに頼ってきた。比較的地味なスポーツ団体にも駒を配置していたのである。だが、実際に国際スポーツを支配している組織に入り込んでこそ、その過程の努力が報われる。その収穫を上げるときがやって来たのである。

第十一章

実り多いゲーム

ホルスト・ダスラーは祝杯を挙げたい気分だった。一九七四年六月、ホルストはフランクフルトのホテルのバーに入って行きながら、これからも世界のサッカー界の大物とのつながりを当てにできることを確信していた。翌日にイギリスの友人であるスタンリー・ラウスが国際サッカー連盟（ＦＩＦＡ）の会長として再選され、さらに四年間の任期を務めることはほぼ確実だと思われたからだ。

約三週間後には当代を代表するサッカー選手たちが、西ドイツの競技場で熱戦を繰り広げることになっていたが、サッカー関係者はもう一つの激戦を控えて、身を引き締めていた。ＦＩＦＡの会長の座をめぐる争いは、世界のサッカー界の転機となる可能性があった。それは、かつての植民地支配者で、誠実で、正義を重んじるという評判の男と、鉄面皮で如才ない新世界の代表との争いだった。

現職のスタンリー・ラウス卿は非の打ちどころのないイギリス人で、紳士らしいふるまいを誇りとしていた。元教師であり、ルールブックの更新に寄与した優れた審判としても有名だった。一九六一年に会長の座に就いて以来、益々膨れ上がっているサッカーに対する熱狂、テレビの普及、試合に殺到する観客数の急増、地球規模のイベントとなったワールドカップの開催といった諸問題を巧みに処理してきた。また、試合を利用して儲けようとする政治家からの圧力や、試合をめぐって動くようになった金の問題にも立派に対処してきた。ただ、六一歳のラウスは、かつては植民地だった国々に生まれつつある新興サッカー勢力に関して、何も把握していないようだった。カリスマ性を持つ対立候補の積極的な選挙運動に対処するだけの能力やコネがないことは、間違いなかった。

ラウスが落ち着き払って、長年の友人たちの支持を当てにしているだけなのに対し、ジョアン・アベランジェのほうは、徹底して選挙の地固めをしていた。この長身のブラジル人は、水球の選手としてベルリンオリンピックに出場した一九三六年以来、スポーツ団体の運営をじっと観察してきた。二〇年間ブラジルチームに残り、一九六三年には国際オリンピック委員会の委員に上りつめる一方で、ビジネスマンとしてもブラジルで手広く商売をして、ＦＩＦＡでの選挙運動に使えるだけの利益を上げていた。南米を代表する候補者として八六カ国を訪問し、人を集められる南米最大のスター、ペレを伴うことも多かった。

アベランジェの公約は、新興サッカー国の希望に恥ずかしげもなく迎合していた。八つの公約の一つとして、ワールドカップへの非ヨーロッパ圏の参加枠を増やして、参加国数を現行の一六から二四に引き上げることを誓っていた。また、世界ユース選手権を作ってヨーロッパ以外の場所で開催することも約束した。途上国におけるサッカー場やトレーニングセンター、医療センターの建設への資金援助も公約した。ラウスと違って、会長に選ばれたあかつきには、アパルトヘイトを廃止するまでは南アフリカ共和国をＦＩＦＡから締め出すということまで宣言した。

寡黙なラウスとは対照的に、アベランジェはスポーツ外交に優れた才能を発揮した。ベルギー系ブラジル人で、ジャン＝マリー・フォスタン・ゴドフロワ・アベランジェという洗礼名を付けられた彼は、国際感覚豊かな若者に育った。そして数カ国語を流暢に操り、あらゆる大陸出身の関係者と進んで交流した。ライバルよりも政治的手腕で勝るアベランジェは、あらゆる手段を使って票をかき集めようとした。この模様を見ていた一人はこう書いている。「サッカーのために忠実に尽くしてきて、そこにいるだけで報われた男と、世の中の本質に何の幻想も抱かず、自分自身の栄光をやみくもに求めた男の戦いでした」

投票の前夜、ホテルのバーに向かっていたホルスト・ダスラーは、ヨーロッパ勢が勝つものと確信していた。友人たちは変わらぬ地位にとどまり、アディダスから受けた援助を忘れないはずだ。だが、念のため、友人のブラゴ・ヴィディニッチに電話をかけ、バーで一杯やらないかと誘った。

メキシコで会った後、ヴィディニッチはザイールに移っていた。モブツ大統領から個人的な支援を受けたヴィディニッチは、国中を奔走し、健康で引き締まった体の若者を見つけてチームを作った。アディダスから豹の頭をデザインしたシャツや、その他の装具一式を無償で贈られたとき、大統領までがヴィディニッチや選手に混じって大喜びした。全身をスリーストライプに包んだ〈レオパーズ〉は、エジプトで開かれた一九七四年のアフリカネーションズカップで優勝するまでになり、ドイツで行われたワールドカップへの出場権を手にしたのだ。

帰国すると、レオパーズはザイール国民の熱狂的な歓迎を受けた。黒人のアフリカ人チームとして、初めてワールドカップに出場するのだ。「私は疲れたと言って、祝賀会を中座しました。みんなが浮かれて私の名を連呼するのですが、大統領の横に立っているのに、それではちょっと居心地が悪いじゃないですか」と、ヴィディニッチは語った。だが、この快挙により、大統領の用心棒は「札束がいっぱいに詰まった袋」を運んできたのである。

ホルストが驚いたことに、ＦＩＦＡの会長選挙の前夜、ブラゴ・ヴィディニッチはスタンレー・ラウスは負けると断言した。アフリカネーションズカップでエジプトに行ったときに、アフリカサッカー連盟の会合を見てきたのだ。「彼らは全員アベランジェを支持すると約束していた」ヴィディニッチはホルストに伝えた。アベランジェは、南アフリカ共和国に対する姿勢や「ちょっとした贈り物」で、アフリカサッカー連盟の大方の支持を取りつけたのだ。ひどく動揺したホルストは次の動きを探った。遅きに失したものの、ヴィディニッチは即座に方針を変えることを勧めた。「これがアベランジェのルームナンバーだ。これまではスタンリー・ラウスを支持してきたが、負けを認める。これからはアベランジェに尽くすと言うんだ」と、彼は言った。

この作戦は見事に功を奏した。それまでの数週間で、ホルスト・ダスラーは敵に回すと手ごわい相手だということが、アベランジェにもわかっていたのだ。ホルストがスタンリー・ラウスを支持していることで、アベランジェのＦＩＦＡ支配が危うくなっていたのである。味方に付けたほうがはるかに安心できるし、ホルストの資金力は、アベランジェの計画にとって非常に魅力的だった。アベランジェと話し合って戻ってきたとき、ホルストの顔は輝いていた。「私にシャンペンをおごってもいいと思ったようですよ」ヴィディニッチはにっこり笑って、そう言った。

翌日、激論と二回にわたる投票の末、六八対五二の僅差でジョアン・アベランジェはＦＩＦＡの会長に選ばれ、ホルスト・ダスラーの祝福を受けた。この会議の後、二人はサッカービジネスのあり方を変えるような取り決めを結んだ。アベランジェの金のかかる公約達成に要する資金集めに協力することと引き換えに、国際サッカー連盟の扉は、ホルストに大きく開かれたのである。

だが、少しばかり問題があった。ホルスト・ダスラーはすでに予算をかなり使っており、FIFAにつぎこむだけの余剰資金は残っていなかった。約束を果たすには、アベランジェが求めている資金を集める方法を見つける必要があった。

都合のいいことに、ホルストは複数の広告代理店がスポーツに大きな関心を持ち始めていることに気づいていた。たとえ、全く関係ない製品を売っている企業であっても、スポーツの国際試合に詰めかける大観衆に魅力を感じることに、広告代理店も気がついたのだ。

それまでは、スポンサーと呼ばれたのは、テニスコートや競技場のオンボロ掲示板に社名が掲げられた企業だけだった。しかし、七〇年代初期になると、看板に代わる別の形態の支援方法《スポンサーシップ》が現れ始めた。すなわち、スポーツに投資することで、よき企業市民としての評価を得て、清潔で申し分のないスポーツのイメージを企業に重ねさせるという方法である。

このビジネスで何よりも売れる面白い商品といえばサッカー以外にはあり得ないと、ホルストはすぐさま考えた。スポーツの中でも人気は抜群で、他に比べるものがないほどの大観衆を呼びこめるし、全世界を揺るがす興奮を巻き起こす。サッカーと国際的な企業との橋渡しさえできれば、アベランジェが求める資金を集めることなど造作もないだろう。

そこで、ホルストはジョン・ボウルターに話を持ちかけた。ランデルスハイムでスポーツ振興を担当しているこのイギリス人の元ランナーは、多国籍企業の重役と渡り合えるだけの才能を充分に兼ね備えていた。しかし数回話し合うと、ボウルター一人ではこの新事業を扱えきれないことがわかった。すべてをゼロから編み出さなければならないのだ！

ところが、ジョン・ボウルターがこの事業について調べ始めると、スポーツマーケティングという新しいコンセプトを目敏《めざと》く使って、ロンドンで名を上げた興味深い小さな会社、ウエスト・ナリー社があることがわかった。ウエスト・ナリーは、BBCのコメンテーターだったピーター・ウエストと、以前は広報部長を務めていたパトリック・ナリーが共同で設立した会社だった。ウエストはスポーツ界とメディアに多くの知己を持ち、ナリーは猛烈セールスマンとしてよく知られていた。

ウエスト・ナリーが発案したコンセプトとは、スポーツに関わりたがっている企業とスポーツイベントとを仲介する事業だった。まずは、イベントを放送局やスポンサーにとってより魅力的に作り上げることを手伝う。次に、国際的な企業を説得して、資金を出させる。そして、集まった資金から手数料をたっぷり取るという仕組みである。

これは、打ってつけの時期に、打ってつけのコンセプトが考え出されたお手本のようだった。消費財市場において国境は益々あいまいになっており、国際的な企業は地球規模でブランドの評判を上げる新しい方法を見つけようと躍起になっていた。スポーツイベントのスポンサー契約であれば、あからさまな商業的投資に見られず、単なる宣伝よりも好感度が高くなる。ウエスト・ナリーが始めたこのビジネスは、どの国でも従来の宣伝広告が許されなくなったタバコ業界にとりわけ興味を抱かれた。

果たして、この事業は大成功を収めた。設立されて数年で、ウエスト・ナリー社は、ジレットやベンソン&ヘッジスのような大企業に、クリケットやポケット・ビリヤードに投資させることができた。七〇年代初めには、四〇人近くの社員を抱え、海外に支社を開くほどになった。しかし、この若くて勇気ある広告代理店の経営者は、適当なコネさえあれば、もっと大きな舞台に上がれるはずだと考えていた。

多くのイベント主催者を連れてきたのはピーター・ウエストだったが、取引をまとめたのはパトリック・ナリーだった。この威勢のいい二〇代前半の男は、若々しい魅力と熱意を振りまき、一筋縄ではいかない国際的な企業の重役たちを口説いて、札束の入った金庫を開けさせた。バークレー・スクエアにある事務所で言われていたように、パトリック・ナリーならエスキモーにも冷蔵庫を売れただろう。

ジョン・ボウルターが電話をかけると、ナリーはランデルスハイムでホルスト・ダスラーに会うことに喜んで同意した。アベランジェがFIFAの指揮権を握った直後に、ボウルターは、この二人の若者を引き合わせた。そして、いったん握手を交わすや、二人はほとんど休むことなく、二日間話し続けたのである。

パトリック・ナリーは、ホルスト・ダスラーの経営手腕と活力にいたく感心した。ランデルスハイムの机に座ったホルストは、いつも忙しそうだった。「四人の秘書に矢継ぎ早に指示を出しては、受話器を取って、世界各地の重役や高官たちと話していました。それも、たいていは相手の国の言葉で」ナリーは驚嘆して、そう話した。「信じられないほど精力的で、カリスマ性を持った人でした」
ホルスト・ダスラーのほうでも、ナリーの大胆さと頭の回転の速さを気に入っていた。すぐさま、二人が手を組めば、サッカー競技場を使ってわくわくするような大きな仕事ができるとわかったのだ。アベランジェと話をすれば、サッカーの国際試合での広告を取引をする権利は簡単に手に入る。疲れ知らずで創意工夫に満ちたセールスマンであるパトリック・ナリーなら、何百万ドルもの金を集めることも可能だろう。

ホルスト・ダスラーがアベランジェの承認を得るや、パトリック・ナリーは仕事に取りかかった。それからの数カ月間、飛行機で世界中を飛び回って、世界でも有数の大企業を説得し、サッカーへの投資の約束を取りつけた。中でも最大の成果は、コカ・コーラとの契約だった。数回にわたって真剣に交渉した結果、コカ・コーラは一九七五年にFIFA最大のスポンサーとなったのである。

コカ・コーラの出資金は、アベランジェの公約の一つである世界ユース選手権の準備に使われ、その見返りとして、コカ・コーラの巨大な広告板が競技場を取り囲んだ。また、アベランジェの公約に同調して、さらに多くのコカ・コーラの金が発展途上国のサッカースクールの設立に投資された。ヨーロッパのコーチや医師の協力を得て、発展途上国でサッカーを盛んにするという試みである。

だが、本当の狙いは、一九七八年にアルゼンチンで開催された次のワールドカップにあった。

ホルスト・ダスラーはアルゼンチンの主催者を説き伏せて、成果が見込めそうな契約をまとめた。アルゼンチン大会のマスコット〈ガウチート〉に関する権利を獲得したのである。ところが半年後、クーデターにより軍が政権を握り、取り交わしたばかりの契約は白紙に戻された。拷問を行い、トラック一台分もの政敵を排除した政権の下では、まともなワールドカップの開催は望めないという非難の声が上がった。FIFAはこうした主張を却下したが、ライフルや軍靴の音がする中では、パトリック・ナリーのセールストークも冴えなかった。

次から次へと役員室を回ってマーケティングプランを売りこむ間も、ホルストとナリーは、この非公式である提携に苦労して資金をつぎこみ続けた。数年にわたってかなりの金額を投資したが、この投資から充分な収入を得たのは、ワールドカップ後だった。ホルストはこの事業のことを家族に内緒にしていたため、アディダスの資金を使うわけにはいかなかった。また、アルゼンチンの軍事政権からの要求も、この事業をさらに厄介なものにしていた。それでも、ホルストとナリーは、あきらめるつもりはなかった。きっと成功するとわかっていたのである。

資金問題を切り抜けるために、二人はモンテカルロにSMPIという会社を共同で設立した。この合弁会社はパトリック・ナリーが経営に当たり、ウエスト・ナリー社が四五パーセントの株式を所有したが、実権は五五パーセントの株を持つホルスト・ダスラーに握られていた。SMPIの利益や調達資金は、スイスからモナコ、オランダ、アンティル諸島へと移され、その正確な出所は巧妙に偽装されていた。

会社設立からまもない一九七七年二月、SMPIはアルゼンチンのワールドカップ主催者から広範囲にわたる権利を獲得した。そして、易々《やすやす》と一二〇〇万スイスフランを出してくれたコカ・コーラに、アルゼンチンの競技場を囲う広告掲示板を売ることができた。ナリーがコカ・コーラの幹部の理解を取りつけたことがものを言ったのだ。アトランタに本社を置くこの巨大企業が契約したことで、ほかの国際的な企業も後に続いた。ナリーは結果として、二二〇〇万スイスフランを集めたのである。

ホルストとナリーは、力を合わせてサッカーのマーケティングビジネスに突破口を開いた。二人が正しいカードを切れば、すぐにでも全く新しい巨大ビジネスを、裏から操れたかもしれない。

第十二章

秘密の帝国

ホルストはスポーツマーケティングにこれまでにない可能性を嗅ぎ取りながら、その一方で両親の目から隠れてこのビジネスを育てていくことに、常にストレスを感じていた。その解決策を見つけたのは、偶然に近かった。ルコックスポルティフ買収のごたごたの中で、ともに秘密の帝国を築くのにふさわしいパートナーを見つけたのだ。

アディダスが自前の衣料品を発売するようになるまで、ホルスト・ダスラーは六〇年代からルコックスポルティフと緊密に提携して仕事をしてきた。カミュゼ家が所有していたこのフランスの会社は、スポーツシャツとシューズのメーカーとして設立され、雄鶏のマークを目印としていた。ケーテ・ダスラーが取り交わした契約により、アディダス・フランスとルコックスポルティフは協力して衣料一式を提供することになっていた。アディダスは靴を担当し、ルコックスポルティフはシャンパーニュ地方の小さな町、ロミリー・シェルセーヌの工場で、スリーストライプの入ったシャツとパンツを製造したのである。

ルコックスポルティフは、エミール・カミュゼが経営する、ごく普通のニットウエア工場として始まった。エミールは〈バール・ロミヨン〉で夕べを過ごすことが多く、そこでは地元の人たちが集まって、スポーツの話題に花を咲かせていた。何杯か飲んでいるうちに、エミールはスポーツシャツをデザインしてみたらどうだと勧められた。ルコックスポルティフは一九四八年に商標登録され、三年後にツール・ド・フランス用のシャツを注文されたことで一躍有名になった。そして、それから数年で急速に、フランスの陸上競技界やサッカー界の間で着用されるようになったのだ。このフランスの雄鶏は、オリンピックに出場したフランス選手のシャツやスウェットスーツ、そしてサッカー選手の胸に、いかにもふさわしく飾られていた。

ところが、アディダスが自前で衣料品事業を立ち上げたことで、両者の関係に突如としてひびが入った。問題の一つは、アディダス・ブランドでスリーストライプのパンツを生産していたルコックスポルティフが、同じデザインの製品を自社の商標でも売っていたことだった。ホルストはそうした製品の販売を中止するよう求めたが、カミュゼ家はフランスでのスリーストライプの権利を所有していると主張し、断固として拒んだ。そこで、ホルストは一九七三年六月に裁判所に訴え出たのである。

ドイツのダスラー家も、この動きを全面的に支援した。ルコックスポルティフが混乱を引き起こして、アディダスの投資から不当な利益を得ているとあっては見過ごすわけにはいかなかった。しかし、一九七四年二月、事態は悪夢のような展開となった。ストラスブールの法廷がルコックスポルティフ側の主張を認めたのだ。判決は無条件でルコックスポルティフをスリーストライプの所有者として認め、これによってアディダス・フランスの衣料ビジネス全体が痛手をこうむることになった。

それからというもの、ホルスト・ダスラーは執拗にルコックスポルティフと戦った。トロワにあるアディダス・フランスの設備の乏しい衣料品工場をフル稼働させ、市場にアディダスのシャツをあふれさせた。さらには、総力を挙げて販売員を配置し、ルコックスポルティフを完全に市場から締め出そうとした。この争いが元で、ルコックスポルティフはフランスサッカー連盟との貴重なエンドースメント契約をもふいにした。それはアディダスとの契約の一環として、アディダスが靴を提供し、シャツはルコックスポルティフに任せるというものだった。しかしこの取り決めは、ホルスト・ダスラーと連盟のジャック・ジョルジュ会長との個人的関係に基づくものだった。ホルストがジョルジュの耳に二言三言ささやいただけで、ルコックスポルティフはお払い箱にされたのだ。カミュゼは一九七四年六月に訴訟を起こしたが、パリの判事に正式に棄却された。連盟は好きな納入業者を選んだだけだと判断されたのである。

だが、ルコックスポルティフに最大の痛手をもたらしたのは、カミュゼ家自身だった。激しくなる一方の競争で、ルコックスポルティフが七〇年代初めから弱体化し始めていたにもかかわらず、カミュゼ家は生産拡大のために大規模な資本投下を行ったのだ。新たに工場を一つ獲得し、さらにもう一つをロミリーに建て始めたのである。ところがアディダスからの攻撃にさらされ、ルコックスポルティフはさらに市場基盤を失っていった。そして、借金と在庫の山に首まで埋もれてしまったのだ――新しい工場で生産された何千という商品が、売れずに残ったのである。一九七四年三月になると、ルコックスポルティフには不安そうな債権者が押しかけるようになった。そして一カ月後、カミュゼ家は会社から追放され、法廷が任命した管財人が、会社を引き受ける候補者を探すことになったのである。

細かい意見の違いはさておき、ルコックスポルティフが所有していたスリーストライプの商標権がおかしな連中の手に落ちたら大変だという点では、ホルストと両親の考えは一致していた。そこで、ケーテ・ダスラーは息子がアディダスを代表して、ルコックスポルティフを買収するのを支援した。フランスの元サッカー選手が経営するスポーツ産業のグループ・コパも買収に名乗りを上げたが、安定性に欠けるという理由で、裁判所に却下された。アディダスの買収は裁判所に認められたものの、思いがけなく、ルコックスポルティフの激しい抵抗にあった。

創業者の娘で、半数を超える株式を持っていたミレイユ・グスレ・カミュゼが、断固として反対したのだ。第二次大戦中にレジスタンス運動に加わっていたミレイユは、ルコックスポルティフがドイツ人の手に落ちると思うと、売却を躊躇《ちゅうちょ》したのである。弟のロラン・カミュゼは自分の持つ四九パーセントの株をさっさとアディダスに譲渡していた。ところが、ミレイユ・グスレは、「酢漬けキャベツ《ザワークラウツ》」（ドイツ人の蔑称）に株を引き渡すことを断固として拒んだのだ。

ルコックスポルティフが清算に近づいたとき、心配したフランス政府が自ら見つけてきた買い主を紹介した。一同がほっとしたことに、ミレイユ・グスレもこの向こう見ずな投資家、アンドレ・グェルフィに対する売却は承諾した。グェルフィは、父親はコルシカ生まれ、母親はスペイン人、そして本人はスイス在住という人物だったが、少なくともフランス政府の紹介ではあったからだ。一九七六年三月、ミレイユ・グスレは自らが保有するルコックスポルティフの五一パーセントの株式をアンドレ・グェルフィに引き渡した。そして、二年近く前にロラン・カミュゼが譲渡した四九パーセントの株式は、アディダス・フランスがそのまま保有した。こうして、ルコックスポルティフをあわや倒産という事態まで追いつめた、二年間に及ぶ手詰まり状態に終止符が打たれたのである。

ルコックスポルティフ買収の要請が来たとき、アンドレ・グェルフィは政治的な便宜だとしか考えていなかった。だが、ルコックスポルティフの幹部にスリーストライプに関する裁判所の判決について指摘されると、そこに実に興味深いチャンスを嗅ぎ取った。そして、裁判所からの書類を武器に、フランススポーツ省のマルソー・クレスパンに相談を持ちかけた。軍隊で親しくなったクレスパンを通じて、ホルスト・ダスラーとの会談の席を設けたのだ。「私は半ばけんか腰で、ただではスリーストライプに持っていかせないぞと連中に言ってやるつもりでした」と、グェルフィは振り返る。「ところが私たちは意気投合し、パートナーになることに決めたんです」

これは互いにとっていい話だった。ルコックスポルティフはホルストの傘下に置くほうがはるかにうまく行くというグェルフィの読みは正しかった。フランスサッカー連盟の一件からもわかるように、ホルスト・ダスラーと喧嘩をしても勝ち目はないのだ。一方、ホルストもすぐさまアンドレ・グェルフィに魅了されてしまった。自分自身が脚光を浴びることは好まなかったが、この手の社交的な男とつき合うのは好きだったのだ。それにグェルフィは、ホルストが一人でやっているベンチャービジネスを陰から支えてくれるだけの資産を蓄えていた。

二人は密約を交わした。ダスラー家に対しては、アディダス・フランスがルコックスポルティフの株式の四九パーセントだけを取得したことにしておく。しかしアンドレ・グェルフィは持ち株の二パーセントをホルスト・ダスラーに譲り、残りの四九パーセントもいつでも取得できるというオプションを与えたのだ。この二パーセントとオプションは、アディダスではなくホルスト・ダスラー個人に向けて提示された。つまり、ホルストは家族には内緒で、ルコックスポルティフの支配権を手にしたのである。この合意が、その後の二人の緊密な協力関係の始まりとなった。

アンドレ・グェルフィは実に魅惑的な男だった。ホルストと協約を交わしたときは五〇代半ばだったが、それ以前に二度全財産を失い、そのたびに力強く立ち上がってきた。何百万という取引の中には怪しげなものもあったが、窮地に立っても元気よく堂々と、自信をもってくぐりぬけてきたのだ。

モロッコの大西洋岸の町、マザガンで育ったグェルフィが初めて就いた仕事は、地元の銀行の雑用係だった。彼はそこで書類保管庫を掃除中に「回収不能債権」と書かれた書類の束を見つけた。そして支店長と掛け合い、債権を回収できたら、一件ごとに手数料をたっぷりもらうという条件を取りつけた。すると、一年とたたないうちに、この使い走りは支店長よりも多くの金を儲けたのである。グェルフィは十分な金を蓄えると、それを漁船に投資した。それで、「イワシのデデ」(「デデ」はアンドレの愛称)という、あまりぱっとしないニックネームが付いたのである。

うさん臭い取引に対する嗅覚が鍛えられたのは、インドシナ時代である。一九五〇年代中頃、フランスは後にベトナムとなるこの地の支配権を取り戻そうとし、グェルフィも戦地に送り込まれた。だが、戦いは好きではなく、もっぱら保存状態の良い彫像を探してジャングルを歩き回った。彼は二七人もの女性と結婚の約束をしたが、そのうち一人が真に受けて、家族を使って婚姻手続きを早めようとしたので、慌ててインドシナを去った。

モロッコに帰ったグェルフィは漁業で一財産を築いたが、一九六〇年にアガディールを襲った地震ですべてを失ってしまった。しかし、デデはモーリタニアで息を吹き返した。冷凍設備(「生きたまま凍らせるのか！」と彼は驚いた)を搭載した初めての漁船と海岸の加工工場で、またしても大きく当てたのだ。ところが、不審火で船が燃えてしまい、このビジネスもあきらめることになった。

次は、モーリタニア政府とモロッコ王室に追われてフランスに逃げた。モーリタニア政府は贈収賄の疑いで彼を追っていた。なんの解決にもならないが、モーリタニアの首相が冷凍工場にやって来たとき、冷凍庫のドアを閉めて数分間閉じこめてやったら愉快にちがいないとグェルフィは思ったものである。モロッコのハッサン二世については、グェルフィの親友だった冷酷な内務相、ウフキル将軍のクーデターが未遂に終わったため、グェルフィも縁を切られた。

フランスの表舞台に再び現れたグェルフィは、派手に金を使いまくった。北アフリカでたっぷり稼いだ金で、プランス・ドゥ・ゴール、グランドテル、オテル・ムーリスなど、パリの名門高級ホテルを獲得したのである。一九七五年にスイスの在住許可証を申請したときには、資産を約五〇〇〇万スイスフランと申告している。ちなみに、ローザンヌの邸宅の隣には、国際オリンピック委員会のビルがあった。

プライベートもまたスピードが速かった。グェルフィは、チーム・ゴルディーニの一員としてF1レースに六回出場している。ホルスト・ダスラーと提携した当時はビジネスジェットを持っており、自分でも操縦した。自家用ヨットは「地中海一の快速艇」との評判だった。ルコックスポルティフの一件で手を結んで以来、グェルフィは頻繁《ひんぱん》にホルストのもとを訪れたが、いつでも日に焼けていた。ホルストはビジネスジェットを好きなときに使えたが、その操縦席にはグェルフィが座っていたのである。

アディダスのアルザス・チームの中には、いつのまにか入ってきた新しいパートナーをこころよく思わない者もいた。彼の派手なスタイルは、勤勉なランデルスハイムの気風とは合わなかったのだ。グェルフィの饒舌《じょうぜつ》はロビー活動には大いに役に立ったが、本人も認めているように、経営に関する知識は「右のポケットと左のポケットの違いがわかる」程度だった。

フランスの幹部は、アンドレ・グェルフィにまつわる与太話に――当の本人が話すことも多かったが――笑い転げた。グェルフィは手振りを交えながら、自分の船が沈んでいく様子を語った。難破した船から美術品の名作を数点救い、ルノワールを小脇に抱えて岸まで泳ぎ着いたらしい（どうやら保険会社はその話を信じたらしいが）。その他、諜報活動や違法な資金振替など、危なっかしい話もあった。のちにアンドレ・グェルフィのことを「ビジネスにつく寄生虫」、「老いぼれの山賊」、「偽の請求書をキロメートル単位で作る男」と評したフランス人判事もいたのである。

だが、ホルスト・ダスラーはそういった警告をすべて無視した。陽気な相棒であり、気前のいい投資家でもあったアンドレ・グェルフィを、ますます頼りにするようになったのだ。グェルフィは言った。「我々二人は世界を動かし始めた」

アンドレ・グェルフィにルコックスポルティフを任されてからというもの、ホルストは数年前までは何とか追い落とそうとしていたのと同じ熱心さで、このブランドの価値を高めようとした。家族との緊張関係が劇的な展開を見せたら、いつでもグェルフィに提供されたオプションを行使できる。ルコックスポルティフは単なる投資先ではなかった。家族との行き詰まった関係から抜け出すときに、アディダスの代わりとなるブランドだったのだ。

ホルストはグェルフィとともに、ルコックスポルティフを改善するために、大規模な投資を計画した。フランスのスポーツ衣料市場では定評のあった会社を、国際的なスポーツ用品市場で本格的に競わせることにしたのだ。商品を各種取り揃え、世界中の有名な陸上選手やサッカーチームに推薦してもらったのである。

ランデルスハイムでは、最も信頼のおける側近たちだけに事情を説明した。両親について言えば、アディダス・フランスはルコックスポルティフの株式の四九パーセントを保有しており、グェルフィはダスラー夫妻を正式な株主総会に招いて、製品の拡充計画について丁重に相談しなければならなかった。だが、フランス側がルコックスポルティフを全世界に売り出そうとしていることに、ヘルツォーゲンアウラッハ側が気づくことはなかった。「ヘルツォーゲンアウラッハの人間が来ると、ルコックのファイルは安全な戸棚にしまいこんで、鍵をかけていましたから」と、ランデルスハイムの幹部の一人は振り返る。

フランス側の幹部がルコックスポルティフに直接関与していることは隠すようにと指示されていたことで、おかしな取り決めが必要になった。あるフランス側の幹部は、ホルストに引き抜かれたときのことをこう語っている。雇用契約書には妙な条項が付いていた。公式にはアディダス・フランスに雇用されたのだが、付帯条項によると、ルコックスポルティフでも同じ業務を負うことになっていたのだ。アディダス・フランスはこの取り決めを内密にしておくことに神経質になっており、幹部は秘密保持契約への署名を求められた。

アディダス・フランスの法律顧問のヨハン・ファン・デン・ボッシュは、入社して数週間後に、その状況の奇妙な面に気がついた。アジアのあるホテルで、交換手からゲイリー・ヘラー氏からの電話を取り次ぐと言われたのだ。ボッシュにはいくら考えてもその人物に心当たりがなかった。さらに驚いたことに、このヘラー氏は自分をファーストネームで呼び、ライセンス契約に関する細かい指示を出し始めたのだ。「申し訳ありませんが、どなたか存じ上げない方からの指示はお受けできません」ボッシュは穏やかに答えた。実は、このヘラー氏というのはホルスト・ダスラーの特別補佐を務めるクラウス・ヘンペルだった。ルコックスポルティフの仕事でアジアに出張するとき、ヘンペルはいつも義理の弟の名でホテルを取っていたのである。

ヘルツォーゲンアウラッハのダスラー家にルコックスポルティフの事業の進捗状態について知らせるときには、ホルストとグェルフィは手の込んだ芝居をした。「ホルストはときに、私が申し出た投資計画を却下して、母親と歩調を合わせているふりをしたものです」と、グェルフィは振り返る。しかしその一方で、二人はスイスのフリブールにサラガンという持ち株会社を作って、ルコックスポルティフの海外事業といった、ホルストが内密に行っている全事業を再編成したのである。

この裏切り行為を可能にしたのは、この計画に加わったフランス側幹部の演技力と不明瞭な会計だった。ヘルツォーゲンアウラッハに事態を把握させないために、ホルストはジャン＝マリー・ウェベールを大いに頼りにした。両親に報告書を提出しなければならないときでも、何も発覚することはないと安心していられたのだ。ホルストが独断で行っていた事業は、スイスの持ち株会社と架空の契約の迷路で巧妙に偽装されていたのである。「こんなに複雑では、猫でも仔猫の後を追えないでしょう」とはウェベール自身の言葉である。

アディダスとライセンス契約を結んでいた日本企業のデサントも、この企てに引きこまれた。アディダスを担当していたデサントの幹部は、上辺ではヘルツォーゲンアウラッハに忠誠を誓っていたが、実はケーテに内緒でルコックスポルティフの製品を販売し、ホルストに協力していたのだ。アディダスの業務を担当していたのは「村川さん」だったが、村川さんはルコックスポルティフ用に別の名刺も持っていて、そちらでは「中村さん」で通っていた。

もう一つ、ルコックスポルティフが本格的にすばやく事業を展開したのが、イギリスだった。責任者はロビー・ブライトウェル。東京オリンピックに出場したイギリスのランナーで、同じくイギリス人で金銀のメダルを獲得した女性ランナー、アン・パッカーとのロマンスで新聞を賑わせた男である。その後二人は結婚し、ブライトウェルはホルストに雇われて、イギリスのアディダスの経営を任されていた（形式上は、八〇年代中頃までイギリスでアディダスを販売していたアンブロの監督下に置かれていたが）。

ダスラー家のねじれた関係を知っていたブライトウェルは、新事業がヘルツォーゲンアウラッハには内緒であることをよく理解していた。したがって、ルコックスポルティフ・イギリスが置かれたのはチェシャー州コングルトン村でブライトウェル家のほんの数軒先、資金もブライトウェルの個人口座を使って出し入れされていた。このため、ナショナルウェストミンスター銀行のコングルトン支店ではちょっとした騒ぎが起きた。普段は地元客の小口資金の移動しか扱っていなかった支店である。「ブライトウェル様、口座にスイスから巨額の振り込みがございましたが」支店長が不安げに、小声で電話をかけてきたのである。

ホルストとグェルフィがスイスに作った持ち株会社のサラガンから送られた資金のおかげで、ブライトウェルの事業は急成長を遂げた。コングルトンから数マイル離れたマックルズフィールドにルコックスポルティフ用の生産工場を建て、アディダスから支給された最新の生地とデザインを使って生産を行ったのだ。ゼロから始めたルコックスポルティフは、まもなくトッテナムホットスパーやエヴァートンなど、イギリスの七つの一流チームと専属契約を結ぶようになった。

ホルストはアディダスのためにつてをすべて利用して、ルコックスポルティフの世界的な評価を高めようとした。数年前はフランスサッカー連盟と契約できただけで喜んでいたブランドだったのに、突如として、アメリカのテニスプレイヤー、アーサー・アッシュからアルゼンチンのサッカーチームに至るまで、世界的に尊敬を集めるスポーツ選手たちが着るようになったのだ。

それでも、ルコックスポルティフ単独では、アディダスに匹敵する規模まで成長できないことは、ホルストにもわかっていた。そこで、ホルストは会社をいくつか手に入れ、そのすべてをサラガン傘下の合弁会社として登録した。ストラスブールに子会社を作ったり、シャンゼリゼ通りに事務所を開いてグェルフィの友人に経営を任せたりして、組織を拡大していったのである。ホルストの事業は遠く将来を見すえたものであると同時に、驚くほどまわりくどくもあった。彼らは、複数のブランドを持つスポーツ複合企業《コングロマリット》を作ろうとしていた――すべて、家族に内緒で。

サラガン傘下にまとめられたホルストの秘密の事業は、ダニエルエシュテルやファソナブルとの共同事業からポニー社への少額投資にいたるまで、すべての売上を合計すると、すぐに数百万フランスフランにのぼった。ホルストがごく近しい側近に説明したところによれば、副収益を蓄積するのは、独立してもスポーツ産業で勝ち残っていけるだけの額を目指してのことだった。

驚いたことに、彼はその事業のほとんどをヘルツォーゲンアウラッハの家族の目から隠し通した。しかし、さかんに嗅ぎまわろうとするヘルツォーゲンアウラッハの家族といらだつホルストとのあいだに挟まれた多くの幹部にとって、その重圧は耐え難いものだった。「ときどき、自分は国際ビジネスをしているのか、それとも外交折衝に携わっているのか、わからなくなりました」と、ロビー・ブライトウェルは言う。

アディダスの香港支部長だったディーター・パッシェンも、思いは同じだった。彼はデサントの代表団と一緒に、ヘルツォーゲンアウラッハへ行ったことがあった。デサントはアディダスとは別に、ホルストとルコックスポルティフの販売契約を結んでいた。ケーテとデサントの役員は、契約延長について話し合う予定だった。ところが会談の直前になって、デサントがルコックスポルティフとも契約していることをケーテに知られてしまったのだ。「ケーテは怒り狂いました」と、パッシェンは振り返る。「この日本人に裏切り者の烙印を押し、二度と契約を結びませんでした。騒ぎが落ち着くまでに数日かかりましたよ」

結局、ホルスト・ダスラーは父親との確執を解決できなかった。ホルストはすっかり落ちこんだ様子で、親しい友人に悲しみを打ち明け、勘当を告げるアドルフ・ダスラーの長く辛い手紙を見せたのだ。

アドルフ・ダスラーは死を迎える数カ月前まで、部下であるドイツ側幹部と息子との争いに悩み続けた。最後の衝突の一つは、一九七八年のサッカーのワールドカップ前に起きた。アドルフはこの大会のために、最新の改良を加えたサッカーシューズを慎重に開発していた。そして、そのシューズを披露するために、個人秘書であるホルスト・ヴィットマンをアルゼンチンに送りこんだ。ところが、ブエノスアイレスのシェラトンホテルでアディダス・フランスの一行に会ったヴィットマンは、彼らのサンプルを見て驚いた。見たところ、まるっきりドイツのコピーだったのだ。ヴィットマンはフランス側がドイツにスパイを送りこんだのだと確信し、頭から湯気を立てて怒った。

ヴィットマンは興奮して、ヘルツォーゲンアウラッハのダスラー家に電話をかけた。「アディ・ダスラーは激怒しました」と、彼は振り返る。「フランス側から靴を盗み出して、作りを調べろと正式に命令されたのです」その後、両陣営はどちらの靴をワールドカップで売り出すかを決める必要があった。「アディからもケーテからもうるさく電話がかかってきて、断固とした態度で臨むように何度も念を押されました」とヴィットマンは言う。結局、ドイツチームにはドイツ側のシューズを提供し、フランス側のシューズは他のチームの選手に配ることで妥結した。

アドルフはアディダスの経営のことは気にせず、手帳を持って歩き回り、工房であれこれと作業し続けた。絶えず改良を施そうとする執念は衰えを知らなかった。五〇年以上の年月をかけて、ねじ式スタッドからマニアしか気づかない微細な発明まで、七〇〇件近い特許を自分の名前で登録したのである。

七〇代になっても、アドルフはいかなる名誉も辞退し続けた。アディ・ダスラーに一目会いたいという人がヘルツォーゲンアウラッハの玄関口に現れても、そっけなく断ってしまうのだ。「ある日、アディが敷地内でが犬を散歩させていると、誰かがフェンスのところまで来て、アディ・ダスラーに会いたいと言ったんです」もうひとりの個人秘書、カール・ハインツ・ラングは言った「『アディは肩をすくめただけでした。『そんな人は知らんな。わしはただの庭師だから』と言って」。スリーストライプのスウェットパンツを履いたアディは、ちょうどそんな風に見えたのだ。

アドルフはドイツ側の医療顧問を務めていた友人のエーリヒ・ドイザーに、アディダスがいくつ工場を持っているか見当もつかない、そして正直に言えば、関心もないと打ち明けたことがある。おそらくケーテなら、夫が母親の洗濯場から始めた会社は、一九七八年にはドイツだけで三〇〇〇人近くの従業員を抱えていたと言えただろう。アディダスが一七カ国に所有する工場では、毎日スリーストライプのシューズが約一八万足生産されていた。そして、公式には一四四カ国で売られていたのだ。

その頃には、アドルフは仕事のペースを落とすよう忠告されていた。健康診断を受けた後、運動は少し控えたほうがいいとやんわり言われたのだ。アドルフは注意を受けてから、言いつけを守って、片手いっぱいの色とりどりの薬を飲んでいた。それでも、一九七八年八月一八日の朝、脳卒中に襲われて、ベッドでほとんど動かなくなっているところを妻に発見されたのだ。アドルフはすぐさまエアランゲンにある病院の集中治療室に運びこまれ、子どもたち全員に囲まれて、そこで三週間近くを過ごした。そして同年九月六日、ついに心臓が止まって、病院で七八年の生涯を閉じたのである。

ダスラー家の者たちは、アドルフの指示にきちんと従って、仰々しい演説をぶつ者をはじめとする、邪魔者を一切寄せつけなかった。そして密葬を貫くために、ケーテと五人の子どもたち、そしてその家族は、公表された時間より一時間早く集まった。アドルフが亡くなって二日後の雨の朝である。アドルフはヘルツォーゲンアウラッハの墓地の高台の右側に位置する質素な大理石の下に埋葬された。兄のルドルフが四年前に眠りに就いた場所の、ちょうど向かい側だった。

第十三章

オリンピックの友人たち

一九七六年七月にモントリオールでオリンピックが開かれた頃、ホルスト・ダスラーのスポーツポリティックス・チームは全精力を上げて活動していた。アジアやアメリカの新規参入組がますます勢力を広げるなか、オリンピックはアディダスの優位を再確認する舞台として利用されるはずだった。そして同時に、ホルストが率いるマーケティング要員たちは、オリンピックに襲いかかるチャンスをつかんだのである。

建前としては、選手たちは依然としてアマチュアだったが、企業に対する要望はますます高くなっていた。一九七二年のミュンヘンオリンピック以来、販売競争の激化に刺激されて、選手たちはさらに自由に要求できるようになっていたのだ。すでに誰もが知っていたアディダスとプーマの争いは、モントリオールでも鎮まることはなかった。実際、ブラジルからやって来たプーマの強力な外交員、ハンス・ヘニングセンは町から三〇キロも離れたモーテルで足止めされた。プーマの人間が活動できないように、アディダス側が策を巡らせたのだ。

一流選手の気を引こうとする戦いは、ついには暴力沙汰にまで発展した。争いの中心はキューバの選手だった。キューバの選手はアディダス製品を使うと見られていたが、ヘニングセンの申し出にかなりの興味を示したのだ。すると、ヘニングセンが泊っていたカナダのモーテルに、突然「キューバ代表団の一人がピストルを持ってやってきて、今度キューバチームに近づいたら殺すぞと脅した」のだ。

しかし今回、アディダスとプーマは生意気な新参者たちの激しい攻撃にさらされた。たとえば、ナイキはミュンヘンオリンピック以来大きく成長を遂げ、モントリオールオリンピックを国際舞台に躍り出る絶好のチャンスだと考えていた。その期待を誰よりも託されていたのが、スティーブ・プリフォンテーンである。同社の英雄的な長距離ランナーであり、ミュンヘンでは振るわなかったものの、モントリオールでは確実にコンディションをピークにもっていけると思われていた。

その頃、ミュンヘンでのアメリカ選手の不振に気落ちしたビル・バウワーマンはアメリカ陸上チームのコーチを辞任していたが、ナイキはプリフォンテーンになんとか近づくことができた。そしてプリフォンテーンも練習費用の捻出に苦労しており、ブルーリボンスポーツ社の社員となることに同意した。これも厳密に言えば規則違反なのだが、アメリカ陸上連盟は次第に黙認するようになっていたのである。今回ばかりは、プリフォンテーンがアディダスを着用することはなかった。だが、不幸にも、ナイキの希望は打ち砕かれた。オリンピック開幕の約一年前、プリフォンテーンが交通事故で死亡したのである。

一方アシックスは、ちょっとした嵐の中にいた。アシックスはオニツカ・タイガーを作った日本人実業家、鬼塚喜八郎によって立ち上げられたばかりだった。一九六〇年代、オニツカ・タイガーはフィル・ナイトが設立した販売会社、ブルーリボンスポーツ社と販売契約を結んでから、海外における売上を順調に伸ばしていた。ところが七〇年代初めに、オニツカ・タイガーと独占契約を結んでいたにもかかわらず、ナイトが自前のナイキブランドで靴を生産し始めた。そのうえ、それがオニツカ・タイガーの靴にそっくりだったことから、両者は袂を分かった。この問題は法廷に持ちこまれたが、鬼塚が敗訴した。

鬼塚はアシックス（「健全な身体に健全な精神があれかし」を意味するラテン語の頭文字を取ったもの）という別のブランドをひっさげて、モントリオールに戻ってきた。そして、アシックスはすぐに大見出しの付いた記事に登場した。フィンランドの長距離ランナー、ラッセ・ビレンが一万メートル走での思いがけない勝利を祝って、履いていたアシックスのシューズをカメラマンの鼻先で振ったのである。ＩＯＣはビレンを技術委員会に呼び出したが、靴を脱いだのは商業上の理由とは全く関係ないとわかり、委員会も胸をなで下ろした。マメができたから脱いだのだ。ビレンはアシックスシューズを履いて五〇〇〇メートル走に出場することを許され、もう一つの金メダルを母国にもたらした。

新しいライバルに小さな勝利を許したものの、メダル獲得競争というばかげた行為――オリンピックで優位に立っていることを強調するために、アディダスが決まって用いていた尺度――となると、アディダスは他のライバルを寄せつけなかった。アディダスが競技場で他社の攻撃を受けていることにホルストが気づかないわけはなかったが、明らかに自社の勝利を確信しており、より大規模なスポーツポリティックス計画に専念していた。

ミュンヘンオリンピックで儀典長を務め、ホルストのためにオリンピックの扉を開くためにアディダスに雇われたクリスチャン・ジャネットを通じて、ホルストは楽々とＩＯＣの幹部に近づくことができた。アディダスの有能な外交員でもあるこの男は、ＩＯＣのメンバーが泊まっているクイーンエリザベスホテルに部屋を確保し、他の施設に入れる特別許可証も手に入れたのである。

ジャネットはソ連の代表団にとりわけ注意を払った。次のオリンピックがモスクワで開かれることは二年前に決定されており、成り行き任せにしておけないことは、アディダスの人間なら誰でも知っていた。モントリオールオリンピックが開催される前に、カナダの関係者の機嫌を取っていたように、一九八〇年のオリンピックに向けても、充分な準備を始めたのである。

モントリオールで厄介だった仕事の一つが、当時ソ連のスポーツ大臣だったセルゲイ・パブロフのために手配した風変わりな旅行である。パブロフがナイアガラの滝を見たがっていると、ソ連選手団の儀典長であるミハイル・ムザレウロフにそっと耳打ちされたのだ。手配はジャネットに任された。選手団の団長が羽目を外して資本主義国家の観光地に遊びに行くとあっては、ソ連当局がいい顔をするわけがなく、この旅行は人目を避ける必要があった。ソ連はモントリオールオリンピックに集まった中でも最強の選手団だったうえに、パブロフも選手村に宿泊していたとあって、事は慎重を要した。

パブロフとムザレウロフは朝の四時にこっそりとモントリオールを抜け出してからトロントへの定期便を使い、その後小型のプライベートジェットに乗り換え、最後にスモークガラスで窓を覆った車でナイアガラ瀑布までたどり着いた。「パブロフはまるで子どものようでした」と、最初から最後まで同行したジャネットは振り返る。二人のロシア人は、樽の後ろに立って安っぽい合成写真を撮ると言ってきかなかった。樽から頭だけを出し、背景にナイアガラの滝が写るという仕掛けである。

その後、セルゲイ・パブロフは何度も恩返しをしてくれた。ジャネットは、モスクワオリンピック開幕前の六年間に六二回もソ連の首都に旅し、友人たちの気配りの行き届いた接待を受けた。また、国中のどこにでも自由に行けるよう特別の便宜も図ってもらえた。ジャネットは、共産主義時代にヤクート共和国のステップ地帯に旅した最初の西洋人の一人だったはずだ。モスクワから約八〇〇〇キロ離れた辺境地で、ロシア人でさえビザが必要な場所である。

モスクワオリンピックに向けた準備は、アディダスとＩＯＣとの関係の転機となった。それまで、ホルストはＦＩＦＡのジョアン・アベランジェ会長との個人的な関係から、金では買えないほどの便宜を受けていた。同じような便宜をＩＯＣから受けられれば、どれほどのことが可能になるかは言うまでもなかった。ＩＯＣの次期会長を選ぶ選挙は、たまたまモスクワオリンピックの直前に行われることになった。ホルスト・ダスラーは、今度こそ間違いなく、初めから勝ち組についたのである。

クリスチャン・ジャネットは何度もモスクワを訪ねたが、空港に着いたその足でスペイン大使館に向かうことが少なくなかった。そこでは必ず、大使のファン・アントニオ・サマランチに豪華な食事でもてなされた。二人は個人的にとても親しくなり、ジャネットがヘルニアでモスクワの病院に担ぎこまれたときも、大使の魅力的な妻であるビビス・サマランチが、新鮮な果物とスペイン料理を毎日届けてくれたほどである。

ジャネットは一九七三年にアディダスに入社して間もなく、サマランチとの関係を築き始めた。このカタロニア出身の男が、かつてはフランコ政権を全面的に支持していたと聞いても、誰も驚きはしなかった。一九六六年一二月、サマランチはフランコ政権のスポーツ担当相に任命された。その後ファシストの旗の下、バルセロナ議会の議員に選出された。もっともここで言う投票とは、民主主義の基本原理のそれとはだいぶ違っていたのだが。

また、サマランチは一九六六年にIOC委員に選出されたのを皮切りに、スポーツポリティックスにおいても出世の階段を上がっていった。そしてじわじわと、オリンピック関係の役職の中でも多くの人の憧れる儀典長の地位にまで到達したのである。これまでのIOC会長のうち二人がこの地位についていたことを、事情通は思い出さないわけにはいかない。サマランチの洗練された物腰や鋭いビジネスセンス、それに数カ国語を操る語学力に、ジャネットはさらに惹かれていった。「緑のブレザーを着た平凡なオリンピック関係者とは、確かに違うものがありました」と、ジャネットは語った。

一九七三年六月に開かれたIOC元会長アベリー・ブランデージとマリアン・プリンセス・ロイスの結婚式で、ジャネットは行動を起こした。スピーチとスピーチの合間に、同じく結婚式に招かれていたサマランチに、ホルスト・ダスラーと会ってみる気はないかと持ちかけたのだ。サマランチはこの申し出の裏に隠れた利点に即座に気づき、数カ月後の一九七三年九月に会うことを決めた。

ファン・アントニオ・サマランチは、入念に歓迎の準備をした。ホルスト・ダスラーは、バルセロナFCの伝説的なグラウンド、カンプ・ノウを案内してもらった。そして、サマランチ夫妻の私邸で昼食をごちそうになり、バルセロナで開催されていたすばらしい国際ボートショーも見て回った。そのうえ、ブラック・タイ着用の見事なカタロニアスタイルの晩餐会にも招かれたのである。

この晩餐会は、スポーツ界の大物二人が生涯にわたって理解し合う始まりとなった。飽くことを知らない権力への欲望に突き動かされた者どうし、互いが手を組めば、望みが叶うことはわかっていた。サマランチがIOCの会長職に上り詰めれば、ホルスト・ダスラーに扉を開いてやれる。見返りとして、ホルストが集めた金はサマランチが足場を固めるのに役立つというわけだ。二人でオリンピックを支配し、巨大な金のなる木にすることも可能なのだ。

この暗黙の了解での自分の役割を果たすために、サマランチは多額の資金をつぎこんだ。フランコ将軍の没後間もない一九七五年一一月、当時スペインはソ連に大使を派遣していなかったが、サマランチは政府を説得して、自らモスクワに赴《おもむ》いた。モスクワ大会を前にして、オリンピック関係者はみなソ連の首都で多くの時間を過ごすはずだと、抜け目なく計算したのである。スペイン大使館の支援ともてなしを受ければ、きっと感謝するだろう。パーティーの豪華さを考えると、サマランチ夫妻は外交努力に個人資産をつぎこんだに違いないというのが大筋の見方だった。

親しい友人ともなれば、スペイン大使館はつまらない日常の世話までしてやった。そうしてアディダスはまたしても、モスクワオリンピック関係者全員の装具を供給する独占契約を得たが、これは途方もない仕事になった。モントリオールオリンピックの実行委員会は一万人分を求めてきたが、ロシア人は平然と三万二〇〇〇人分を要求してきたのだ。ランデルスハイムでは、こう冗談を言い合った。「ソ連では一つの仕事について、実行する奴が一人、監督する奴が一人いる。

さらに、その二人に目を光らせるＫＧＢの男がもう一人いるんだ」

ところがオリンピック開幕の数カ月前になって、またしてもホルストとヘルツォーゲンアウラッハの家族の間で激しい口論が起こった。とつぜん、モスクワオリンピックの大口取引が、アリーナ・ブランドに移されたのだ。この変更はホルスト個人の影響力の大きさを物語ってはいるが、すべての製品を一夜にして考案する羽目に陥ったランデルスハイムの衣料担当者にとっては悪夢のようでもあった。

そこへ横槍を入れたのがジミー・カーター米大統領である。ソ連軍のアフガニスタン侵攻に抗議して、モスクワ大会のボイコットを命じたのだ。オリンピック関係者にジーンズを納品するためにリーバイスと交わした契約も含め、アディダスがアメリカの会社と交わした契約はすべてが無効になった。

数年前のアベランジェと変わらず、サマランチもまたＩＯＣ会長職への選挙運動を公然と行った。その非公式のマニフェストは、オリンピックのアマチュア規定を少し緩和する必要があるという原則に基づいている部分があった。オリンピアで開かれた会合でサマランチが思い切ってこの立場を表明すると、反対陣営は激怒し、その後も金銭問題を低俗と考える一部の委員の神経を逆なでし続けた。しかし、現実に目を向ける委員は、現行規則の偽善的側面はこれ以上維持できないと確信し始めていた。

サマランチに有利に働いたもう一つの問題は、オリンピック自体が破綻の危機に瀕していたことである。議論の余地はあるものの、サマランチの計画はこの緊急事態に具体的に対処できるものだった。サマランチは資金調達専門の対策委員会を設置するつもりだった。そうすれば、放送局にとって魅力が増すように、オリンピックを一括で売れるし、より広い範囲からスポンサーを募集できる。これこそ、ホルスト・ダスラーの出番だった。

一九八〇年七月一六日、ヘルツォーゲンアウラッハの幹部が支持するドイツ人候補者ヴィリー・ダウメをはじめとする対立候補全員を打ち負かして、サマランチが会長選挙に勝利した。その夕べ、このカタロニア人の勝利に最も貢献した人々は、モスクワホテルの会議室を貸し切って祝賀会を開いた。サマランチ夫妻を取り囲む一五人の招待客の中には、ホルスト・ダスラーとクリスチャン・ジャネットの姿もあった。キャビアは確かにロシア製だったが、この特別な宴に用意されたフォアグラは、ランデルスハイムから空輸されたものだった。

その頃には、ホルストは権力の仕組みにすっかり魅せられていた。重要な決定を自分に都合のよい方向に曲げられる、影響力のある操作の名人となっていたのだ。上流階級との付き合いを楽しみ、「人形使い」として成長していった。策略を楽しみ、両親との間に深い溝が生まれてからずっとつちかってきた偽りの人生を積み重ねていった。だが、国際的なスポーツポリティックスにかかわってからは、ひどく神経質にもなっていた。

ホルストは常に注意を怠らなかったが、ソ連にいるときはとりわけ警戒を強めた。常に盗聴されていると確信したホルストは、鉄のカーテンの向こう側に行くときはいつでも盗聴探知器を持って行き、ホテルの部屋では荷を解く前にまずそれを使った。上級幹部の何人かにもそうした機械を使うことを教え、ブリーフケースには相手を惑わせる書類を入れておくことを勧めた。

監視されていると感じて、ひどくストレスがたまると、ホルストは冗談めかして緊張を解こうとした。夕食会のたびにソ連のパートナーに新情報を伝えるのだが、その後で何気なくこう付け加えるのだ。「書類にはすべて目を通されているでしょうから、すでにご存知でしょうが」。しかし、食事会のホストはポーカーフェイスのままだった。

この不安は必ずしも、冗談や的外れというわけではなかった。何といっても、ソ連の施政者は資本主義国家の客人を嗅ぎまわることでは悪名が高かったのだから。また、当時はスポーツビジネスにまつわる利害関係が大きくなっており、盗聴の不安はIOC自体にも広まっていた。ローザンヌのIOC本部には、常に専門家が検査をして盗聴される恐れがない部屋があり、微妙な問題はそこで論議されているという噂もあった。

逆にアメリカ人のセールスマンがヘルツォーゲンアウラッハのスポルトホテルに泊まったときに、そのバーに盗聴器が仕掛けられていると知って驚いたことがある。その頃、スポルトホテルは部屋が改良されて、高位の重要人物が頻繁《ひんぱん》に泊まっては、バーで一杯やりながらその日の感想を交換していた。このセールスマンはドイツ駐留の米軍のラジオ局にラジオの周波数を合わせようとしたのだが、代わりに下の階の会話がはっきりと聞こえてしまったのだ。

アーミンの長男イェルクも同じことを体験した。七〇年代後半、彼がまだ一〇代の頃だ。アーミンが電話で話しているときに、イェルクは居間に座ってラジオをいじっていた。「そうしたら突然、父の声がラジオから出てきたのです」と、イェルクは語る。「それで、電話が盗聴されているのがわかりました。受話器に取り付けられていた装置を見つけたのです」

そのようなやり方は不信と怒りを買うものだが、多くの人間はそれもスポーツビジネスに必要な側面となったのだと感じていた。モスクワオリンピックのボイコットにより、スポーツが政治の道具になったことがはっきりと証明されたのだ。ホルスト・ダスラーと幹部たちは、その時代を特徴づける疑惑と陰謀に満ちた危なげな政治風土の中で商売をしていたのだ。

急激な成長を遂げるスポーツビジネスに深入りするにつれて、ホルストの行動には異常なほどの猜疑心《さいぎ》が見られるようになった。「ホルストはいつも身を隠そうとしていました」と語るのは、個人秘書のクラウス・ヘンペルだ。「自分の机から電話をするときだって、相手には世界の向こう側からかけているように思わせたのです」

七〇年代後半以降、スポーツポリティックスの頂点に立ったホルスト・ダスラーは、周囲の人間の忠誠心にひどく不安を抱いているように見えた。幹部の一人が目撃したところによると、ホルストはサッカーの試合を見に行き、ドイツ人選手のフランツ・ベッケンバウアーがスタジアムの向こうの端でライバル社の人間と気軽におしゃべりを交わしているのを見つけて逆上したという。「翌日ホルストはドイツ警察に電話して、どこに行けば遠方集音器が手に入るかと聞いたのです。そういう会話を盗聴しようとしたんですね」側近はそう振り返った。「少し過剰反応じゃないですかと言ったら、彼は目をむいて、私のことを世間知らずだと言ったのです」

ホルストは不当な理由やひどく些細な原因で、役員を解雇したこともあった。クリスチャン・ジャネットは毎年開かれるドイツのスポーツ界の舞踏会で、何気なくホルストの妹のブリギッテ・ベンクラーをダンスに誘って、ひどく叱られた。ブリギッテが一人で来ていたので誘うのが礼儀だと思ったのだが、ホルストはそうは見なかったのだ。「二人で何を話していたのかとか、彼女は何と言ったのかとか、質問責めでした。まったく不愉快でしたよ」とジャネットは語った。

ホルスト・ダスラーにお払い箱にされた人間は、スポーツ産業界で別の職を見つけるのが難しかった――プーマ側に行くとなれば、話は別だが。「彼を見ていると、手段を選ばない、実に政治的な人間だとわかります。人を操ることには非常に長けていました」と、パトリック・ナリーは言う。「彼と事を構えるのだけは避けたいと思っていました」だが、ナリーにとっては不運なことに、まさしくそれが現実となったのである。

第十四章

ピッチへの乱入

アルゼンチンでの肩慣らしがすむと、ホルスト・ダスラーとパトリック・ナリーは、スポーツマーケティング事業を確立させる準備に取りかかった。アルゼンチンでは耐えなければならない問題がいろいろあったが、方向性が間違っていないことは確信できた。

このスポーツマーケティング事業は、人脈を利用して、秘密のブランドにつぎこむ資金を稼ぐ副業の一つとして始めたものだった。だがこれは、当初の予想をはるかに超える成長を期待できることがわかってきた。最悪の状況でも、パトリック・ナリーはすでにアルゼンチンで国際的企業から何百万ドルもの金を引き出したのだ。この事業はうまく運営すれば、アディダスを始めとするダスラー家の事業が束になっても敵わないほど、資金を稼いでくれるだろう。

ホルストの行く手を邪魔するライバルもいなかった。母親や妹たち、それにプーマのいとこたちが、スポーツマーケティングの成長に気づかないわけはないが、この情勢の変化を利益に結びつけるだけの行動力は、彼らにはない。ホルストにあってライバルにはないのは、まさしくその才能だった。決して視野を狭めることなく、つねに全方向に気を配ってチャンスを探す。ホルストが他の誰より鋭くスポーツ権利ビジネスの展望を見すえていたことは、誰にも否定できなかった。

パトリック・ナリーは、この事業を推し進めるのに、まさに最適なパートナーだった。アルゼンチン大会の後、二人は一九八二年六月にスペインで開かれる次のワールドカップに向けて、これまでにないパッケージプランを練り始めた。アルゼンチンで数百万ドルの儲けが出たことに勇気づけられ、ムンディアル（スペイン語でワールドカップを意味する）の販売権を得るために約二五〇〇万スイスフランを出すことで同意したのである。四年前に一二〇〇万スイスフランで済んだことを思えば、たいへんな値上がりである。しかし、スペインがサッカーに熱狂する国で、観光客にとっては魅力的な目的地であることを考えると、元を取るのは簡単そうだった。

日本を担当したのは、ジャック坂崎だった。一九七八年、この背の高い日系アメリカ人は、日本の投資で商売することに興味のあるスポーツマーケティング会社との提携を求めてロンドンにやって来た。彼はウエスト・ナリー社に立ち寄って二時間ほど話をし、結局三日間泊まった。そして東京に戻る前に、ナリーと共同でウエスト・ナリー・ジャパンという対等の合弁会社を立ち上げたのである。

二つの文化で教育を受け、スポーツマーケティングの経験もあった坂崎は、ナリーの気を引くのに十分な資質を持っていた。坂崎は幼少期を熊本で過ごした後、両親やきょうだいとともにカリフォルニアに移った。自分をＦＯＢ（「ボートを降りたばかりの移民」の意）と呼ぶクラスメイトの心ない仕打ちに耐えた時期もあったが、スポーツを通じて周囲に溶けこむことを学んだ。学校のアメリカンフットボール部でランニングバックとして活躍し、柔道も強かったのである。

坂崎は勉強のためバークレーに進んだが、日本に帰りたいという気持ちが強かった。東京に着くと、スポーツという言葉が入った広告を新聞で探し、ＩＭＧという会社に就職した。マーク・マコーマックが作ったスポーツ代理店で、主にゴルフやテニスを扱う会社である。その後、スポーツの放送契約を扱う日本企業、テレ・プランニング・インターナショナルに二年在籍してから、一九八七年についに自分の会社を設立した。

ウエスト・ナリー社との取り決めで、坂崎の仕事はウエスト・ナリーが獲得した販売権を日本企業に売りこむことになったが、その大部分はサッカー関連だった。野球と相撲がなお一番の人気を集め、サッカーはまだ発展途上にあった当時の日本では、それは生易しい仕事ではなかった。プロリーグはまだなく、せいぜい企業や大学のチームの対抗試合がある程度で、多いときでも数千人ほどの観客しか集められなかった。

国の代表チームも、まだワールドカップの最終予選に勝ち残ったことがなかった。そうした状況では、テレビ局もサッカーの大会にたいした興味を示さない。NHKが放映権としてしぶしぶ払ったのはたったの五〇〇〇ドルで、それもよそではとっくに熱気の冷めた頃になって録画を放映したのだ。

パトリック・ナリーと会うためにイギリスを訪れたジャック坂崎は、ヨーロッパのメディアにおけるサッカーの取り扱いの大きさに驚いた。当時、多くの日本企業が海外市場進出を狙っていて、自社ブランドの評判を早急に高めることを必要としていた。日本企業はいまだに疑惑の目で見られることが少なくなく、スポーツマーケティングへの投資は、外国を刺激することなく評判を高めるのに適した方法だと思われた。

「問題は、こうした日本企業にとって、ヨーロッパ各国で提携先を探したりコマーシャルを流したりするのが面倒なうえに、莫大な費用がかかるということでした」と坂崎は説明する。「そこで私はワールドカップに一枚かめば、一石で一三〇羽の鳥を獲れることに気づいたのです。私にとっても彼らにとっても、本当に目から鱗が落ちましたね」

ウエスト・ナリーと坂崎が手を組んだ一九七八年一月に話を戻すと、その年のワールドカップの販売パッケージに日本を加えるには時間がなかった。しかしその翌年、FIFAが創設七五周年を祝って前年の決勝カードだったアルゼンチン対オランダ戦を特別に再現したとき、この国の持つ潜在能力が明らかになった。坂崎は日本のカメラメーカーであるキヤノンを訪れ、スタジアムの周囲に看板を掲げるために約一二万五〇〇〇ドルを出させた。この国際広告ビジネス自体がまだ始まったばかりで、キヤノンはまだ専門の部門もなかったのだが。

その後まもなく、ジャック坂崎はサッカーのイベントを作って、またもや日本企業に出資させた。彼が考えたのは、ヨーロッパと南米のクラブ選手権優勝チームを対戦させることだった。坂崎は試合は中立国でやるべきだとFIFAに説明した。そして、すぐにスポンサーを見つけた。トヨタが三億円と引き換えに、大会に企業名を付ける権利を得たのである。

坂崎は仕事を進めていくうちに、ホルスト・ダスラーを味方に付けておくと、どれほど役に立つかを思い知った。トヨタカップの準備をしている最中に、とつぜん日本サッカー協会から抗議を受けたことがあった。試合が日本で行われる以上、自分たちも言いたいことを言ってもいいはずだと感じたのだろう。「でも、ホルストが問題を知ると、二、三本の電話をかけただけで、すぐに解決したのです」と坂崎は言う。「彼が何をしたのか、細かいことは知りませんが、とにかく彼の影響力で、多くの問題が片づきました」。ウエスト・ナリー・ジャパンの努力の甲斐あって、第一回トヨタカップは一九八〇年二月に開催された。

坂崎は、一九八二年にスペインで開催されるワールドカップでも、日本の本格的な参加が見込めると自信を持っていた。そして必要な資金を集めるために、ナリーと共にインターサッカーという驚くべきパッケージを考え出した。少数の国際企業からなるグループに、ワールドカップの幅広いスポンサー権を購入させる仕組みである。ナリーは競合会社が同じ権利を買わないように、八つのカテゴリーを作った。そして、スペインのサッカー競技場を取り囲む四つの看板と、大量のチケットを各社に割り当てたのだ。

このパッケージにはワールドカップ以外の大会も含まれていた。欧州サッカー連盟（UEFA）との取り決めにより、ヨーロッパ選手権やチャンピオンズリーグ、それにUEFAカップの予選も対象としており、有効期間は四年だった。しかし、八社それぞれが二〇〇〇万スイスフランを出さなければならず、とても高い買い物ではあった。

坂崎にとって、問題はそれだけではなかった。日本では多額の広告予算のほとんどが、大きな広告代理店に握られていた。そこで、インターサッカーを売り込むためには、日本の広告業界の頂点に立つ電通と組むべきだと考えた。だが、電通の役員は価格が高すぎるし、失敗するのは目に見えていると冷たく言い放った。「ただ笑い飛ばすだけで、まずはゼロを一つ減らすことから始めなさいと言われましたよ」と、坂崎は振り返る。そこで今度は、広告代理店としては日本で二番目に大きい博報堂に話を持ちかけ、手数料と引き換えにいくつかの扉を開けてほしいと頼んだのだ。

坂崎は今度もキヤノンに話を持っていった。役員たちは金額の大きさに驚いたが、ヨーロッパ本部を置いているアムステルダムの役員と相談することを約束した。そして、市場に近いところにいるアムステルダムの役員は、ワールドカップであればヨーロッパ中にブランド名を広められると即座に同意したのである。こうして、キヤノンは坂崎とウエスト・ナリー社からフルパッケージを買った最初の日本企業となった。

キヤノンのすぐ後に続いたのはセイコーで、ワールドカップのオフィシャルタイマーを務めることになっていた同社は、ハーフパッケージを買うことに同意した。この一流企業二社が参加したことで、さらに二社が参入した。日本ビクターと富士フイルムはそれぞれハーフパッケージを買い、その出資額は一〇〇〇万スイスフランに上った。坂崎のビジネスにとって、一九八二年のワールドカップは、とどまるところを知らない成長と目をみはる取引が行われる時代の幕開けとなった。だが、その一方で、他社もスポーツマーケティングの将来性に気づき始めていた。

ジャック坂崎にプロジェクトへの参加を打診されたとき、電通の役員たちは広告料があまりに法外であり、すぐに失敗するだろうと考えた。だが、それと同時に、旨みのあるビジネスの最先端に坂崎がいることにも十分気づいていた。

電通自体、中堅社員だった高橋治之がペレのさよなら試合を見事に準備し、スポーツマーケティングに手を出してはいた。ブラジルの英雄であるこのサッカー選手は当時ニューヨーク・コスモスに所属していたが、最後の試合はアジアで行うということで合意していた。一般的なサッカーの試合の観客動員数は数千人止まりだったが、高橋の仕事はニューヨーク・コスモスと日本の代表チームとの親善試合をお膳立てし、六万二〇〇〇席ある国立代々木競技場を満員にすることだった。

高橋は電通のメディアへの影響力を利用して「ペレ・サヨナラゲーム・イン・ジャパン」の大々的な宣伝活動を行った。好意的な新聞やサントリーにも応援された。サントリーはウィスキーでよく知られている会社だが、当時は〈サントリーポップス〉というブランドで清涼飲料市場に乗りこんだばかりだった。一九七七年九月に行われた試合では、満員にするための工夫として、何千本という〈サントリーポップス〉のボトルキャップに特殊な札をつけ、入場券として使えるようにした。競技場は超満員となり、かつてはボクシングとアイスホッケープレーヤーだった高橋自身も、警備に不安を覚えたほどだった。

次に、高橋は日本コカ・コーラから一九七九年八月に開催される第二回ワールドユース選手権のスポンサーになる手配をしてほしいと打診された。FIFAのジョアン・アベランジェ会長にとっても、世界ユースは選挙公約を守っていることをアピールするうえで、重要な意味をもっていた。アベランジェは運営委員会を監視するために、FIFAに入ったばかりのスイス人幹部ゼップ・ブラッターを送りこんだ。

折り目正しく、数カ国語を操るブラッターに目が留まったのは、彼がロンジンで広報を担当していたときである。FIFAの事務局長に適した人材を探していたアベランジェとホルストに推薦されたのだ。当時そのポストに就いていたのはヘルムート・ケーザーだったが、アベランジェとホルストは、この古風なスイス人では現代のサッカービジネスに対処できないという結論を下していた。そして、ケーザーの職を解くまで、ゼップ・ブラッターは販売部長としてFIFAに紹介されたのである。

ブラッターは数カ月の間ランデルスハイムで仕事をし、ホルストに徹底的に鍛えられた。「会ったときから、ホルスト・ダスラーと私は似た者どうしだとわかりました」と、このスイス人は言う。「スポーツポリティックスについて、ホルストは細かい点まで教えてくれました。とても勉強になりました」誕生日がともに三月で、二日しか離れていない二人は、いつも〈オーベルジュ〉で一緒に祝った。「上等の葉巻を吸うこともよくありました。これもホルストから学んだことの一つです」と、ブラッターは振り返る。しかし他の者から見れば、ホルストの指示の出し方は素っ気なく、ブラッターを自分の操り人形として利用しているのは明白だった。

それはともかくとして、ブラッターはワールドユース選手権のために東京で二カ月過ごし、高橋治之は大事な友を得ることができた。選手権は手に汗握る試合ばかりで、またしても満員で大成功となり、ブラッターと高橋は祝杯を挙げた。スポンサーの日本コカ・コーラも、放送したNHKも大喜びだった。この興奮を引き起こしたのは主にアルゼンチンのユースチームで、特にディエゴ・マラドーナという名の小太りの選手は衝撃的だった。

高橋は一九八二年のワールドカップに関して坂崎が結んだ契約のことを知り、ブラッターと友人になったのは賢明だったと改めて思った。友人であるブラッターにもっと魅力的な案を提示すれば、このビジネスを簡単に奪い取れるかもしれないと考えたのだ。都合のいいことに、一九八一年三月には、ヘルムート・ケーザーがFIFAから情け容赦なく追放され、ブラッターが事務局長に就いていた。

高橋がチューリッヒに着いたとき、FIFAは常任幹事会の真最中だった。ゼップ・ブラッターは直ちにこの日本の友人を幹事会に招き入れ、持ってきた提案の概略を説明するよう勧めた。「日本の市場にはFIFAに提供できるものが多いこと、日本企業が大きな関心を持っていること、ただし、スポンサー料は無理のない額に抑えるべきだということを説明しました」と高橋は振り返る。高橋の見るところでは、FIFAが当時日本市場で行っていたビジネスのやり方がスポンサー料を押し上げていた。ウエスト・ナリーが権利を持ち、ジャック坂崎が契約をまとめ、博報堂が仲介しているとあっては、三者に手数料を支払わなければならない。もしFIFAが直接電通と手を結べば、より強力なパートナーが得られるうえに、効率もよくなるのだ。

感度のいいアンテナを通じて、高橋の介入はただちにホルスト・ダスラーの耳に入った。一九八二年二月、ホルストは即座に招待状を送り、高橋は数日後にまた旅支度をした。高橋がパリ空港に降り立つと、ホルストの自家用飛行機が待機しており、高橋はそのままランデルスハイムに直行した。〈オーベルジュ〉での心づくしの食事の後、二人はごく緊密な協力関係について話し合ったのである。

高橋がランデルスハイムに着く直前、ホルストはパトリック・ナリーと取引の最後の詰めを行っていた。またしても資金に困ったホルストは、自分の持つSMPIの過半数の株式をできるだけ早く買い取ってほしいと、パートナーに泣きついたのだ。何度か交渉を重ねた末、ナリーが約三六〇〇万スイスフランでホルストの株を買い取ることで、基本的な合意が成立した。一九八二年一月にパリ空港で署名したこの同意書は〈オルリー契約〉として知られるようになった。

それから数カ月間、ナリーと坂崎は黙々と金をかき集めて、その後数年間にわたってインターサッカー・プログラムを拡張し続けられるように頑張った。そして、キヤノンやアンハイザー・ブッシュなどから大幅な出資の約束を取りつけたことに基づく、四年間の収入見積もりを詳細に記した正確な予算案を作成して、ホルストに提出した。また、ナリーはFIFAとUEFAに支払う権利料も正確に出した。もちろん、いつもの「追加分」という項目も忘れずに。

しかしナリーがSMPIの買収案をまとめている一方で、ホルストの部下たちは彼のだらしない面を不安に思っていた。「彼はビール用コースターの裏によく計算を書き付けたのですが、とてもいい加減で、間違っていることが多かったのです」と言うのは、SMPIの財務担当者のディディエ・フォルテールだ。ホルストは何度か忠告を受けてもこれを無視し、株式売却の話を続けた。そして二月末には、リヒテンシュタインの会社を通して支払いをするということまで合意していた。それなのに突然、ホルストはナリーを切り捨てたのだ。

一九八二年三月二九日、ナリーが坂崎と打ち合わせをするために東京のオフィスを訪ねていたとき、一枚のテレックスが入ってきた。それは坂崎宛てで、こう書かれていた。「ワールドカップ及び、FIFAとUEFAが主催するサッカーのイベントに関し、ウエスト・ナリー・グループに付与していた権利を、本日付ですべて無効とする」。坂崎は何らかの誤解が生じているに違いないと考え、ナリーに詳しい説明を求めた。そしてパートナーシップを組んで四年以上たって初めて、パトリック・ナリーとホルスト・ダスラーとの関係の詳細を知ったのである。

二人がＳＭＰＩの共同経営者であり、国際的な組織に対するホルストの影響力をナリーが利用していることは、坂崎も初めから知っていた。だが、ＳＭＰＩの株式の過半数はホルストが所有しており、したがって坂崎が日本で売った権利はホルストにコントロールされているということまでは聞いていなかった。坂崎はずっと、共同事業の主導権を握っているのはウエスト・ナリーだと思っていたのである。

ナリーを排除した後、ホルストは自分で電通と話をまとめた。日本の巨大広告代理店の名声は確かに有利に働いたが、実際、ナリーよりもはるかに魅力的な条件が出されたのだ。ホルストはＳＭＰＩの株をナリーに売って三六〇〇万スイスフランを得ることになっていたが、電通にはホルストと組む事業に出資する用意があり、しかもその半分をホルストに預けると言うのだ。

ホルストはワールドカップに電通の梅垣哲郎副社長、成田豊取締役、服部庸一営業企画室次長を招待し、そこで共同事業について発表した。一九八二年八月にスイスのルツェルンに設立する予定の合弁会社の名前は、ＩＳＬ（インターナショナル・スポーツ・アンド・レジャー）と決まった。この事業の指揮を取るのは、ホルストの個人秘書のクラウス・ヘンペルと、アディダスの元国際マーケティング部長のユルゲン・レンツだった。

ナリーとホルストの提携解消で、坂崎にはほとんど何も残らなかった。「言うまでもなく、ＩＳＬの創業で、我々のビジネスはとてつもない影響を受けました。二つの会社の資金力と影響力を考えれば、突然巨人ゴリアテが出てきたと言ってもいいでしょう」坂崎はそう記している。

「キングコングが殴りこんできて、裏庭の木を――我々ウエスト・ナリー・グループが植えて丹念に育ててきた木を――全部根こそぎ引っこ抜いていったようなものでした」

日本での取引に片がつくと、ホルスト・ダスラーは正式にナリーと手を切った。フランクフルト空港とロンドンのブラウンホテルで何度かぎこちない会談をした後、この事業の草分けとなったパートナーシップは解消された。ナリーはわずか三六〇万スイスフランでSMPIの株を手放した。この金は確かに支払われたが、ナリーはこの決裂から立ち直れなかった。さらに痛ましいことに、ナリーの部下の中には、ホルストのもとに移った者もいたのである。

堅実な経営陣と電通の後援により、ISLはサッカーのマーケティングビジネスを掌握するようになった。その成果は大きかった。一九八六年のメキシコでのワールドカップの権利取得には四五〇〇万スイスフランかかったが、あちこちのスポンサーから二億スイスフランを集められたのだ。電通はその役目を見事に果たし、さらに多くの日本の複合企業《コングロマリット》をサッカーのマーケティングに紹介した。

こうした利益はFIFAに渡り、サッカーの振興や各国の連盟への助成金といった国際プロジェクトに使われた。また、その一部はFIFA自体の拡張にも充てられ、委員たちの報酬が引き上げられて、派手な出費がますます増えていった。数年の間、ISLに対する巨額の契約は十分な検討も経ずに密室でまとめられていた。この支配体制が、ホルストがFIFAを始めとするスポーツ団体の幹部の友人たちと、何らかの役得を得ているのではないかという疑惑を呼んだのである。

かつてホルストの「鞄持ち」を務めたジャン＝マリー・ウェベールは、定期的にルツェルンのＩＳＬを訪れ、財務問題を処理した。ウェベールはＩＳＬでは「ブラックリスト」、つまり特別な振込口座の名簿を持つ男として知られるようになった。他のＩＳＬの幹部たちはそういった問題から目を背けていたと言っているが、その名簿がかなり長いものであることは認めていた。そのうちの一人の言葉を借りれば、「誰が名簿に載っていないかを尋ねたほうが早い」とのことである。だが、ホルストはこうした腐敗の横行を気にすることなく、最大のプロジェクトに取り組み始めた。サッカー界を支配した今、残る目標は一つだけだった。


提案事項は基本的にサッカーと大差なかった。ＩＳＬはオリンピックの競技場を国際マーケティングの場として大企業に売るつもりだった。オリンピックのほうがサッカーより世界中で認知され、より高い倫理観の上に立っているとされているので、それは簡単な仕事のはずだった。だが、オリンピックの権利は各国のオリンピック委員会に分散されており、プロジェクトは常識を超えるものになりそうだった。

権利関係の複雑さは、眩暈《めまい》がするほどだった。国際的なパッケージとして提供するためには、ほとんどの国のオリンピック委員会を説得して、権利を返上してもらう必要があった。最も説得力のあるＩＳＬの主張は、ＩＯＣが国際企業からより多くの資金を引き出せれば、その一部を各委員会に再分配できるという点だった。それでもすべての委員会を説得するのに数年はかかるし、大国が一国でも参加を拒めば、プロジェクトはご破算になってしまう。

だが、ホルストはひるまなかった。ホテルのエレベーターの前で、何時間も一人で待った努力の成果を収穫するときが来たのだ。この粘り強いロビー活動のおかげで、各国の委員会の会長と個人的に知り合えたし、スポーツポリティックス・チームのメンバーたちも、さらに多くの人々と友人になった。

ホルストを最も熱烈に支持したのは、フアン・アントニオ・サマランチだ。IOCは切迫した財政状態にあったので、金庫を満たすために、サマランチは喜んでホルストを頼りにしていた。一九八三年のニューデリーの会合で、このIOC会長はホルストの提案を強く支持し、国際マーケティングプランを立ち上げることを委員に認めさせたのである。この契約がISLのものになることは言うまでもなかった。

詳しいマーケティングプランの作成をISLに委託する旨の確認をIOCから取りつけるやいなや、ホルスト・ダスラーとユルゲン・レンツは世界中を回り、各国のオリンピック委員会と話をまとめた。ふんぎりのつかない一部の委員会の不安を解消するため、フアン・アントニオ・サマランチが自ら書いた手紙を全委員会に送り、売却の利益を説明した。資金力のある委員会の説得には、政治的な駆け引きや、数回にわたる長々とした交渉が必要になることもあった。アメリカが折れ、一三カ国を除く国々の同意を取りつけたところで、ホルストとレンツの説得は終了した。

この骨の折れる世界行脚により、ISLは包括的なマーケティングプランを推し進めることができた。ジ・オリンピック・プログラム（ＴＯＰ）と呼ばれるこのプランは、ローザンヌに本拠地を置くＩＯＣに何億スイスフランもの金をもたらすことになった。オリンピックの切り売りは、それから数十年間にわたって、ひどいスキャンダルを生み出し続けた。ＴＯＰを通じて集めた資金が広範囲にわたって悪用されていたことが、報道機関に暴露されたのだ。資金の一部はプロジェクト推進に使われていたが、残りは悪趣味なＩＯＣ委員の個人的な出費に浪費されたのである。

しかしホルスト・ダスラーは、これ以上は望めないほど報われたことになる。ＩＳＬはオリンピック・プログラムを使って、目もくらむ速さで拡張し続けるスポーツマーケティング・ビジネス界で揺るぎない地位を築いた。ホルストは断固として、これを守り抜いた。ＩＳＬはホルストが自力で築いたものだったし、今でも直接担当しているのだ。神経をすり減らす家族との争いからも慎重に守ってきた。ところが、隠れ蓑が吹き飛ばされるやいなや、ホルストはまたしても家族に悩まされたのである。

第十五章

復帰

ホルスト・ダスラーが世界のスポーツ界を支配する大物たちと親しくつき合っていた頃、ケーテ・ダスラーはあいかわらず〈ヴィラ〉のテラスでお客とプラムケーキを食べていた。八〇年代初期、アディダスの重要事項の多くは、ケーテが妹のマリアンヌや娘たちとコーヒーを飲みながら長いおしゃべりをして過ごす会合で決められた。

アドルフ・ダスラーの遺言にしたがって、会社の指揮権はケーテ・ダスラーが引き継いでいたが、ケーテは子どもたち全員が経営に加わるべきだと言い張っていた。この家族経営の仕組みに基づいて、ダスラーの四人の娘の一人ひとりがそれぞれの部門を管理した。長女のインゲ・ベンテはドイツにおけるスポーツ振興に大いに貢献したが、原因不明の脳卒中に襲われて半身不随となってからは影響力を失った。次女のカレン・エッシングは、マーケティング全般に首を突っこんでいた。ブリギッテ・ベンクラーは、東欧諸国との関係作りでは兄のホルストに次ぐ地位にあった。末娘のジークリットは、夫とともにスイスに移るまでの短期間、衣料品分野を管理した。

アディダスが直面するその他の問題については、四人姉妹とその夫を入れた非公式の家族会議で話し合った。一番大きな影響力を振るったのは、アルフレート（アルフ）・ベンテである。彼はずいぶん前から会社の経営に関わり、生産拡大の指揮を執っていた。アディが第一線から退くと、アルフが非公式ながらその職責の一部を受け継いだ。ハンス＝ギュンター・エッシングは、日々の経営にはさほど関わらなかったが、分析力に優れた頼りになる男と見られていた。ハンス＝ヴォルフ・ベンクラーは、しゃべるよりはもっぱら聞き役に回っていた。そして末娘の夫であるクリストフ・マルムスは、ヘルツォーゲンアウラッハにあまりいなかった。アメリカのビジネススクール、ウォートンで知識に磨きをかけ、コンサルタントの職に就いたのである。

家族が取った手法の主な目的は、経営をしっかり把握することだった。とんでもない儀式の一つに、郵便物の開封がある。ケーテ・ダスラーの妹のマリアンネ・ホフマンは、二時間以上かけてヘルツォーゲンアウラッハのアディダスに届く手紙のすべてに目を通した。特定の重役宛てであろうと、お構いなしだ。中身のすべてに目を通し、自分で選んだ担当者に渡すのだ。

あいにくダスラー姉妹の判断は、幹部たちの関心事と必ずしも一致していなかった。ある幹部は、急を要するこみ入った問題に取り組んでいる最中にカレンに呼ばれた。「大至急来てください。わが社の評判に関わる一大事です！」。彼女の机の上には一冊のスポーツ雑誌が開いてあった。そこには脱臭剤の広告が載っていて、スポーツシューズのイラストが小さく添えられていた。「虫メガネで見てみると、問題の靴の側面にストライプが何本か走っているのが、どうにかこうにか見えるんです」。この若い幹部はなんとか冷静さを保ちながら、カレンが、アディダスが臭い靴だ思われるなんてもってのほかです、直ちに対処しなさいと命じるのを聞いていた。

こうした口出しにも、たいていの管理職は我慢していた。家族経営の会社に入った以上、仕方ない。面接を受けた当初からわかりきっていたことなのだ。面接は定期的に〈ヴィラ〉で行われたが、それもカウボーイハットをかぶって追いかけっこをする行儀の悪い子どもたちにしょっちゅう邪魔されていた。しかし、家族の習慣が業務の妨げになるとあっては、問題である。もはや会社は田舎の家族経営ビジネスの域をはるかに超えた規模に成長していたのだから。

ヘルツォーゲンアウラッハの国際マーケティング部長、ユルゲン・レンツは、一番ストレスを感じていた社員の一人だった。マッキャンエリクソン社に数年在籍していた彼は、広告の威力を知っていた。ところが七〇年代後期にアディダスに入社してみると、この会社が宣伝するものといったら製品だけなのである。アディダスの慣例では、広告というカテゴリーに入るのは、定期刊行雑誌の折り込みと、ハンス・フィックという小さな代理店がデザインしたカタログだけなのだ。ハンス・フィックはニュルンベルクにある会社で、五〇年代からアディダスの仕事を請け負っていた。ナイキが創業以来行っている、ウィットに富み、見栄えもする広告キャンペーンを、レンツはうらやましげに見ていた。

アディダスに入社してまもなく、レンツは定評のあるドイツの調査会社からスポーツ用品市場の調査をしたいという申し出を受けた。販売戦略を向上させるために、入社以来ずっと要望していた、まさにその方法を提示されたのだ。レンツは、ケーテもこの調査のための僅かな出費を承認してくれるものと思っていた。ところが、返事は、短い手書きのメモという形で来た。「レンツ殿。一九八二年まで、製品は完売です！」。ケーテの意見では、需要を満たすのにも苦闘している状況では、市場調査をする意味などないというわけである。

一九七八年の夫の死後、ケーテはなんとか一人でやってきたが、時折厄介なファミリービジネスから逃げ出したくなった。頻繁《ひんぱん》に旅に出ては、その機会を最大限に利用して、人目もはばからず、戯れの恋に身を任せたりした。ブラジルの靴工場の工場長との「恋にのめりこんだ」ときは、アディダスの人間の多くの顰蹙《ひんしゅく》を買った。彼女が恋心を募らせた相手はスイス生まれの既婚者で、ケーテの求愛をそっと退けたのだ。

別の折には、単にヘルツォーゲンアウラッハの緊迫した雰囲気から逃げ出したくなった。ハンスルディ・ルエカーがスイスの子会社のために新しい事務所を建てさせたとき、ケーテは彼に小さなアパートを用意してくれるよう頼んだ。ケーテはヘルツォーゲンアウラッハを離れては、殺風景なチューリッヒの工業地帯の一画にある質素なアパートに行き、独りで数日間過ごすようになった。

だが、〈ドイツのママ〉を一番苦しめたのは、子どもたちの問題だった。〈ヴィラ〉のテラスで、ケーテは古くからいる幹部の一人にその心情を打ち明けたことがある。ケーテは息子の間違った行いや、義理の息子の破滅的な習慣について嘆いた。「一人はギャングとつき合っているし、もう一人はリハビリリセンターに入れなければならないの」当惑する幹部に、そう語ったのである。

リハビリの話はアルフ・ベンテのことだ。長女の夫で、アルコール依存症に苦しんでいることは周知の事実だった。なかには、それもアディダスに忠誠を尽くしすぎたせいかもしれないという者もあった。「アルフが出張でハンガリーやロシアに行くと、向こうの連中は朝の一〇時からウォッカを飲み始めるんです」と、様子を見ていた者は言う。アルフはこの習慣をヘルツォーゲンアウラッハにも持ちこみ、昼食前からアルコールを出したので、訪問客は驚いたものだった。

だが彼の問題が悪化したのは、おそらくインゲとの結婚生活が破綻したせいだろう。インゲが脳卒中に倒れて半身不随となって以来、夫婦仲が悪くなっていたようだ。夫婦の意見が合わないことで、アディダスでも困った問題が生じた。従業員たちが相反する指示に従わなければならなくなったのだ。

アルフ・ベンテには会社の仕事が務まらないとはっきりすると、ベンテは数日間行方をくらましてしまった。ベンテと親しかったスイスの子会社の社長、ハンスルディ・ルエカーのもとに、チューリッヒ空港にあるアディダスの店の店主がおろおろして電話をかけてきた。店に来た酔っ払いが自分はアディダスのオーナーだと言い張り、迎えをよこせと言っているというのである。ルエカーは空港に飛んで行き、ベンテをドルダー・グランドホテルに押しこむと、家族に知らせた。そのすぐ後に、ドイツのタブロイド紙はベンテの結婚が破局を迎えたことを報じた。アルフ・ベンテは、ヘルツォーゲンアウラッハを出て、ニュルンベルクで若い女と一緒になったのである。

息子がギャングとつき合っているという、もう一つの怒りの矛先は、アンドレ・グェルフィに向かった。息子とこのコルシカ人が一緒に世界中を飛びまわっていることは、密告によってすぐにケーテの耳に入った。息子が自分に隠れて企てている怪しげな取引にはすべてアンドレ・グェルフィが大きく絡んでいるのではないかと、ケーテは疑い始めた。それでものちにグェルフィから打ち明けられた話に対して、すっかり覚悟ができていたわけではなかった。

マルセル・シュミットは心配そうに書類を調べていた。活気あふれるこの男は、ホルスト・ダスラーの副業を再編成したスイスの持ち株会社、サラガンの会長だ。フリブールのオフィスで、ルコックスポルティフやその他数社に対する出資などをはじめとする、成長し続ける事業の運営を管理している。ところがアンドレ・グェルフィから渡された契約書と請求書を見たとき、数字がおかしいと確信した。シュミットが見たところでは、グェルフィは初めからずっとホルスト・ダスラーをだましていた。取引の際サラガンに送られてくる数字の合計は、いつでも契約書に示された数字よりかなり大きいのだ。差額は袖の下の分だから書類に出すわけにはいかないというのがグェルフィの言い分だ。だが、そんなことがあまり頻繁に度重なったので、シュミットはホルストの耳に入れようと決めた。

事実を突きつけられたホルストは怒り狂って、行動を起こした。アンドレ・グェルフィは登場したときと同じく、素早く退場した。このコルシカ人との契約に基づき、ホルストはルコックスポルティフを完全な支配下に置く権利を行使し、グェルフィの同社に対する権利を剥奪したのだ。

この争いは法廷で決着がついたが、そのときシュミットは怒りのあまり、グェルフィを「国際的ペテン師」と呼んだ。グェルフィは腹を立てて、スイスの法廷に名誉毀損で訴え出た。聴聞会の日、当時のスイスの規則にしたがって、グェルフィは法廷の裏にある小部屋に通された。そこで分厚いファイルを用意したシュミットと一緒になったのである。二人が部屋から出てきたとき、訴えは取り下げられていた。グェルフィは慎重に考えた結果、「国際的ペテン師」という呼び名も悪くはないと思うようになったのだ。

それでも両者が和解できる道はなかった。グェルフィがサラガンに投資した金を返金することになったが、その額をめぐっても意見は完全に異なっていた。グェルフィは、ホルスト・ダスラーと密約を交わして以来、三〇〇〇万ドルを事業につぎこんできたとして、その全額の返還を要求した。最も激しい論争となったのは、グェルフィが出張手当として請求した途方もない金額である。このコルシカ人は、ホルストの出張の際に飛行機に乗った時間をすべて細かく足したのだ。「手当は、一時間につき約三万フランスフラン。数千時間は飛んだ」というのが彼の主張だった。

ホルストが全額の支払いを拒むと、配下の幹部たちに次から次へと不思議な事件が起こった。まず最初に、怒鳴りあいの末に話し合いが決裂した直後、ジャン＝マリー・ウェベールの鞄の一つがジュネーブ空港で行方不明になった。ウェベールは国際的なスポーツ連盟で事が円滑に進むよう、ホルストの代わりに采配を振るっており、いつでも機密書類でいっぱいの大きな鞄を一つは持ち歩いていた。

続いて一九八二年四月には、ランデルスハイムのアディダスのビルが、フランスの関税警察の家宅捜索を受けた。何人かの幹部は、制服を着た男たちからぞんざいに、ファイルを調べるあいだは外に出ているように言われた。別の警察チームは、エッカルツヴィラーにあるホルストの自宅のドアを荒々しくノックした。三番目のチームは、モンテカルロのグリマルディ通りに派遣され、ＳＭＰＩのオフィスを捜索した。パトリック・ナリーは、マルセイユの税関局で局長の尋問を長時間受けた。さらに別の部隊は、フリブールのオフィスにいたマルセル・シュミットを連行した。

取り調べは、通貨の違法送金に集中した。一九八一年五月の大統領選後に政権の座に就いた社会党政府は、一定以上の額の送金についての報告を企業や個人に義務づける法律を施行したのだ。これはフランスに本拠地を置く国際企業の経営をひどく煩雑なものにしたが、ホルストのビジネスは複雑で、そのうえ秘密で行っている部分も多かったので、ともかくこの法令に従うことなど不可能だった。

この件は結局、ダスラー家に何ら致命的な影響を及ぼすことなく落ち着いた。数人の幹部が指摘したように、当時のフランスの予算担当大臣は、社会党議員アンリ・エマニュエリである。アディダス・フランスが操業する工場の一つは、エマニュエリの選挙区のランド地方にあったのだ。だが、「イワシのデデ」には、まだ最後の切り札があった。


アンドレ・グェルフィは書類で身をかためてヘルツォーゲンアウラッハに向かうと、考えもなしに秘密をぶちまけた。ケーテ・ダスラーは、この魅力的なフランス人が自分に逆らってばかりいる息子を数年にわたって応援し、数百万フランの金を使って、予想もできない規模の副業をしていたと知って打ちのめされた。

ケーテは激怒した。ずっと前から息子が家族全員をだましているのではないかと疑ってはいたが、それでもサラガン社について聞かされると、大変な衝撃を受けた。ホルストがその隠れた事業に投じた資金の規模や、アディダスを迂回して自分だけの目的のために注ぎ込んだ資源についても明らかになった。驚くべき規模の裏切り行為が発覚したのだ。

この発覚によりすさまじい大喧嘩になったため、その後に起きた問題については、理性的に話し合えなくなった。「ホルスト・ダスラーは、弁護士が同席しない限り他の家族と話そうとしなかった時期もありました」と、当時ランデルスハイムの輸出部長だったギュンター・ザクセンマイヤーは語る。「彼は明らかに落ち込んでいました」

それ以降、ホルストがアディダスからの投資をルコックスポルティフや他のブランドに回すことは、非常に難しくなった。一九八二年のワールドカップ前に、ヘルツォーゲンアウラッハのダスラー一家がアディダス側に引きこみたいと思っていた強豪チームに対し、ホルストがルコックスポルティフとの提携話を持ちかけたことで、緊張は沸点に達した。

ホルストは、ここでも友人のブラゴ・ヴィディニッチを頼り、ただちに彼を雇うと、サッカーを利用したルコックスポルティフの宣伝を任せた。ムンディアル（ワールドカップ）に向けてのヴィディニッチの役目は、ルコックスポルティフとの契約を少なくとも三カ国のチームに結ばせることだった。カメルーン代表チームとアルジェリア代表チームとの提携には何の問題もなかったが、ルコックスポルティフがラ・スクアドラ・アズーラ（イタリア代表チーム）を獲得したと聞いたドイツ側は、不平を漏らし始めた。このチームは今回は不調のようだったが、それでも国際サッカー界では依然として引っ張りだこだったのだ。

イタリアのサッカー連盟は、どんな企業であれ、選手のシャツにロゴを付けさせないので、ヴィディニッチは交渉に苦戦していた。しかし、トラックスーツにルコックスポルティフのロゴを付けることでなんとか合意できたのだ。「スペインの観衆は、イタリアチームが炎天下にトレーナーにトラックスーツを着て走り出てきたので、ちょっと驚いたようでしたね」と、ヴィディニッチは笑う。だが、ルコックスポルティフを着たことで選手が特別手当を受け取ったと言われるようになり、この契約は後にイタリアの怒りに火をつけることになった。

ラ・スクアドラ・アズーラが西ドイツチームに圧勝した一九八二年のワールドカップ決勝戦、ドイツのアディダスの幹部たちはみな、このイタリアチームがルコックスポルティフと提携を結んだことを怒っていた。一方ホルスト・ダスラーの側近たちは、イタリアのパオロ・ロッシを応援すべきか、それともカールハインツ・ルンメニゲをはじめとするスリーストライプを履いたチームを応援すべきか迷っていた。

ホルスト・ダスラーと妹たちの諍《いさか》いでは、絶縁という選択肢も何度か話題に上った。アディダスの幹部の中には、妹たちがホルストの持っている株とランデルスハイムの経営権を買い取ろうとしたと聞いた者もいる。しかしホルストはこの申し出を拒絶したし、ケーテは子どもたちに仲直りするよう頼みこんだ。

数カ月に及ぶ非難合戦の末に、アンドレ・グェルフィは一五〇〇万スイスフランを受け取って立ち去ることに同意した。サラガン社のブランドと株式は、ダスラー家の管理下に置かれることになった。アンドレ・グェルフィは、それとは知らずに、ホルストがヘルツォーゲンアウラッハに戻るための交渉を開始する手助けをしたのだ。

ホルストと妹たちのあいだの不信感は根深く、後継者候補といえども、ホルストが指揮権を振るうのは難しいことがわかった。ケーテ・ダスラーが息子を呼び戻す決心をしてから、ホルストはランデルスハイムとヘルツォーゲンアウラッハの間をこれまでよりも行き来するようになったが、妹たちはなお自分たちの影響力を放棄するつもりはなかった。一方、一家の優柔不断ぶりに飽き飽きしていた幹部たちの一部は、ホルストの完全復帰を強く求めた。

そこでケーテ・ダスラーは、息子の復帰を妨げるものすべてを排除することにした。脳卒中を起こしてから健康状態が急速に悪化していたケーテは、自分が死んだ後に子どもたちが離れ離れにならないようにと必死だった。ホルストが母親に対して忍耐と思いやりを示したことから、ケーテの最後の数年間、二人の関係は非常に穏やかになっていた。特に、息子が自分の私生活に理解を見せてくれたことに、ケーテは心を動かされた。

ブラジルでの失恋からまもなく、ケーテはアディダス・オーストリアの支店長を任されていたオーストリアの靴職人と親密な関係になった。長年アディダスの納入業者だったこの男は、ケーテよりずっと年下だった。この関係に娘たちは仰天し、ドイツ人幹部の多くが、二人が一緒にいるのを見て、落ち着かない思いをしていることは明白だった。「この男がミセス・ダスラーの寂しさにつけ入っているのは明らかでした」幹部の一人はそう言った。

ダスラーの娘たちは、この関係をなんとか壊そうと、初めて結束した。娘たちはこのオーストリア人が不当に利益を得ているのではないかと思ってぞっとし、母親をたらしこんで再婚するつもりなのではないかと恐れた。本人のためにも、母親を引きずってでもこの関係を断ち切らせなければと決め、娘たちは国際業務担当部長のクラウス＝ヴェルナー・ベッカーに頼んで、この話題をケーテに切り出してもらった。ところが、ケーテはこの心からの気遣いにも感じ入ることはなく、逆に、怒ってベッカーが〈ヴィラ〉に出入りすることを禁じてしまった。

ホルストも、このオーストリア人の嫌らしい行動には怒っていた。しかし、母親に上から物を言う代わりに、つき合いを楽しめばいいとおおっぴらに励ましたのだ。ケーテはこの思いやりのある態度に突き動かされて、娘たちが嘆くだろうことは無視して、かねてから計画中のアディダスの改革に踏み出した。会社を財団法人とし、略式の家族取締会を長とするアディダス合資会社とするべく、アディダスの定款《ていかん》は変更された。ところがケーテは、あなたに経営の全権を任せると、ホルストにはっきりと伝えたのである。

ホルストはずっと決断を下せずに悩んでいた。彼はランデルスハイムの幹部たちを集め、ヘルツォーゲンアウラッハに戻るかもしれないことを伝えた。「私は人生の岐路に立っている」と言うホルストは、見るからに動揺していた。アディダスの株を売却して別の事業を立ち上げることもできる。その場合は、信頼するランデルスハイムの幹部たちがついてきてくれるかどうかを確かめたかった。あるいはヘルツォーゲンアウラッハに戻ることもできる。ただしその場合は、ランデルスハイムの影響力は大幅に制限されることも正直に警告しなければならなかった。「当然、我々は全員何も言わずに、彼についていったことでしょう」と、当時サラガンの責任者だったジャン・ヴァンドリングは言う。「しかしもちろん、みんな彼に戻るよう促したのです」

ビジネスから手を引くことと引き換えに、ダスラー家の妹たちは驚くほど気前のよいプレゼントを得た。ホルストは、一人ひとりに持ち株会社スポリスの権利を譲ったのだ。スポリスは、ホルストの持つスポーツマーケティング代理店ＩＳＬの半数をわずかに超える株式を持っていた。ＩＳＬが設立されたとき、ホルストと電通の所有権は対等となっていた。しかしその二年後、ホルストはこの事業について、自分に過半数の五一パーセントの権利を与えるよう電通を説得し、それをスポリスに委託したのだ。家族との取り決めの一環として、妹一人ずつにスポリスの株一六パーセントを譲った。ホルストが最大の三六パーセントを持っていることに変わりはないが、もし三人の妹が手を組んだら、自分の思うとおりにはならない。言い換えれば、ＩＳＬの独占権を放棄したのだ。

ホルストの弁護士のヴァルター・マイヤーは、この意思表示に驚いた。一年以上にも及んだ交渉の過程で、ダスラー家の妹たちは「無数の妥当な提案」を断り続けていたらしい。だがＩＳＬの株の話は、一見不釣り合いなほどの大きな譲歩だった。ホルスト・ダスラーがまさに自分一人の力でＩＳＬを築き上げたことを考えれば、なおさらである。「私には理解しがたいことでした」マイヤーはそう言ったとされている。「彼は妹たちにとても価値のあるプレゼントをしたのです」

法的手続きは一九八四年一二月一九日に完了した。ケーテはその数日後にヘルツォーゲンアウラッハを発って、年末をオーストリア人の友人と過ごした。そこでケーテの健康状態は悪化し、治療が必要になったが、クラーゲンフルトのアパートで数日間放っておかれたのだ。母親の容態が悪いことに気づいた娘たちは、自家用飛行機を送ってオーストリアから連れ帰た。しかし、もう手遅れだった。一二月三一日、ダスラー家の女主人《ディー・シェフィン》は、エアランゲンの病院で亡くなった。六五歳だった。検視官が下した死因は心不全だったが、失恋で胸が張り裂けたのだという者もいた。

ホルスト・ダスラーは、母親の葬式が終わるのを待ちかねたように、オーストリアに電話を入れた。母親と怪しげな関係をもっていた男は、即座に解雇された。元マーケティング担当責任者で、オーストリアの責任者となったゲルハルト・プロチャスは、男がケーテとの関係をあからさまに利用して、自分の製靴工場の利益を上げていた事実を確認した。

亡くなる前の二年間、母親はどんどん弱っていったので、ホルストはヘルツォーゲンアウラッハとランデルスハイムの間を何度も往復していた。しかし母親が亡くなると、即座に指揮を執り始めた。妹たちは身の回り品を一つ残らず持ち出し、ホルストは経営を完全に掌握して、信頼できる一握りの側近で周りを固めた。

ホルストが社長の椅子に落ち着くと、アディダスはこれからも発展を遂げるように思われた。会社は史上空前の四〇億ドイツマルク近い売り上げを計上したばかりで、スポーツビジネスの世界に君臨し続けていた。しかし、この姿が見せかけであることは、ホルストにははっきりとわかっていた。彼が妹たちと言い争いをしている間に、アディダスは猛烈な攻撃を受けていたのである。

第十六章
転落

ビル・クロスは拳でテーブルを叩いた。七〇年代初頭、ヘルツォーゲンアウラッハでドイツの幹部たちとの会談の席についた、アメリカ西海岸のアディダス販売業者は、ひどく苛立っていた。ここ数年、オレゴンのブルーリボンスポーツという小さな会社に気をつけろと注意しているのだが、何度言っても取り合ってもらえないのだ。この会社のナイキというランニングシューズが、カリフォルニアの店先にどんどん出回っている。早いうちに手を打たないと、アディダスのビジネスがどんな痛手をこうむるか、わかったものではない。「今のうちにつぶすべきです」と、クロスは主張した。

状況を具体的にわからせるために、クロスはナイキの靴を何足か持ってきて、調べてみるようにとドイツ人に手渡した。ところが、がっかりしたことに、スニーカーはさも馬鹿にしたように投げ捨てられたのだ。「ものすごい勢いで売れていると言ったのに、気にも留めませんでした」と、ビル・クロスは振り返る。「単にランニングシューズを作りたくなかっただけみたいですね。いい靴だが、うちでも作れると言って、それでおしまいでした」

ナイキに注意を向けようとする海外取引担当の幹部たちも同じ目にあった。ランデルスハイムの輸出担当部長のギュンター・ザクセンマイヤーは、アメリカ旅行中にこのブランドに目を留め、技術部の人間が興味をもつだろうと考えたが、反応は一様にそっけないものだった。元コーチのビル・バウワーマンが台所でデザインした〈ワッフルトレーナー〉は、物笑いの種にされた。「まるで汚いものにでもさわるようにサンプルを調べて、それを引っぱってみた後、肩越しにぽいと捨てていました」と、ザクセンマイヤーは振り返る。「ワッフルの焼き型を使って靴をデザインするような頭のおかしな連中なんて、手の込んだジョークだと思ったようです」

ヘルツォーゲンアウラッハでは、ナイキの問題は急を要するものとは全く考えていなかった。アディダスの販売業者からは相変わらず、もっと製品を送ってくれという催促が続いていた。しかし、まさにそうした品不足に小売業者が耐えているという点を、ナイキに衝かれたのである。アメリカ市場が急成長を続けるなか、小売業者はアディダスの場当たり的な供給に不安を感じ始めており、それに代わるブランドを拒めるはずがなかった。

そうした点を利用し、ナイキは〈フューチャーズ〉という巧妙な仕組みを導入した。小売店を説得して、安定した発注を行い、前払いを保証することを約束させたのだ。この確約を得たナイキは、大きなリスクを負うことなくアジアの工場に対する発注を増やすことができた。言い換えれば、経済的リスクの一部を小売店に移したわけである。〈フューチャーズ〉に参加した小売店の方では、オーダーごとにかなりのリベートを受け取れるし、確実に商品が手元に届くので安心していられる。需要の多い市場では、これは無敵の理論だった。

七〇年代のジョギングブームに乗り、ナイキの進出は大きな波となった。この動きの先頭に立ったビル・バウワーマンは、自らは進んで運動しない何千人ものアメリカ人に対して、毎日のジョギングの習慣をつけさせた。そして、新たに生まれたこの気楽なランナーたちが、大挙してナイキに押し寄せたのである。ヘルツォーゲンアウラッハでは、ドイツ人の職人たちが「ジョギングなんてスポーツじゃない」と鷹揚に構え、この風潮を気にもかけなかった。そして、販売業者からの要望でようやく重い腰を上げたときも、客の求めているものを作ろうとしなかった。ドイツ人は森の中の小道を走るが、アメリカ人は道路や歩道を走る。アメリカ人はクッション性に優れた靴を必要としていた。販売業者は柔らかいソールを求めたが、アディダスは解剖図を見せて、そういう靴は足首や膝を痛めると答えたのである。

アディダスがようやくジョギングブームに対応し始めた頃には時すでに遅く、その努力もまた不十分だった。七〇年代後期に、アディダスは〈SL〉というジョギングシューズを考案し、アメリカで発売した最初の年は、約一〇万足が売れた。市場の爆発的な成長ぶりを見た販売業者は翌年の発注量を一〇〇万足以上に増やしたが、これによってアディダスは生産能力を高めなければならなかった。「しかし、かなりの投資を要するという理由で、必要な設備改善を断ったのです」と、アドルフ・ダスラーの当時の個人秘書、ホルスト・ヴィットマンは語る。「のちにそれは大変な間違いだったとわかりました」

ナイキに関して言えば、鷹揚に構えていた点ではホルスト・ダスラーにも同様の責任があった。スポーツマーケティング会社の設立に没頭するあまり、ナイキ問題にたいした関心を見せなかったのだ。配下のフランス人幹部は、〈カントリー〉という柔らかいジョギングシューズを考案したものの、その仕事にはあまり身を入れていなかった。

アディダス・フランスの国際マーケティング部長、ラリー・ハンプトンは、ホルストにナイキについてもっと知ってもらおうと、長年苦労してきた。結局、一九七八年二月にヒューストンの見本市で、フィル・ナイトを始めとするナイキの幹部と会うことにホルストは同意した。だが、ハンプトンはその会合にひどく落胆した。全く実りがないように見えたのだ。ところがナイキのほうでは、その場で聞いた話に耳を疑っていた。ホルストは、アメリカでのアディダスの靴の売上が、年間およそ一〇万足であることを漏らしてしまった。ブルーリボンスポーツは、大体同じ数の〈ワッフルトレーナー〉を一カ月で売り上げていたのである。

八〇年代半ばまでは、アディダスのアメリカでの年間売上は、毎年二桁台の伸びを示していた。だが、急成長を続けるこの市場で、ナイキはさらに速いペースで伸びており、驚くべき勢いで市場シェアを獲得していったことを、ダスラー家は見落としていた。プーマとの競争にばかり注意を奪われていたアディダスの技術者たちは、他の会社が本格的な脅威となるとは思いもしなかったのだ。

死の数カ月前になってようやく、アドルフ・ダスラーは、スポーツ市場の転換期に、アディダスがぼんやりうたた寝をしていたことを認めた。アドルフは幹部を集め、普段の彼には似合わない、辛辣《しんらつ》な言葉を吐いた。初期の頃こそ技術的な欠陥があったものの、いまやナイキが市場を席巻しつつあることをやっと理解したのである。アデルフは初めてアメリカ旅行を計画したが、その日が来る前に亡くなってしまった。

ナイキのマーケティング担当者にとって、一九八四年のロサンゼルスオリンピックは、その存在をアピールする最高の舞台だった。八年前のモントリオール当時は、まだ国際マーケットにまともな参入すらしていなかった。四年前のモスクワでは、アメリカ企業のナイキにはお呼びがかからなかった。だが、ロサンゼルスでは準備万端である。

ナイキの幹部たちは、この町を自らのテリトリーと位置づけた。目をみはるような広告の中には、ロサンゼルスの中心部のビル二つにまたがる、長さ八メートルに及ぶ絵もあった。アメリカのランナーであり、走り幅跳びの選手であるカール・ルイスが砂場の上を跳躍している姿を実物大で描いたのだ。マリーナデルレイの高速道路を走るドライバーが、これを見逃すはずはない。

アディダスはいつもどおり、オリンピックに向けて慎重に準備した。ソ連がロサンゼルス大会のボイコットを決めたので、オリンピック前のあいさつ回りには、ホルストが自ら出向いた。ハバナに飛んでフィデル・カストロ首相と会談したが、キューバチームをオリンピックに参加させてくれるよう説得することはできなかった。一方、ルーマニアの参加はホルストの功績として広く認められた。東欧諸国の中でソ連のボイコット命令を無視して参加した唯一の国だ。他の東欧チームが参加しなかったことから、スリーストライプの存在感はいくらか薄れたように感じられたが、それでも大会が始まる前から、アディダスが一番多くのメダルを獲得することは保証されているようなものだった。

アディダスのマーケティング担当者は、ロサンゼルスオリンピックの組織委員長ピーター・ユベロスにいろいろとアドバイスをした。ユベロスは、前回のモントリオール大会の財政的失敗にもめげず、主に民間資本を利用して、営利目的の企業と同じ感覚でオリンピックを運営しようと決めていた。そこで、ホルストの専門知識と引き換えに、マスコットのハクトウワシをアディダスの製品に付けることを許可したのである。

アディダスは、オリンピックのために一五〇〇万ドルの予算を用意した。ロサンゼルスの銀行に口座を開いて貸金庫を借り、元衣料品部長のジョー・キルヒナーやその他の信頼できる部下に数百万ドルの現金を預けさせた。古き悪習はなかなか消えず、いつものように建前上はアマチュアであるオリンピック選手は、支払いが銀行の明細書に出ないように求めていたのだ。

西海岸の販売業者ビル・クロスはアディダスのために、数カ月をかけて様々な手配をした。大学の近くに選手や報道陣のための建物を借り、ホルストと側近はヒルトンホテルに滞在して、何人ものオリンピック関係者と話をした。アディダスとホルスト・ダスラーとオリンピックは、互いに離れられない間柄になっていた。

ナイキには別の計画があった。世界のスポーツ界に君臨するヨーロッパの長老貴族たちを、大っぴらに見下していた。自分たちが応援する選手や自分たち自身を、スポーツ界の体制をひっくり返すことに燃えている無所属派と考えたのだ。アディダスの人間がスポーツ界の腹黒い大物連中とカクテルを飲んでいる頃、フィル・ナイトとその一行は浜辺に繰り出し、即席のビールパーティーを開いていた。

その頃には、ナイキはマーケティングの方針を変えていた。ナイキは陸上競技から出発してアメリカ市場を占有し、長年何百人というランナーを支援してきた。しかし八〇年代初期になると、こうした小規模の専属契約では効果が分散してしまうと感じるようになった。宣伝や、ナイキのブランドの確立に役立つ限られた数の選手に、集中的に金をかけようと決めたのだ。

オリンピックでは、誰よりも勇気を与えてくれるアメリカ人選手を起用したドラマチックな広告を展開し、ロサンゼルスの街中でナイキの存在を感じられるようにした。カール・ルイスがカリフォルニアの大空に舞い、革ジャケットに身を包んだジョン・マッケンローが街を見下ろしてそびえ立つのだ。また、オリンピック期間中は、印象的な六〇秒のコマーシャルに、同じキャストが何度も現れた。その他、ランディ・ニューマンの歌『アイ・ラブ・LA』に合わせた、マラソンのアルベルト・サラザールや中距離ランナーのメアリー・デッカーといったアメリカのスター選手のビデオクリップも登場した。こうしたコマーシャルは、スポーツ用品業界では前代未聞だった。アディダスはまだ、商品の宣伝だけではない広告を流すところまでは至っていなかった。

オリンピックが終わってメダルを数えると、予想通りアディダスが勝利を宣言した。アディダスを身に着けた選手が獲得したメダル数は、二五九個。対するナイキは五三個だった。サラザールは金メダルを取り損なった。メアリー・デッカーは、ロサンゼルスオリンピックで出場した唯一の種目三〇〇〇メートル走の決勝で、南アフリカ出身の裸足のランナー、ゾーラ・バッドと接触して転倒してしまった。「ナイキは、金のかかる束の間のショーを演じたのさ」と言って、ホルスト・ダスラーは肩をすくめた。

それでもアディダスのマーケティング担当者には、ナイキの目の付けどころの良さがわかった。どれほど多くの選手がアディダスを履いたとしても、ロサンゼルス大会をさらったのはナイキだった。コンバースは五〇〇万ドルを支払って大会組織委員会のオフィシャルパートナーとなったが、消費者の目にはナイキがスポンサーだったように映っていた。陸上男子の金メダリストは三人を除いて、あとはみなナイキを履いていた。ビーチハウスでの彼らのパーティーの話で、町はもちきりとなった。

カリフォルニアでその夏に起こったことをすべて見ていた者には、アディダスが深刻な脅威にさらされていることが、突如明白となった。そのうちの一人は、振り返ってこう言う。「ロサンゼルスはとても大きな警報を発していたのです」


アディダスがナイキの力に気づき始めた頃、オレゴンでは、ナイキのブランドをさらに高める策が練られていた。陸上選手への支払いを減らし、バスケットに関してはさらにごっそりと予算を削ることに決めた。才能に恵まれ、人を感動させるようなプレーヤー、アメリカのビジネス全体をひっくり返すようなプレーヤーを使って、大ヒットを狙ったのである。

八〇年代初期には、アディダスはアメリカのバスケットボール界からほとんど追い払われていた。六〇年代後期に〈スーパースター〉でコンバースを叩きのめしたように、七〇年代後期には、自分たちがナイキにやられてしまったのだ。アディダスが〈スーパースター〉による勝利にあぐらをかいているあいだに、ナイキは〈エア〉という新技術を考案した。エアクッションが靴底に挿入されているのが、目で見てもはっきりわかる。アディダスは、〈エア〉の考案者フランク・ルディに会おうともしなかったが、ナイキ側にはすぐに売れることがわかったのだ。

八〇年代半ばには、アメリカのバスケットボール・リーグ、NBAの選手の半数近くがナイキに鞍替えし、残りの大半は改良されたコンバースに戻っていた。ナイキは〈スウッシュ〉を履いてもらうために、こうした選手全員に最高で年間一〇万ドルを払っていたが、これは積み重なると大そうな額になった。そこで、ナイキのマーケティング担当者はバスケットボールのこうした小さな契約を一つの包括的な専属契約にまとめたいと思っていた。

このプロジェクトの先頭に立ったのは、ロブ・シュトラッサー。フィル・ナイトの野心的な部下の中でも一番エネルギッシュな男だ。ナイトが一九七三年にオニツカと手を切ったときに、ナイキ側の弁護士として厄介な法廷闘争に勝ち、そのままフィリップ・ナイトのもとに残ったのだ。ほかの企業であればマーケティング部長と呼ばれただろうが、ナイキでは〈轟く雷鳴〉の名で通っていた。

ロサンゼルスオリンピックの少し前に、シュトラッサーはノースカロライナ出身のマイケル・ジョーダンの噂を耳にした。ナイキでバスケットボール選手の発掘を担当するソニー・ヴァッカロは、この若者にすっかり参っていた。彼によれば、ジョーダンのすばらしいジャンプときたら、まるで空を飛んでいるみたいだというのである。

問題は、マイケル・ジョーダン自身が「アディダスの大ファン」を自認していることだった。練習中はいつもアディダスを履き、試合では仕方なく、大学チームのユニフォームの一部として指定されていたコンバースの靴紐を結ぶのである。マイケル・ジョーダンは、他のどのブランドよりもスリーストライプが気に入っていると、ナイキ側にはっきりと言った。母親に引きずられるようにしてオレゴンに来たときも、「他の靴は履きたくない」と、ナイキの重役に向かって反抗的に言った。ところが、アディダスがカリーム＝アブドゥル・ジャバーに対して提示したのと同じ、たったの一〇万ドルしか自分に提示しないことを知ると、ジョーダンの気持ちは変わった。

ナイキとの契約なら、約二五〇万ドルに、彼の名前の入った靴や衣類の売上のロイヤルティまで入るのだ。

〈エアジョーダン〉によって、ナイキの名声はさらに高まった。この靴は、当初その赤と黒の配色を理由に、NBAに禁止された。他の選手が履いている靴のほとんどは白なので、それとあまりにかけ離れているというのだ。それでも〈エアジョーダン〉は発売直後の一年で、一億ドル以上を稼ぎ出した。長い目で見れば、〈エアジョーダン〉はアメリカにおいて、バスケットシューズを日常の靴として履くという習慣を普及させたのである。バスケットシューズは、アメリカ市場での売上の約六〇パーセントを超えるほどになった。バスケットシューズは、ナイキの縄張りとなったのである。

八〇年代の初めから中頃へと時を経るにつれて、ナイキに加えてリーボックという会社がアメリカに進出したことから、アディダスの問題はさらに悪化した。このブランドを生んだのはJ・W・フォスターというイギリスの会社で、二〇世紀の初頭から陸上競技用の靴を売っていた。だが、五〇年代になると経営が振るわなくなり、J・W・フォスターの後継者の一人がリーボックとして知られるようになる別の会社を創設し、販売業者と手を組んでイギリス国外にも、そのブランドを広めようとしたのだ。そして一九七九年、ボストンのしがない起業家、ポール・ファイアマンがアメリカでの販売権を手に入れた。

ファイアマンのビジネスの出足は鈍く、破産寸前のところまでいった。業務を続けていくために、彼は権利の五五パーセントをイギリスの投資家、スティーヴン・ルービンに売り渡した。ところが、〈フリースタイル〉という靴を売り出すと、急に運が向いてきた。それは、当時アメリカで爆発的に広がっていたエアロビクスという体操用にデザインされたものだった。

〈フリースタイル〉は、実は、リーボックを生産しているアジアの工場の手違いから生まれた。グローブに使う予定だった柔らかい革を、間違えて靴に使ってしまったのだ。リーボックにサンプルを送ったとき、工場はシワができたことを謝罪して、流れ作業が始まる前にシワを伸ばすと約束した。ところがボストンのリーボックの幹部らは大喜びだった。そして、この抜群に軟らかい靴をひっさげて、女性向け市場に進出したのだ。〈フリースタイル〉は、スポーツ用品業界で知られる限り、最大の売上増を記録した。全世界の売上高は、一九八〇年の約三〇万ドルから一九八三年の一二八〇万ドルへ、爆発的な伸びを見せたのだ。

予想されていたことながら、アディダスの幹部は、その状況をみくびっていた。ドイツの職人は、数年前のナイキの〈ワッフルトレーナー〉と同様に、今度もリーボックの〈フリースタイル〉を肩越しにぽいと捨ててしまった。ところがナイキもまた、全く同じ間違いを犯したのである。ナイキの社員はエアロビクスを「太ったご婦人方が音楽に合わせて踊っているだけ」と馬鹿にして、〈フリースタイル〉はスポーツシューズとは言えないと決めつけた。しかし、一九八七年までに、リーボックの売上は一四億ドルに達していたのである。

ナイキとリーボックは、この業界でこれ以上ないほど派手な下克上をやってのけた。両社が参入するまで、アディダスはアメリカ市場の半分以上を占めていた。ところが八〇年代中頃になると、スリーストライプはきりもみ降下をしたのである。トップの地位を奪われたというだけではなく、ナイキ、リーボック、コンバースに続く四位にまで落ちこんでしまったのだ。抜本的な改革をするときが来ていた。

アメリカの販売業者はあまりに仰天して、お互いを見つめ合った。アトランタのスーパーショー（スポーツ用品製造者協会展）に集まった彼らは、アディダスが販売業者を買収するつもりでいることを、だしぬけに聞かされたのだ。中西部地区の販売業者、ゲーリー・ディートリヒは愕然とした。「一生をこれに捧げてきたというのに、突然取り上げられてしまうなんて」と、彼は嘆いた。ホルスト・ダスラーが苦しんでいたときに力になってきたビル・クロスは、怒るとともに傷ついてもいた。ラルフ・リボナティは怒り狂って、告訴すると息巻いた。

ヘルツォーゲンアウラッハでは、数カ月前からこの計画が練り上げられていた。確かにアディダスが世界的な評価を得たのは、アメリカの販売業者の努力に負っている面が大きい。いつも変わらず忠誠を誓ってくれていたし、その発注によりアディダスの収入は安定し、増えてもいった。しかし、ナイキの攻撃の深刻度を考えると、こうした構造はもはや適正とは言えないと、ホルストは徐々に確信を深めていったのである。反撃に転ずるには、アメリカ市場を直接自らの手中に収めなければならない。

ホルストの言い分の一つには、市場の分割により、積極的なマーケティング投資ができなくなったこともあった。初めから販売業者には売上の約四パーセントを、販売促進や全国広告のためのマーケティング資金に拠出するよう頼んであった。各業者はさらに地域のマーケティングにも投資した。それでもホルストは、こうした努力が分散されていると感じていた。この状況下では、もっと強力で統率の取れた反撃策が必要なのだ。

もう一つの問題として、アメリカの競争ルールにより、各販売区域において販売業者がアディダスの商品を同じ価格で提供することは許されないという点があった。価格操作とみなされるのだ。販売業者間の値段の差は僅かだったが、それでも小売業者はあちこち見比べて回るのである。

さらに悪いことには、アディダスの事業は沈滞し始めていた。四方八方から不満が続出しており、ホルストはすぐにでもアメリカにおける売上とマーケティングを管理すべきだと確信した。そして、アトランタのスーパーショーで、英断を下したのである。

ホルストと会ってショックを受けた販売業者たちは、秘密の会合を開いた。南部を担当していたドク・ヒューズはすでにタオルを投げ、その販売区域はビル・クロスとゲーリー・ディートリヒの間で分けられた。二人は悪い予感を抱きながら、買収について話し合うために、ヘルツォーゲンアウラッハへの招待を受け入れた。しかしラルフ・リボナティはまだ怒り狂っていて、告訴の意思を固めていた。

ホルスト・ダスラーは、カナダ人弁護士のディック・パウンドに、この事態に対するアドバイスを求めた。パウンドがＩＯＣの役員でテレビ放映権を担当していても、ホルストと利害が対立すると考える者はいなかった。カナダの水泳チャンピオンでもあるパウンドは、ＩＯＣの収益を上げることに関しては、ファン・アントニオ・サマランチの忠実な側近だった。ホルストのスポーツマーケティング会社、ＩＳＬがオリンピック競技場の管理をＩＯＣに取り戻させるという難事業に取り組んだときも、緊密に協力したことがあった。

ディートリヒとクロスの二人がドイツ側の最初の提示額を侮辱的だと感じたことで、話し合いはうまくいかなかった。その晩ディートリヒは、クロスをスポルトホテルの自室に呼んだ。この同じホテルで昔、部下のセールスマンがラジオを米軍放送に合わせようとしたところ、バーでの会話が聞こえてきたのを、彼ははっきりと覚えていた。もしバーが盗聴されているならば、この話し合いも聞かれていると考えて間違いない。ディートリヒは盗聴者によく聞こえるように一語一語を意識的にはっきりと発音し、アメリカに帰ってアディダスを訴えるべきだとクロスに伝えた。「翌日、連中の態度はすっかり変わっていましたよ」と、ディートリヒは振り返る。「ホルストは、我々を部屋に呼び入れて、七つの項目が書いてある小さな紙を差し出してきたのです。それが取引の条件でした」

アディダスと販売業者が在庫の価値についてもめたことから、交渉はさらに数カ月続いた。アディダスは、在庫をすべて引き取ることに同意した。ラルフ・リボナティは説得されて告訴を断念したが、彼が抱えている不良在庫は本来の価格でアディダスが買い取ることになった。二年近い値段交渉の末、アディダスは結局、流行おくれの製品の山と倉庫四つ、それに技量も様々な販売員たちを引き取った。ラルフ・リボナティだけのためでも、本来であれば償却するはずの在庫品に約三五〇〇万ドルを出したことになる。最終額は推定で一億二〇〇〇万ドルを超え、アディダスにとっては大きな出費となった。さらに悪いことに、ドイツマルクに対するドルの価値はかつてないほど上がっていた。

アメリカのアディダスをつくった男たちは、使い切れないほどの金を持って去っていった。ラルフ・リボナティは、三人の中では一番幸運に恵まれなかったようだ。彼は、ホルスト・ダスラーが一部所有していたアメリカのブランド、ポニーの経営と同社の株の一部を引き継ぐことに同意した。しかし、経営不振におちいったポニーを立て直すことができず、やがて早すぎる死を迎えた。ゲーリー・ディートリヒは引退してノースカロライナの農園に引っこみ、モンタナ州の森の中に息を呑むような邸宅を構えた。ビル・クロスは相変わらずナイキとのテニス事業に手を出していたが、それ以外のときはモンタナ州のフラットヘッド湖のすばらしい眺めを楽しんだ。だがアディダスにとって、アメリカの事業の買収は、眩暈《めまい》がするほどの転落につながったのである。

第十七章
帝国の逆襲

ホルスト・ダスラーはうなずいて賛成の意を表した。国際的な広告代理店ヤング・アンド・ルビカムのフランクフルト支部が、インスピレーションあふれるコンセプトを打ち出してきたのだ。キャッチフレーズは「アディダスという要素――いいか悪いかは自分で決める」。アディダスと取引ができる可能性の残っている最後の二つの代理店の一つ、ヤング・アンド・ルビカムの幹部は心配そうに、ホルストが評価を下すのを聞いた。クリエイティブ・ディレクターにとって、アディダスは夢のブランドだった。それに、アディダスが莫大な予算を用意しているだろうことは、誰もが知っていた。

一九八五年の初めにホルストがヘルツォーゲンアウラッハに復帰するとすぐ、アディダスの管理棟の五階はすっかり改装された。ホルストは五階の中央に置かれた立派な机から会社を支配した。そして、隣接したオフィスは、ランデルスハイムから連れてきた腹心の幹部や、新たに採用した有能な社員たちの部屋とした。

当時四〇代後半になっていたホルスト・ダスラーは、アディダスの全面的見直しを考えていた。会社が成長する過程で広げてきた事業を買い戻し、すべてを一つ屋根の下に統合するのだ。これまで会社の成長を妨げてきた馬鹿げた慣習も廃止する。これまでの分散型から研ぎ澄まされた国際的組織に転身するのだ。

ホルストがとりわけ強く感じていたのは、アディダスは国際的な宣伝活動に投資すべきだということだった――自らの所有するスポーツマーケティング代理店ISLで扱っている、注目を集めるブランドのように。八〇年代半ばになっても、アディダスの広告の大部分は、アドルフが五〇年代に手に入れたニュルンベルクの小さなデザインオフィス、フィックが担当していた。フィックが主に扱っていたのは商品の広告で、どんな商品を載せるかは各子会社がそれぞれ決めていた。だが、時代は変わった。会社としての調和が取れ、全世界に通用するメッセージに変えたいと思ったのである。

ヤング・アンド・ルビカムはアディダスの予算を取ったものの、決してうれしくはない驚きを味わった。第一に、アディダスのマーケティング予算は、いまだに大部分が選手やスポーツ団体との契約に充てられ、広告にかける予算は非常に限られていた。ヤング・アンド・ルビカムのドイツ支部長であるインゴ・クラウスには、とても信じられない数字だった。アディダスの全世界向けた広告予算は、フォードがドイツ国内だけに出す金額より少なかったのだ。

さらに悪いことに、企業としてのアディダスは、ブランドの国際的評価と全くつり合っていなかった。田舎企業の体質にどっぷり漬かって、社内の問題だけで頭がいっぱいのダスラー一族は、ますます国際化に向かっている市場に会社を適合させる努力を完全に怠っていた。ヤング・アンド・ルビカムの幹部たちは、この問題を一言でこう表現した。「ブランドは一流、会社は二流」

ブランドは国境を越えて広まったが、会社の国際ビジネスは、独立した販売会社やライセンス契約が迷路のように入り組んでいた。その昔にヘルツォーゲンアウラッハのダスラー家の扉を叩いたケチな商売人が、各地域のボスに成り上がり、アディダスがグループ全体で調和の取れたマーケティングを行おうとするのを妨げていた。アルゼンチンや台湾の消費者に何を伝えるかを、舌の滑らかなフランクフルトの広告業者に決めさせるつもりはないと思っているのだ。

ヤング・アンド・ルビカムがやっと、ホルストに求められていたアディダス初の世界共通テレビコマーシャルのコンセプトを発表すると、またしても反対の声が上がった。ナイキの力強いコマーシャルとは対照的に、ヤング・アンド・ルビカムは雲をモチーフとした芸術性の高い雰囲気を創り上げていた。雲は翻訳を必要としないという論理である。雲なら世界中どこでも、そのまま使える。しかし各国の支部長からあまりにも多くの修正を求められた結果、イギリス版、フランス版、ドイツ版、そして国際版の四つのバージョンを作る羽目になった。「つまり、ホルスト・ダスラーの望んでいた世界規模のキャンペーンという目的は、つぶれてしまったのです」と、当時ヤング・アンド・ルビカムのアカウントマネージャーだったトム・ハリントンは語った。

結局、コマーシャルは一九八六年八月にミュンヘンで催されたイスポ国際スポーツ用品見本市で披露された。そこに集まったアディダスの販売業者と各国の支部長は、ホルスト・ダスラーのコンセプトの説明に、期待をこめて耳を傾けた。「今や、私たちは世界的規模の広告代理店による、世界的広告キャンペーンを手にしました」と彼は言った。「そして、これには議論の余地はありません」

だが、コマーシャルの上映が終わるやいなや、議論が始まった。一番大きく抗議の声を上げたのはフランスだった。ランデルスハイムの支部長であるベルナール・オディネは、雲のかかった空と完璧な肉体を絶妙に組み合わせたこのコマーシャルは、レニ・リーフェンシュタールが制作したナチスの映画を思い出させると言って、コマーシャルを流すことに断固として反対した。他の国の多くの支部長もこれに賛同した。彼らにとって、イメージキャンペーンなどどうでもよかった。製品、それも自国で売れる製品をコマーシャルに登場させたかったのだ。「これほど物騒な雰囲気の中で、発表したのは初めてでした」と、インゴ・クラウスは語る。広告代理店が嘆いたことに、世界戦略は製品のカタログに姿を変えたのである。

広告戦略をめぐる論争は、アディダスの国際販売網がバラバラで、それがアディダスの致命的な弱点であることを痛々しいほど示していた。ホルストは国際ビジネス全体をしっかり掌握する必要性を悟ったが、中でも最優先に考えたのが日本だった。ホルストはこの国をアディダスの命運を左右する市場とまで考えていたのである。

デサントと親しく仕事をしてきたホルストは、日本人の驚くほどの忍耐力を評価するようになり、他のどこの会社のリーダーより早く、この国が経済大国になることを見抜いていた。ホルストは定期的に日本へ飛び、日本の提携先との絆を熱心に深めた。

最も親密になったのは、デサントの創業者である石本他家男《たかお》だった。ホルストがフランスの繊維産業を拡張しようと懸命だったとき、この日本人の専門知識から大いに学ぶことができたし、デサントはルコックスポルティフに関して、ホルストと手を組んでくれた。そして、その提携は、すぐにはヘルツォーゲンアウラッハのダスラー家に見つからないように、別の持ち株会社のもとで慎重に行われたのである。

石本が紹介してくれたのが民秋史也《たみあきふみや》で、民秋とも長年つき合う友人となった。民秋とは七〇年代初期に、ランデルスハイムで初めて会った。当時ホルストはボールを大量に供給してくれる会社を探していた。モルテンの会長だった民秋は、これに大いに興味を示したのだ。

民秋は喜んで石本についていったが、ランデルスハイムで受けた応対には面食らった。提携先を選ぶときは常に慎重の上にも慎重を重ねるホルストは、客にさまざまな質問を浴びせた。「ホルストは私の知性や経験、それに哲学について確認したのです」と、民秋は振り返る。「ナイトライフについても、とても気がかりだったようです。大酒を飲んだり女と遊びまわったりするようでは失格だと、はっきり言われました」

三日間にわたる会談と遅い晩餐を経て、ようやく民秋は広島の工場でアディダスのボールを作る契約を交わせた。その手始めは一九七九年に始めた〈タンゴ〉というボールだ。モルテンと民秋は、最も長くアディダスとの関係が続いた提携先で、次第にアディダスボールの製造を一手に引き受けるようになった。

兼松江商との関係も続いていた。六〇年代後期にアディダスを日本に紹介した会社である。繊維部門をデサントに任せ、兼松はアディダスとの靴の取引を忍耐強く重ねていた。この努力が実り始めたのが一九七六年で、兼松は奈良の工場でスリーストライプの靴を生産するライセンスを得たのだ。

奈良工場の最も面白い側面は、この工場のおかげで兼松江商が野球スパイクを作れるようになったことだ。野球は日本では一番人気のあるスポーツだったが、ヨーロッパではほとんど普及していない。アディダスは一種類だけ野球スパイクを作ってみたが、日本人の足にはあまり合わなかった。だが、奈良工場が始動するやいなや、兼松はヒューストンの指導を受けてスリーストライプ入りの野球スパイクを大量に生産できるようになり、それがたちどころに日本の野球場に広がったのである。

兼松が読売ジャイアンツと契約を交わしたのは、実に賢明な選択だった。このチームは当時最も尊敬を集めていた二人の選手、長嶋茂雄と王貞治を擁していた。このカリスマ的人気を誇る右打者と、禅僧のような左打ちのスラッガーは、六〇年代には「ON砲」として知られ、七〇年代に入ってからも大衆を熱狂させ続けた。兼松がジャイアンツのグラウンドにスリーストライプの靴を提供したことは、とても有益な投資となった。

ところが、八〇年代初期の兼松の売上は、八〇億円をわずかに超える程度だった。ブランドの評判を守るよう指示されていたが、輸入品を使って大きな突破口を開くのは難しいと、兼松の経営陣は主張した。「日本市場で二〇パーセント以上のシェアを達成するよう求められたのですが、当時の状況ではその要求に応えられませんでした」と、長田眞男《おさだまさお》は語る。

一方、ホルスト・ダスラーは、兼松江商の努力が足りないのではないかと思っていた。デサントの積極的な事業を見ていたホルストは、兼松は市場というものを理解していないのではないかと疑ったのである。兼松はしょせん他のブランドも売る、何にでも少しずつ首を突っこむ総合商社である。それに対して、デサントはスポーツ用品専門会社だ。また、それと同様に重要だったのは、兼松江商とスポーツ部門の中山部長はドイツ側が築いた関係だったのに対し、デサントの石本はホルストが個人的に親しくなった間柄だった。

一九八二年末には、兼松の幹部は、アディダスから靴関係のビジネスをデサントに移すと通告された。自分たちが紹介した会社に仕事を奪われたのである。「悲しくもあり、がっかりもしました」と長田は言う。「でも、私たちは日本流でやることに決めました」デサントは兼松スポーツ用品の元部長らの協力を得て、支障なく靴部門の業務を引き継ぎ、衣料部門とともに、さらに積極的に推し進めていった。

この間アディダスは、アメリカの販売会社の買収で体力を落とし、ナイキが存在感を出し始めたヨーロッパ市場でも、ますます手ひどく攻撃された。会社の財政状態はホルストの改革でも一向に好転せず、次第に不安定になっていった。

小型機に乗りこんだとき、同行者たちはホルストがひどく疲れていることに気がついた。ヘルツォーゲンアウラッハからランデルスハイムへ向かう短い飛行である。機内に落ち着くと、ホルストは新聞を広げた。同行者たちは困惑して、顔を見合わせた。新聞の後ろから、何事にも動じないはずの社長がすすり泣いているのが、はっきりと聞こえたのである。

「あまりにショッキングな光景で、どうしたのか聞かずにはいられませんでした」と、ブラゴ・ヴィディニッチは振り返る。「するとホルストは、経営者としての人生の中で最も辛い決断をしたところだと説明してくれました。若いときに自分で手に入れたアルザスの工場を閉鎖することになったのです。失業するのが一人ではすまない家庭がいくつかあることも知っていました。あんなさびしい村で新たに二つも仕事を見つけることなど、とても無理だということも。そのことに心から苦しんでいました」

フランスに続いて、他の多くの工場も閉鎖されることになった。辛くはあったが、アディダスがヨーロッパで大規模な生産を続けられないことはわかっていた。極東から生産コストの安い商品を供給することで、ナイキが四〇パーセント以上の利益を得ているのに対し、アディダスは二五パーセントにも足りなかった。この差があるから、ナイキは広告費に金をつぎこめるのだ。生産コストを削減しない限り、アディダスが反撃に転じられる可能性はなかった。

その数年前から、アディダスはすでに靴の生産拠点の多くを東欧や極東に移していた。八〇年代中頃には、台湾のリュウ兄弟がアディダスの靴のほぼ半分にあたる約四〇〇〇万足を、台湾と中国にある数カ所の工場で生産していた。こうした移転を促進するために、ホルストは靴製造の専門家であるウーヴェ・ブライトハウプトを雇った。

だが、アディダスはこの期に及んでも生産管理を手放す覚悟ができていなかった。ナイキが完全に独自経営の極東の工場と取引していたのに対し、アディダスの生産のほとんどは、少なくとも部分的にはアディダスが所有する工場で行われていた。ブライトハウプトは、海外手当てを支払われたドイツ人技術者の一団を引き連れて、まずは韓国、続いてマレーシア、タイ、中国の工場の経営に当たった。こうした状況では、低い生産コストを十分に利用しているとは言えず、現地の怒りも買った。また、出荷がうまくいかないと、怒った顧客に対処せねばならず、損失も高まるばかりだった。

ホルストが単独で指揮を執っている以上、会社の問題を十分に認識できていたのは一握りの幹部だけだった。大規模な削減をはじめ、必要に迫られている改革を進めてはいたが、その効果が出るまでには数年かかるということも、ホルストにはわかっていた。

アメリカの販売会社の買収で、会社の貸借対照表に大きな穴が開き、その後の問題がさらに赤字を大きくした。ホルストがサラガンの名のもとに蓄積した副業の利益は言うに及ばず、ルコックスポルティフやポニー、それにアリーナの権利もすべて、名ばかりの金額でアディダスに買い取られたが、それがかえって損失を増し、経営上の頭痛の種となった。

ホルストが指揮を執り始めて二年目の一九八六年末には、妹たちは、兄に家族の会社を窮地から救う能力があるのかどうか、疑いを抱くようになっていた。その疑いを最もしつこくかき立てたのはクリストフ・マルムス、末妹のジークリットの夫だった。経営コンサルティング会社であるマッキンゼーに入社して以来、マルムスはますます断固たる調子で、家族会議で意見を述べるようになっていた。

ホルスト・ダスラーはめったに家族のことを話さなかったが、クリストフ・マルムスの意見を聞いている暇はないということは、きわめてはっきりと側近に伝えた。何人かの幹部に漏らしていたように、この義弟の生意気ぶりは腹に据えかねていたし、厚かましいコンサルタントのアドバイスを受けるつもりもなかった。

ホルストとの直接対決を避けたいマルムスは妻たちを説得して、第三者のコンサルタントに会社を調査させることにした。選ばれたのは、ミシェル・ペルロダン。デュッセルドルフのマッキンゼーの共同経営者で、経営管理が専門の男だ。彼は一九八七年の初めに、チューリッヒのヒルトンホテルでクリストフ・マルムスと密かに会うことに同意した。「まるで陰謀でも企んでいるみたいでした。誰にも知られないようにしたのですから」と、ミシェル・ペルロダンは言う。彼は、五月の役員会に提出できるようアディダスの簡単な調査をまとめておくようにと頼まれた。しかし、その頃にはホルストに隠し立てする必要がなくなっていることを、ペルロダンは知るよしもなかった。

一九八六年にメキシコで開催されたサッカーのワールドカップの開会式直前に、ホルスト・ダスラーはこっそりと競技場を抜け出した。側近の何人かには、予定になかった会議に出席するため、ニューヨークに行かなければならないと説明した。それが医者との約束だということは伏せてあった。医者から左目の奥のがん細胞を手術で取り除く必要があると言われていたのだ。

ニューヨークで入院中のホルストが電話した数少ない相手の一人に、パット・ドーランがいた。元記者で、ルコックスポルティフのアメリカでの経営に参加したこともあった。ドーランは長年ホルスト・ダスラーのワーカホリックな習慣や偏執ぶりを目の当たりにしてきたが、それでもホルストがニューヨークの病院からアディダスを動かしているのを見て、唖然とした。「腫瘍《しゅよう》を減らす磁気療法を待っているあいだも、世界中に電話していました。みんなは事務所からかけているると思っていたでしょうね」。この入院を秘密にした理由の一つは、いとこのアーミンに知られたくなかったからだ。「アーミンがスパイを使ってどこへでも尾行させていると、本気で思っていたのです」とドーランは語る。

眼帯をしてヘルツォーゲンアウラッハに戻ると、ホルストはまたその痛ましいほどのスケジュールを再開した。だが、疲れたとか頭がくらくらすると言って、会議を中座することもあった。ある旧友は、ホルストがビジネスディナーを断って、代わりに妻と夕べを過ごしたことを怪訝に思った。また、ホルストの目がじくじくしていることに気づいた者もいた。だが心配して聞いてみても彼は取り合わず、アディダスの役員も目立ちたがり屋の幹部も、誰もホルストの健康問題の深刻さに気づかなかった。

だが、少なくともある親友には、私生活の不幸についてこぼしていた。妹たちとの関係はぎくしゃくしたままだし、結婚生活はほとんど破綻寸前だった。子どもたちに後を継ぐ意志や能力があるのかもわからなかった。何人かの幹部に息子のアディ・ジュニオー（ジュニア）の教育係を頼み、数週間彼らの下に置いたが、彼らの見たところでは、あまり期待は持てそうになかった。アディ・ジュニオーは気立ての良い若者だが、アディダスよりパーティーに興味があり、午前中の仕事をさぼったり、机で居眠りをしたりすることが多かった。

ホルストは次第に気が短くなり、長年一緒に働いてきた人々に対して、突然激しく怒るようになった。鞄持ちのジャン＝マリー・ウェベールもその一人である。ホルストはウェベールに全幅の信頼を置き、会社の持ち株や秘密の支払いなどで迷路のようになっている財政状態の把握を、長年にわたって任せてきた。ところが、それがひどい有様になっていたことがわかった。そして、ホルストには、すぐにその犯人がわかったのである。ホルストはウェベールを無能呼ばわりし、お払い箱にする意思を固めた。

ＦＩＦＡの事務局長、ゼップ・ブラッターもホルストの蔑《さげす》みの対象となった。ホルストがこの地位に就けてやったというのに、ブラッターは必ずしもホルストが期待していたほどの感謝を表さなかった。二人は相変わらず、ほとんど同時期の誕生日を一緒にランデルスハイムで祝っていたが、仕事上の関係は急速に冷え込んでいった。ブラッターがプーマを履いてテニスをしているところを見かけた者がいると聞いて、ホルストは怒り狂った。もっと深刻な話では、ホルストはブラッターのFIFAでの及び腰の態度に腹を立てていた。ホルストやISLとのあからさまな癒《ゆ》着でブラッターを非難する者がいる一方で、ホルストはこのスイス人をあまり役に立たないと感じていた。

一九八七年の初めには、治療が失敗し、がんが広がっていることが明らかとなった。ホルストの体重は急速に落ち、衰弱が目に見えるようになった。しばらく会っていなかった重役たちは、こけた頬と顔色の悪さに驚いた。それでも、ホルストは揺るぎない意思でアディダスの経営を続けた。あたかも、まだ何年も時間が残されているかのように。

一九八七年三月末、ホルストは指示を書き記した六ページのメモを役員たちに渡した。「残念ながら、私の病気は当初思っていたよりも長引くようだ」と彼は書いた。「この胃腸の病気が慢性化しないように、もう二カ月ほど休みを取って食餌療法を続けなければならない」。しかし、その文体には焦りの入り混じった切迫感が滲《にじ》み出ていた。

死の床に横たわったホルストは、会社の整理に失敗したことを認めていたのかもしれない。すべてのブランドを一つ屋根のもとに集めて、本当の意味での国際的なアプローチを浸透させることで、亀裂の入った家族的な組織を多少は修復することはできた。一九八七年の国際市場での売上は、プーマの約九億ドイツマルクに対して、アディダスは約四〇億ドイツマルクに達し、かろうじて市場のリーダーの地位を守れた。しかし、ナイキとリーボックがヨーロッパに進出してくるにつれ、アディダスとプーマはともに下降線を描き始めた。ホルストはコスト削減策を打ち出していたが、アディダスがアメリカのライバルに匹敵するほど鋭敏でスリムな会社に生まれ変わるには不十分だったのだ。

その一方で、ISLは危機を脱していた。ゼップ・ブラッターとの関係は芳しくなかったが、このスポーツマーケティング代理店は、サッカービジネス界で好調の波に乗り続け、オリンピックでも驚くべき大成功を収めた。ほぼすべての国のオリンピック委員会がオリンピックの権利返上に同意したことで、ISLの幹部は世界中を飛び回って、国際的な企業を説得した。一九八八年にソウルで開催されるオリンピックに向け、〈ジ・オリンピック・プログラム（TOP）〉にマーケティング資金を投入するするように勧めたのである。

関係者が落胆したことに、初めのうちは、国際企業がオリンピックの権利に殺到するという展開にはならなかった。ホルストは一九八五年後期までに数百万ドルが集まると保証したが、共同出資者のリストに載っていたのはたったの二社だった。あと半年のあいだにもっと共同出資者を集められなければ、あきらめるしかなかった。だが、幸いなことに、新たに二社が参加したことで、状況は一気に好転した。ホルスト・ダスラーはIOCに、オリンピックのマーケティングプランで九つの国際企業から約九五〇〇万ドルを募ることができたと誇らしげに報告した。今回も、そのプロジェクトの先頭には、電通が引っぱってきたパナソニックやブラザー工業などの日本企業の名前があった。

　残念ながら、ホルスト・ダスラーはＩＳＬの成果を見届けられなかった。一九八七年四月九日、五一回目の誕生日を過ぎて一カ月とたたないうちに死去したのだ。翌日出社した何千というドイツ人の従業員は、ボスの死を知らされて愕然とした。数カ月も彼の姿を見ていなかった社員は、具合が悪かったことさえ知らなかったのだ。国際販売会議は中断され、役員がこの不幸について協議するために集まった。

　それでもドイツ側の反応は、ランデルスハイムで繰り広げられた光景と比べれば、落ち着いていた。その朝、ランデルスハイムのスピーカーから、その知らせが流れると、多くの男女が涙をあふれさせた。「心に残る光景でした」と、その中の一人は振り返る。「廊下を歩きながら声を上げて泣く人もいたし、事務所でへたりこんで何時間も涙を流す人もいました」

　ドイツのマスコミの死亡記事で、ホルスト・ダスラーは会社を国際的に成長させ、売上高を四一億ドイツマルクにまで伸ばした「気取らない控えめな男」と称えられた。「スポーツ界で最も力を振るった男」と紹介する記事もあった。ある記者は「疲れを知らない、野心的な天才」と評し、またある記者は「裏から糸を引いた男」と表現した。

　未亡人のモニカ・ダスラーを先頭にした短い葬列が、ホルストを永眠の地に運んでいった。フアン・アントニオ・サマランチとゼップ・ブラッターは、未亡人とその子どものアディ・ジュニオーとズザンネの後ろを歩いた。子どもたちは父親とあまり会うことがなかったが、父親が一番感動したことくらいはわかっていた。最期の旅立ちのとき、ふたりは父親の腕に時計を巻いた。

友人だったルーマニアのテニス選手、イリー・ナスターゼにもらって、父が大喜びしていた腕時計である。

第十八章
プーマの終焉

アーミン・ダスラーは、顔を輝かせて銀行家と握手した。父親の死後プーマを率いてきた彼は成功も挫折も味わってきたが、これは明らかに最高の瞬間だった。一九八六年七月二五日の朝、プーマはフランクフルトの株式市場に上場した。アディダスがまだ株式公開に至っていないときに、その格下のライバルが新聞の金融面に毎日名前が出る、ドイツのエリート企業の仲間入りを果たしたのだ。

プーマの株価は急騰した。ドイツの大衆の目には、プーマは前年突如スターダムに躍り出たそばかすだらけのテニス選手と重なって見えた。一九八五年七月、一七歳のボリス・ベッカーがウィンブルドンで優勝してテニス界を騒然とさせたが、ネット付近で派手なダイビングボレーを見せる彼の靴には、プーマのロゴがはっきりと見えていた。

プーマはボリス・ベッカーのことを、ルーマニアの元選手、イオン・ティリアクからこっそり聞かされていた。ティリアクは、八〇年代を代表する二人の選手、ギレルモ・ビラスとアンリ・ルコントを抱える有力なマネージャーとなっていた。ティリアクは、テニス界では濃い口ひげと鋭い眼光で有名だった。あるイギリス人記者はこう書いている。「ティリアクは、奥の部屋のそのまた裏で取引する男という感じを受ける」

今回の場合、ヘルツォーゲンアウラッハのプーマの会議室がその場となった。アディダスには断られたが、ティリアクはプーマを説得して、一九八四年当時全く無名だったボリス・ベッカーと靴の契約を結ばせたのだ。ボリス・ベッカーは〈ブンブン・ベッカー〉の異名を取る人気選手となり、この契約は大成功だった。プーマの株式が公開される数日前の一九八六年七月、ベッカーがスリーストライプを履いたイワン・レンドルをストレートで破ってウィンブルドンで二年連続の優勝を果たすと、宣伝効果は最高潮に達した。プーマはベッカー効果でテニスラケットの売上が三倍近く跳ね上がったと発表した。プーマと言えばベッカーという印象があまりに強くなり、公開株に「ベッカー株」というあだ名が付いたほどだった。

その頃、兄弟の持ち株比率は、アーミンのほうが少し多くなっていた。弟のゲルトが資金難に陥ったとき、アーミンがさらに一〇パーセントの株式を買い取ることに同意したのだ。兄弟は持ち分の二八パーセントの株式を売り出す一方で、大半の残りの株と議決権はすべて手元に残した。アーミンの説明によれば、株式を売却したのは、資金を調達するのに都合がいいからだということだったが、その裏には健康という深刻な問題もあった。アーミンは狩猟旅行でケニアを訪れた数年後にマラリアの重い発作を起こし、危うく命を落としかけた。株式を上場することで、相続も容易になるかもしれないと、アーミンは報道陣に語った。彼が不慮の死を遂げたとしても、子どもたちは外部の資本を入れて会社を存続できるというわけだ。

株式公開はプーマのウィニングランの仕上げだった。アーミンが一九七四年に父親から会社を引き継いで以来、売上高は増加し、一九八五年には約八億二〇〇〇万ドイツマルクに到達した。ルドルフ・ダスラーの息子たちはすばらしいブランドを受け継いだが、先を行くライバルの国際的な知名度とは異なり、売上のほとんどは国内向けのサッカー用品によるものだった。アーミンは指揮権を握ると、次々とライセンスの発行や販売契約の締結を決め、国際舞台での売上を強化した。そして、活きのいいブランドというイメージの確立に努めた。

胸が躍るような成果が上がったのは、ラテンアメリカだった。そこではずっと、ブラジルにおけるプーマの代理人、ハンス・ヘニングセンの紹介に助けられていた。ヘニングセンは、一九七八年のワールドカップで優勝したアルゼンチンチームの選手の多くをプーマに送りこんだ。アルゼンチンのセサル・ルイス・メノッティ監督も、その一人である。また、ヘニングセンはボカ・ジュニアーズで小太りの一〇代のアタッカーに目を留めたときも、即座にアーミンのもとに送った。当時未成年だったディエゴ・マラドーナは、父親が契約書に署名したのである。

マラドーナは次第に気まぐれになり、何年にもわたってプーマに頭痛の種を与え続けた。イスポ国際スポーツ用品見本市に出演させるためにミュンヘンに呼んだときも、ダスラー家はホテルのスイートルームをいくつか予約しなければならなかった。二〇人近くいる家族全員を引き連れてでないと来たがらなかったのだ。また、迷信に基づく要求もされたが、それに反論するのは難しかった。それでもマラドーナは国際試合で輝いており、彼との契約でプーマは人々の目に映り続けた。

日本でのビジネスも、プーマには恵みとなった。リーベルマン・ウェルシュリーがなお握っていた靴関連のビジネスが始まったのは、同社が完全なライセンス権を手に入れた八〇年代中頃のことだった。リーベルマンのビジネスの妨げになっていたのは、ドイツ製の靴はヨーロッパの基準から見ても幅が狭く、ほとんどの日本人にとっても履き心地が悪いという事実だった。だが、リーベルマンが日本人の足に合わせて自前の靴を作る権利を得てからというもの、プーマの売上は急速に伸びていった。

七〇年代の終わりまで、プーマ製の靴の輸入は年間約一万五〇〇〇足程度で停滞していたが、その後一〇年とたたないうちに、日本での生産量は二五万足近くまで増えていた。日本はプーマがアディダスを圧倒できる数少ない市場だとリーベルマン・ウェルシュリーが自慢したのももっともだろう。また、ヒットユニオン社にライセンス委託した衣料も好調で、靴の売上をさらに強化した。しかし、この売上はどちらもプーマの業績にはあまり反映されなかった。プーマは二つのライセンスからロイヤルティを受け取るだけだったからだ。それでも八〇年代中頃には、日本での売上はおよそ一六〇〇億円にも達していた。

また、アーミン・ダスラーは、プーマを家族的な会社として経営し続けた。長年ずっと、会社に入るときは工場のフロアを通って、作業員全員に声をかけた。寛大で、分け隔てないアーミンは、従業員に慕われていた。ウガンダ出身のハードル選手であるジョン・アキブアは、七〇年代に母国の政変から逃げてきたときに、そのことを身をもって感じた。二人が知り合ったのは一九七二年のミュンヘンオリンピックで、このときアキブアは四〇〇メートルハードル走で金メダルを取った。アキブアが困っていると聞いたアーミンは、ヘルツォーゲンアウラッハの屋敷にアキブア一家を泊め、プーマのスポーツ振興部の職まで提供したのだ。

ホルストと比べるとアーミンは、田舎の起業家という印象が強く、気取った寿司より、庶民的な餃子のほうが性に合っていた。また、癇癪《かんしゃく》を起こしやすくもあった。「負けることが耐えられないのです」と、日本でのプーマの靴の販売を担当した泉田弘は言う。「会議中にいとこのホルストのことをほめる者でもあれば、怒って出て行ってしまうのですから」

だが、アーミンもＷＦＳＧＩ（世界スポーツ用品工業連盟）の会長として、スポーツ用品会社を代表して自由貿易を求めるロビー活動をするなどして、業界での地位を築いた。任命されたのは一九八六年、ＷＦＳＧＩの役員会が東京で招集されたときのことである。当時の会長はアシックスの鬼塚喜八郎会長だった。ＷＦＳＧＩの規定では会長職は異なる大陸出身者のあいだで回さなければならず、次はヨーロッパの番だった。アーミンはすでにヨーロッパスポーツ用品連盟の会長を務めており、それで鬼塚から最適な候補だと見なされたのだ。

もちろん、この人事がホルスト・ダスラーの怒りを買うことは、抜け目ない鬼塚にはよくわかっていた。そこで発表の前夜、鬼塚は東京のホルストの部屋を訪ね、礼儀正しく知らせた。「ホルストはひどく怒って、あらゆる脅しをかけてきました。『絶対に受け入れられない、連盟を離脱する』とまで言いましたが、なんとかなだめたのです」と、鬼塚は振り返る。「因果応報という仏教の言葉を教えてやったんですよ」

ホルストもついには、翌日の会議でいとこの会長選出を邪魔したりしないと同意した。そして、いとこと同じテーブルについて、握手しているところを撮影させることまで了承した。そうさせたのは鬼塚の知恵である。「仏教の言葉をもう一つ教えたんですよ。家族と仲良くするのは人の務めだ、とね」鬼塚はさもおかしそうに笑った。

その一方で、アーミンの感情的な行動が、アメリカでプーマを窮地に陥れた。アーミンが癇癪を起こしたなかで、プーマに最も損害を与えたのが、長年プーマを独占的に販売してきたベコンタとの契約を、一九七九年六月に突然破棄した事件である。それまでの数十年に及ぶ提携は割合にうまくいっていたのだが、この会社にはプーマを米国じゅうに広めるほどの資金はなく、自分たちの足を引っ張っているとアーミンが思い始めたのだ。

ベコンタとの話し合いは不調に終わったが、アーミンは妥協案を探るとか、支障ない移行措置を取るといったことはせず、腹を立ててベコンタを切った。「兄のように、いちいち別れ話をして、事を荒立てる必要は全くなかったのです」と、弟のゲルト・ダスラーは言う。「あのとき、兄がなぜ急にかっとなったのかはわかりません。でも、あれ以来、アメリカは惨憺《さんたん》たる状況でした」

アーミンは元コンバースの販売業者であるディック・カズマイヤーに、ベコンタの代わりとなる販売会社四社を至急探して欲しいと頼んだ。その発注とマーケティング活動は、カズマイヤーがボストンに設置したアメリカ本社、プーマＵＳＡに監督させることにした。結局、カズマイヤーは東海岸は自分で担当することに決め、他の地域をカバーする販売会社三社を見つけた。この切り替えは可能な限り速やかに行われたが、それでも市場が劇的な変化を遂げようとしているときに、プーマの配送は少なくとも一年間はひどく混乱したのである。

それから数年間、販売業者として選ばれたパートナーたちは、プーマの硬い靴がもはやアメリカ市場向きではないことをわからせようと苦労した。だが、アディダスを売っているライバル会社同様、その意図は伝わらず、「まるでレンガのように硬い靴」でどうにかやっていくしかなかった。ところが、アーミンがカズマイヤーに指示して、アメリカの安売り店と大口契約を結ばせたことで、プーマはさらに大きな痛手をこうむるのである。

ディック・カズマイヤーの回想によれば、アーミンから緊急の電話を受けたのは、一九八三年八月のことだった。「もっと大量の注文と手形が必要であり、九月の頭までに二〇〇万足を売りたいというわけです」と、カズマイヤーは振り返る。「当時二〇〇万足といったら相当な数でした。量販店にでも入れない限り、それほどの数をそんな短期間で売りさばく方法はありませんでした」。そこでメルディスコとの大口取引へと繋がるわけである。アメリカのディスカウント店、Kマートのフランチャイズで、靴を扱っている店である。アーミン・ダスラーは明らかに注文書のコピーを受け取るだけのために、ボストンまで飛んだようである。

カズマイヤーはこの取引を不安に思っていた。「他の販売業者とのあいだで大問題を引き起こす」とわかっていたからだ。この取引は短期的にはアーミンにとって重要なものだったのだろうが、Kマートの系列店に売るということは、自分で自分の首を絞めるようなものだった。ディスカウント店で見かけるとあっては、ブランドイメージに傷がつくことは避けられず、安物という評判が立ってしまう。結局、八〇年代中頃にはその影響が出始めた。全米一有力な靴の小売店であるフットロッカーは、プーマとの取引を中止することに決めた。Kマートで売られているようなブランドは扱いたくなかったのである。

ホルストと同じように、アーミンもアメリカの販売業者を買収することにした。四社のうち二社はすでにプーマを取り扱わなくなっていたが、西海岸を担当しているリチャード・ヴォイトとディック・カズマイヤーを吸収する必要があった。共同購入とマーケティングを担当していた、カズマイヤー経営のプーマUSAは、本格的な子会社に昇格させた。だが、プーマUSAはすぐに悪夢のような状態に陥った。三人の社長がブランドの評判を取り戻そうと懸命に努力したが、一人として数カ月ともたなかったのだ。アメリカ市場の現実を無視するドイツの上層部に対し、すぐにいらだちが募ったのである。

そこで、アーミン・ダスラーは長男に期待した。一九歳のフランクはまだ法学部の学生だった。頭が良く、仕事熱心なこの若者は、午前中の授業前にしょっちゅうプーマに顔を出し、走ることを生態力学として研究するランニングスタジオという部門を設立しようとしていた。しかし、ビジネスの知識は限られ、経営の経験となると無きに等しかった。一九八五年初頭、手が付けられなくなったアメリカの問題を解決させるために、アーミンがフランクを送ることを役員会で発表すると、数人の幹部が止めようとした。会社のためにも、息子のためにも賢明ではない、と。フランク自身にも、その要望が「正気とは思えなかった」のである。だが、アーミンはあっさりと異議を却下した。

フランクがどんなに奮闘しても、アメリカでのプーマの衰退は食い止められなかった。一九八五年二月の役員会で、フランクはアメリカでの売上は激減する一方だと報告した。だが、事の重大さが明らかになったのは、一九八六年の十月を迎える頃だった。プーマが株式を公開してから僅か数カ月である。その頃までは、プーマの株価は発行時の一三〇ドイツマルクから一四〇〇ドイツマルク以上へと急騰していた。ところが、プーマがアメリカで苦戦していることが徐々に漏れ始めると、途端に株価が下がり始めたのだ。プーマが相当の損失を出して年を終えるのは明らかだった——ほとんどが、アメリカにおける損失である。

さらに悪いことに、ボリス・ベッカーがプーマの重荷になっていた。かつてはドイツ人の鑑のように言われていたベッカーだったが、急に横柄だと思われるようになったのだ。そして、コート上の力量も急速に衰えていた。また、モンテカルロへの移住は、明らかに税金と兵役を逃れるためとみなされ、国中の怒りに火をつけた。「ボリス・ベッカーの製品は、彼の名前さえ付いていなければもっと売れるんですがと、小売店主に言われましたよ」と、プーマの役員の一人、ウリ・ヘイドは嘆いた。

だが、プーマは一九八六年にベッカーが二度目のウィンブルドン優勝を果たした直後にティリアクと交わした巨額の契約に縛られていた。おそらく、アーミンは一時の興奮に酔い、毛深いルーマニア人に暗示をかけられていたのだろう。シャツからラケットに至るまで、スポーツ用品一式を支給するという、熱に浮かされたとしか思えない契約に署名していた。ベッカーはその後五年間にわたって、少なくとも年間五〇〇〇万ドルを懐に入れるうえに、ボリス・ベッカー関連商品の売上に対して、相当額の手数料も受け取れる。これだけの契約のもとを取るには、経営が順調なときでも、膨大な数の商品を売らなければならなかった。したがって当時の状況では、この契約がつねに悩みの種であり、負債も増える一方だった。

一九八七年一月、問題があまりにも深刻になったので、アーミンとゲルトは個人的に劣後ローンを借り、六二〇〇万ドイツマルクを会社に投入することに決めた。だが、あいにく、それでも株主たちの不安は解消できなかった。二カ月後、アーミンとゲルトが借金返済のために会社を売りに出したという噂が流れた。

会計監査官が会社の数字を調べだしたことから、それから数カ月にわたって、一部の株主たちが騒ぎ立てた。当時、ホルストは死去する数週間前だったにもかかわらず、自ら皮肉を言わずにはいられなかったようだ。一九八七年三月のブタペストでの記者会見の後で、ホルストはいとこを手厳しく批判した。それはアディダスの販売店を出したことで開いた記者会見だったが、ホルストはアーミンとプーマの財政難について毒づくために待っていたのである。「プーマは、多額の税控除が受けられる損失を欲しがっている買い手を探しているのだろう」ホルストはそう言って、こき下ろした。プーマが株式市場に引き起こした問題は、業界全体の名誉を傷つけるものだと言い、「これこそ、銀行が生んだスキャンダルだ」と非難した。

株主の多くは個人投資家だったが、数カ月がたってもプーマが株主総会を開かず、会計の承認を保留していることで、いっそう動揺が激しくなった。株主総会は五月に開かれる予定だったが、夏が終わる頃になっても案内状は届かなかった。この不安を鎮めるために、アーミンは驚くほど気前のいい提案を株主に示した。予定していた配当金に代わって自腹を切るというのだ。

ドイツ銀行は名声を地に落としたものの、プーマの管理権を掌握した。当時会長だったアルフレート・ヘールハウゼンは、この件に関して個人的な責任を感じていた。なんといっても自分がお墨つきを与えたプーマの株式公開が、とんでもない騒ぎになっているのだ。怒った株主によって、銀行の名誉も傷つけられたが、プーマを見捨てたらなおさら非難されることはわかっていた。

アーミンの次男のイェルクは、一九八七年の九月のある夕方、絶望しきった父がソファに倒れこんだのをはっきりと覚えている。父は、ドイツ銀行での話し合いを終えて帰ってきたところだった。会社の経営から手を引かせる準備を進めていると言われたのだ。「あなたは事業を失ったのです」アーミンがそう言われたのは明らかだった。

一生をプーマに捧げてきたアーミンにとっては、あまりにも大きな打撃だった。いとこから屈辱を受けても耐え忍び、プーマがアディダスに対抗し続けられるようにと一心に働いてきたのだ。どうしてどこの誰とも知らぬ銀行家に、家宝ともいえる会社を奪われなければいけないのか、彼には理解できなかった。妻の目には、その日以来、夫がすっかり変わってしまったように映った。

その後まもなく、アーミンの年長の息子二人が銀行家との打ち合わせに呼ばれた。その頃、フランクはアメリカから帰ってきて法律を勉強していたが、プーマの仕事にも関わっていた。また、当時三〇代だったイェルクは、ずっと前から「エンタテインメント・プロモーション」を扱う部門を担当していた。エルトン・ジョンやスコーピオンズといったアーティストに、ツアーやテレビでインタビューを受けるときにプーマを履いてもらうように持ちかける仕事である。二人は単刀直入に、机を整理するように言われた。「銀行家の言い方を借りれば、アーミンの息子というだけで給料を払うなんてできないということでした」とフランクは言った。

ダスラー家は銀行のやり口にも主張にもひどく落ちこんだが、反論できる立場にはなかった。その年の前半に、ダスラー家はドイツ銀行から融資を受けていたので、彼らの株は事実上、銀行の管理下に置かれた。一見あっさりと会社を引き渡したように見える理由の一つには、アーミンの健康状態が急速に悪化したことがある。おそらくは二年前にわずらったマラリアのせいで、肝臓がかなり損傷を受けていた。アーミンはしぶしぶ肝臓移植に同意したが、日を追うごとに疲れやすく、怒りっぽくなっていった。

延び延びになっていた株主総会が、一九八七年一〇月一九日にようやく、ミュンヘンのシェラトンホテルで開かれた。一番の非難の矛先は、監査役に名を連ねた銀行家に向けられた。アーミンは病身であるのに加え、物惜しみしない態度を見せたこともあって、それほどひどい批判にはさらされなかった。株主には、数週間以内にアーミンが会社を去ることが伝えられた。

後任には、スポーツビジネスに豊富な経験を持つハンス・ヴォイチェッケが選ばれた。それから数カ月でわかったのは、プーマの前の経営陣は財務に厳密ではなかったということだった。「怪しげな出費やオフショア会社に預けた不良債権など、帳簿は問題のある取引でいっぱいでした」とヴォイチェッケは言う。「ドイツ銀行が引受人としての下調べをしていなかったのも明らかでした。もしきちんと調べていれば、プーマが破滅に一直線に向かっているという結論に達していたでしょう」

こうした不行跡は、一つには以前の経営陣の形式ばらないやり方を反映していた。アーミン・ダスラーのもと、多くの契約は個人的な関係をもとに結ばれていた。アーミンの広いオフィスにはバーがしつらえてあり、会議が夜遅くまで長引くと、しょっちゅうそれを使っていた。取締役に課せられていた他の規制も、年を経るにつれて緩和されていったようだ。六人の取締役全員が運転手を抱えており、伝票から判断したところ「フレンスブルクからガルミッシュ・パルテンキルヘンまで、すべてのバーを知り尽くしていたようだ」と、ヴォイチェツケは感じていた。

さらに困ったことに、会社の資産はひどく粉飾されていた。こうした残骸に収拾をつけるのに手を貸してもらおうと、ヴォイチェツケは外部の監査事務所に委託して、会社の現状に関する非公式の報告書を作らせた。出来上がった報告書は、プーマの簿外負債をあまりにも赤裸々に映し出していたので、ヴォイチェツケはこれを破棄することに決めた。「この報告書の内容が外部に漏れたら、破産申請するしかありませんでした」と彼は語る。彼は銀行家たちと数え切れないほど話し合ったが、たいていの銀行は逃げ腰だった。だが、アルフレート・ヘールハウゼンが約束したように、ドイツ銀行だけは忠実に経営陣を支え、他の銀行に圧力をかけ続けて、融資限度額を維持させた。

目下の最優先課題は、採算の取れないベッカーとの契約だった。ヴォイチェツケは難しい交渉に臨む覚悟を決め、契約の変更について協議するため、イオン・ティリアクを呼んだ。「脅したりすかしたり、ありとあらゆる手を尽くしました」とヴォイチェツケは語る。最も効果があったのは、「ベッカーが年に五〇〇万ドルを要求したからプーマが破産に追いこまれたとなれば、彼の評判にさらに傷がつく」という論法だった。契約によれば、プーマはさらに最低二〇〇〇万ドルを支払うことになっていた。ティリアクは「改善条項」付きで四〇〇万ドルの現金を受け取ることに同意した。次の五年間でプーマの収益が上がれば、ベッカーは最大でその収益の二〇パーセントを受け取る権利を持つというものだ。

この間、ドイツ銀行は必死でプーマの売却先を探していた。いくつかの交渉が失敗に終わったところで、ヴォイチェッケが別の提案を持ち出した。コサ・リーベルマン社である。この会社は、プーマの日本でのライセンス販売業者であるリーベルマン・ウェルシュリーと、別の商社との合併から生まれた。この間にウェルシュリーはプーマとの絆を深め、極東工場での生産エージェントを務めるまでになっていた。ヴォイチェッケはこの会社の取締役に名を連ねていたこともあったので内情をよく知っていたし、アーミン・ダスラーもこの会社のことは信頼していた。リーベルマン・ウェルシュリーの社長のグイド・ケルビーニとは強い絆で結ばれており、この男ならプーマの遺産を大事にしてくれると確信していた。

清算に入って二年目、プーマは相変わらず損失を計上しており、生命維持装置を外せない状態だった。どこに行っても断られてばかりの銀行家たちは、この泥沼から抜け出すために、小規模な提携先を探すしかなかった。一九八九年五月、彼らは、ダスラー家が持つプーマの七二パーセントの株式をコサ・リーベルマンに喜んで売り渡した。価格は推定四三五〇万ドルで、プーマに投入する資金と、株を売却した人々に支払う代金とに均等に分けられた。

ドイツ銀行では、プーマの売却益のうち、株式の売却代金については直接ドイツ銀行の口座に送金されて、一九八七年初頭にダスラー家に貸しつけた金の返済に充てられるはずだと思っていた。ところが、売却益のうち少なくとも一部はダスラー家が受け取るべきだと、ハンス・ヴォイチェッケが銀行を説得した。こうして妥協案が成立すると、プーマ側のダスラー家に残されたのは二〇〇〇万ドイツマルク余りだった。

この措置により、ドイツ銀行は、プーマとダスラー家に残っていた結びつきを断ち切った。フランクとイェルクは、会社に戻ろうとはしなかった。フランクはヘルツォーゲンアウラッハに法律事務所を開いてスポーツ用品関係を専門的に扱い、弟のイェルクは印刷会社を経営した。異母兄弟のミヒャエルは、プーマが売却されたときはまだ学生だったし、ゲルトの子どもは誰一人として、プーマでキャリアを築くチャンスを与えられなかった。会社はもはや家族経営のビジネスではなくなっていたし、新しい経営者は、ダスラー一族の名残を拭い去りたくて仕方ない様子だった。

アーミン・ダスラーはますます落ちこんでいった。肝臓の不調はがんだったことがわかり、それが急速に骨にまで転移した。化学療法を使った短い闘病生活の後、アーミンは家に戻るよう勧められた。一九九〇年一〇月一四日の日曜日、午後の早い時間に彼は亡くなった。六一歳だった。その肉体を滅ぼしたのはがんだったが、致命的な打撃を与えたのはプーマを失った事実だと、家族は確信していた。「こうも言えるわ」と、未亡人のイレーネ・ダスラーは言った。「夫は戦わなかったのよ」

ダスラー家の後継者が二人とも亡くなったことで、アディダスとプーマのあいだに個人的確執はなくなった。二つの会社は、数十年間にわたり互いに競い合ってきたが、次第に他の勢力の強い圧力の前に屈し始め、ついには窮地に追いつめられた。

《第三部》

第十九章

鮫の襲来！

レネ・イェギはヘルツォーゲンアウラッハの経営幹部フロアで最大の部屋に落ち着き、自らの運命に感じ入っていた。三八歳にして、この名高い企業の指揮権を手にしたのだ。確かに、ホルスト・ダスラーの突然の死に始まる予想外の状況の変化で、いっきに上り詰めた格好だが、うまく立ち回ってきたこともまた事実だった。

イェギ自身が明かしているように、常に動き回ることによって、一九八七年一一月の指導権争いに勝利した。「鮫を考えてみてください。唯一、じっとしていられない魚なのです。泳ぐのをやめたら死んでしまいます。だから、信じられないような優美な泳ぎができるのです」イェギは言う。「私は鮫型の人間なのです」

イェギは、アディダスを率いるのに必要な資質をすべて備えていた。相手がサッカー選手であれ、スポーツ関係者であれ、政治家であれ、誰とでも気楽につき合えた。長身で逞しく、洗練された魅力的な風貌は、ハリウッドの大作映画のセットの中でもさっそうと見えたことだろう。心温かく、ウィットに富む社交的な彼は、おおむね誰にとっても楽しい飲み相手となった。肩書きや顔のしわがないことを気にかけるのは、すこぶる頭の古いドイツの銀行家ぐらいのものだ。

レネ・イェギはスイスのごく普通の若者だったが、一九七〇年に東京への片道切符を買ったことから、予想もしなかった方向へ運命が動き始めた。当時二一歳だったイェギは、もともと哲学とスポーツを学び、柔道家としての修行を積んでいた。すでに黒帯を締めていたので、一九七二年のミュンヘン・オリンピックを目指して、技にいっそうの磨きをかけるため日本に渡ったのだ。結局オリンピック出場の夢は果たせなかったものの、流暢な日本語を身につけ、数年後の何度かの窮地で大きな助けとなる人脈を築いた。

ヨーロッパに戻ったイェギは、その経歴に次々と国際的企業の名を付け加えていった。そして、ダイモン・デュラセル・グループの総支配人を務めていた頃、アディダスから引き抜きを持ち掛けられたのだ。運動能力に恵まれ、五カ国語を流暢に操るこのスイス人は、アディダスの社長にとってまさしく魅力的な人材で、一九八六年にマーケティング責任者として雇われた。

ホルストが亡くなるとすぐに、レネ・イェギは取締役会を掌握した。それは、彼が執務室に額に入れて掲げている標語に即した行動だった。「人間は三つに分類される。すなわち、事を起こす人、事が起きるのを見ている人、何が起きているのかわかっていない人である」

あくまで対等の立場を取りつつも、イェギは同僚たちに日頃から事業案の概要書を配り、ダスラー家には連絡を欠かさず、取締役員会での主導的地位を築いていった。ところがダスラー姉妹は、会社には最高責任者など置かないほうがやりやすいと判断したため、イェギはひどく落胆させられた。

一九八七年四月、ダスラー姉妹は兄の死去から二週間後の会議で、取締役会はそのまま残して「同等の権利と協調」を基本に機能させること、また、自分たち姉妹が「相当の責任」を負うことを決定した。そして当面のあいだ、一家の顧問弁護士、アルベルト・ヘンケルにアディダスの取締役会の統率を任せることになったのだ。

しかし、いざヘンケルが社長の椅子におさまってみると、アディダスの指導者にはまったく向いていないことがわかった。ダスラー姉妹と親しく、弁護士としての経験はあっても、世界的企業を経営する能力は欠けていたし、まして再建など望めるはずもなかった。しかもあいにく、そのことに気づいていないのは、当のヘンケルとダスラー姉妹だけだった。

だが、それから数カ月にわたってこの弁護士が失態を繰り返すうち、他のアディダスの幹部たちが反発し始めた。何しろヘンケルはしょっちゅう見当違いの介入をしては会社を物笑いの種に貶《おと》めるものだから、雑誌に中傷記事が載るようになり、会社の問題は増えるばかりだった。

レネ・イェギは幹部らの先頭に立って抗議した。ヘンケルについての苦情を訴えるため、経営陣とダスラー一族との橋渡し役を務めていたハンス・ギュンター・エッシングに対し、二カ月にわたって何度も話し合いを申し入れた。「ヘンケルにこのまま指揮を執らせていては、会社の希望は潰えます。タイタニック号の上でのんびり歌っているなんて、ごめんです」。イェギは、それが取締役全員の総意であることも明言した。抜本的な改革をしない限り、ダスラー家は経営陣をすべて失う危機に立たされたのだ。

他の取締役たちは、呆然と事態を見つめていた。その大半は一様にイェギのやり方を少々過激だと感じていたが、とにかく指導者を必要としていたので、つべこべ言ってはいられなかった。要するに、他には誰も、このスイス人ほどの熱意は持ち合わせていなかったのだ。

イェギは、一刻も早く会社の指揮を執りたいと焦っていた。この数カ月間、すべての決定を自ら下すホルスト・ダスラーのやり方にも欲求不満を募らせてきたのだ。ホルストが、アディダスを適切に運営するために必要な財務状況の全体像を明らかにしたがらないことにも呆れていた。会社の組織そのものがいびつに思えた。

ホルストが生産拠点を極東に移すことを躊躇《ちゅうちょ》していたのに対し、イェギはマッキンゼーの調査をもとに数千人規模の人員削減を推し進めた。そして、抜本的な対策を講じるために、マッキンゼー報告書を作成したミシェル・ペルロダンをアディダスの取締役会に引き入れた。結果、解雇通告を受けた何千人もの労働者がヘルツォーゲンアウラッハの本社前でデモ行進し、ダスラー家は面目を失うことになった。労働者たちは、「スリーストライプにだまされるな！ 食い物にされてたまるか！」とシュプレヒコールを繰り返した。一九八七年から一九九二年までに、アディダスの従業員は、世界中で一万一〇〇〇人から六四〇〇人へと、ほぼ半数に削減された。

ダスラー家の遺産の中でも大きな重荷となったのは、アディダスの膨大な商品構成だった。イェギが引き継いだときの在庫品目には、たとえばボーセルンという、聞き慣れないスポーツの商品も含まれていた。なんでもドイツ北部のフリースラント地方の一部で楽しまれる、路上ゲームだという。選手一人ひとりに合った最高の靴を作るというアディ・ダスラーのあくなき探求がアディダスを世界一の企業にのしあげたわけだが、その商品構成の幅広さが今や会社を苦しめていた。「在庫目録を見ると、サイズ一六のカーリング用シューズが左ばかり山ほど残っていました」と、ヘルツォーゲンアウラッハの国際マーケティング部長、ロディ・キャンベルは語った。その後の四年間で、商品構成は六〇パーセント以上も縮小された。

もう一つ、金のかかる遺産は、アディダスから選手やその他の人々に渡る用途不明の支払いだった。そこで、ロディ・キャンベルは思い切った措置に出た。予算をおよそ七五パーセント削減しようというのである。キャンベルはホルストと面識がなく、見たままを報告することにならん後ろめたさは感じなかった。とうに引退したドイツのサッカー選手、フランツ・ベッケンバウアーに今でも毎年一〇〇万ドイツマルクも払うとは、ずいぶん気前よく思えた。また、ドイツのプロサッカーリーグ、ブンデスリーガのうち二チームを除く全チームのスポンサーを、ずっと続けているというのもばかげた話だった。しかも、スポーツ・プロモーション部の連中は、いまだに残り二チームと契約の交渉を続けていたのだ。

国際オリンピック委員会のファン・アントニオ・サマランチ会長の息子に対する定期的な支払いについては判断に迷った。ビジネス上の関わりがあるのかを調べてみたが、結局「サマランチの息子だから」という理由だけでリストに載っているとしか思えなかった。調べていくと、他にもスポーツ界、放送界の関係者への不可解な支払いが数多く判明したので、キャンベルはこれらを即刻切り詰めることにした。

レネ・イエギの部下たちにとって一番の難問は、ホルスト・ダスラーがフランスに築いた組織の解体だった。ランデルスハイムの並列組織は悩みの種となっていた。旧体制の遺物であり、ナイキやリーボックとの競争の足かせとなる、がらくたの代表例だった。イエギはためらわず切り込んだ。「ハンニバル将軍がアルプス越えを強行したときにも、若干の脱落者はいたんだ」

ホルスト・ダスラーの近くで働いていた数人は会社を去り、レネ・イエギの取り組みに疎外感を覚えて、グループセラピーを受けた者もいた。「数日にわたって、みんなで輪になって座り、ホルストを失った悲しみや、彼と出会った意味について語り合いました」と、元法律顧問のヨハン・ファン・デン・ボッシュは語る。元サッカー選手でホルストからすべてを学んだ男たちは突如、会社組織の基本原則に順応しなければならなくなった。地位こそ変わらずとも、力を奪われた。「ボスが亡くなった途端、『すべてに勝るドイツ』［訳注：ドイツ国歌のタイトル］となったのです」ジャン・ヴァンドリングはため息をついた。「フランスの業務全体が再編成されてしまいました」

組織の整理が一段落すると、レネ・イェギは次の五年間の包括的な経営計画を策定した。このスイス人が掲げた五つの目標は、どれも一見ひどく非現実的でありながら、実はアディダスが四方八方に抱える問題に対処し、将来の成長をも見すえたものだった。当然のごとく、イェギは在庫の回転率を高め、アメリカでのアディダスの復調を求めた。同時に、ナイキとリーボックの侵攻に対抗するため、日本でのアディダス市場の拡大も考えていた。当時、欧米の有名ブランドはまだ日本にさほど市場を広げていなかったのだ。

イェギの日本への関心は、個人的な親近感や友人たちにも起因していた。日本語を流暢と言えるほどに話せるイェギは、日本で学んだ三年間を大切に思い、柔道の師匠から仕事仲間まで、豊富な人脈を今なお築いていた。そして、他の国際ブランドが日本に目を向け始めているというのに、アディダスの市場規模が一〇〇億円足らずで行き詰まっていることにいらだっていた。

美津濃とアシックスは依然として日本の最強の競合相手だったが、イェギにとってもっと気がかりなのは、プーマと比べて好まれていないことと、ナイキの台頭だった。このアメリカのブランドは、オニツカタイガーと縁を切って以来、提携先の日商岩井を介して日本での販売を開始し、一九八一年には日本に子会社を設立した。八〇年代を通じて、ナイキはテニス、ランニング、バスケットに的を絞り、アメリカのブランドとして人気を広げていたのだ。

イェギは日本でのアディダスの販売権を持つデサントの幹部らとの関係を深め、スリーストライプへの投資額を増やすよう働きかけた。日本でのアディダスの売上げ目標を五〇〇億円とする、当時としてはとても野心的なプロジェクトまで打ち出した。そして、状況を逐次把握できるよう、ホルスト・ダスラーが大阪に設立していたアディダスの連絡事務所の責任者にナイキ・ジャパンの元支部長を据えて、はっぱをかけた。

デサントの幹部たちはイェギの意欲を歓迎したものの、このアディダスの責任者が要求するような投資はできず、結果は目標を大きく下回った。「責任の一端はデサントにあると思います」と認めるのは、国際企業との取引でデサントの飯田洋三社長を支援したキャスリン・ジョンストンだ。「アディダスは、マーケティング費用をおよそ倍増するよう求めてきたのですが、それは無理な相談でした」

一九八八年末の時点では、アディダスは一八億ドル以上を売り上げてなんとか市場首位の座を守っていた。しかし、九年前に事実上ゼロから出発したリーボックが、一七億ドル余りを売り上げて背後に迫っていた。リーボックの成長により八〇年代半ばには完全に方向を見失っていたナイキも、一九八八年には約一二億ドルの売上げで盛り返してきた。

レネ・イェギが行った改革はほとんどすべて急を要するものであり、その他の様々な対策も賢明な戦略的見地から練られたものだった。それでも仲間であるはずの経営幹部たちはイェギについて、主にダスラー家を動揺させているという理由から、最高経営責任者として転換期の舵取りをしっかりできていないと感じていた。さらには、このような複雑な企業の指導者に必要な威厳や一貫性に欠けているとすら見ていたのだ。そのあいだにも、アディダスはあらゆる側面から浸水し始めていた。

アディダスの幹部たちは書類に目を通し、思わず息を呑んだ。すべてが曖昧だったダスラー時代が終わり、突然、会社の本当の姿を突きつけられたのだ。それはおそろしい実情だった。

アディダスの幹部やマッキンゼーその他のコンサルタントが、ホルスト・ダスラーが作り上げたタコ足構造を解きほぐすにつれ、数字がはっきりと見えてきた。アリーナやルコックスポルティフ、それにポニーの利権を統合して数カ月に及ぶ複雑な計算を講じた結果、マッキンゼーは比較的明確なアディダスの財務勘定を導き出した。

最大の損失を出しているのはアメリカだった。一九八六年の買収以降、アメリカでの事業は年間少なくとも三〇〇〇万ドルの赤字に陥っていた。アンブロとの販売契約を打ち切ってイギリスに設立した子会社も、さらに赤字を積み上げていた。そうした損失に再建計画のために組んだローンもかさみ、ぞっとするほど財務状況は悪化していた。八〇年代初期まで、アディダスはほとんど負債を抱えたことはなく、常に利益を上げてきた。ところが、一九八八年には負債額が資本金に匹敵するほどに膨らんでいたのだ。マッキンゼーの推定によると、他国の会計基準に則って不採算の子会社をすべて含めて算出すれば、アディダスの負債は資本金の四倍近くに達するとのことだった。

このような状況下で、レネ・イェギは改革を巧みに進め続けた。この最高経営責任者は、ダスラー家の四姉妹に思い切った改革の効果が表れ始めていると説きつつ、危機的な財務状況を指摘して緊張感を保たせることも忘れなかった。マッキンゼーの最新報告を提示しながら、早急に現金を投入しなければ、肝心な施設閉鎖や人員削減が成し遂げられないことを訴えた。少なくとも三億ドイツマルクは必要だと主張したが、予想どおり、ダスラー姉妹にはそれだけの金を出す覚悟はできていなかった。

明快な解決策は、会社のかなりの部分を売却して資金を調達することだったが、それには会社の定款《ていかん》を変えなければならなかった。資金力のある事業家の関心を引くには財団による合資会社から有限責任の株式会社にする必要があった。ダスラー姉妹はいくぶんとまどいながらも要求を受け入れ、一九八九年二月、アディダスの定款の修正を承認し、資本の増額が可能となった。

レネ・イェギは提案を次々に考えだした。そのうちの一つは、東京で乗り継ぎ便を待ちながら国際紙に目を通しているときに思いついた。ピーター・ユベロスの名が目に留まったのである。ユベロスは洒落た身なりのカリフォルニアの男で、一九八四年のロサンゼルス・オリンピックでは運営委員会の指揮を執った。その後、アメリカのスポーツ・ビジネス界で並ぶ者のない影響力を手にして、羨望の的である野球のコミッショナーに就任していた。

アディダスを目下の苦境から引きずり出せる人間がいるとすれば、ピーター・ユベロスをおいて他にいなかった。イェギが新聞で読んだところによると、このアメリカ人は、イースタン航空を救うため、株主と労働組合との長期闘争に巻きこまれていたが、その調停が失敗に終わったのだという。イェギは空港の電話に飛びつき、自分でも驚いたことに、即刻話に乗ってもらうよう説得することができた。そして、一九八九年九月に話し合いが合意に至り、ピーター・ユベロスの投資家グループが、アディダス・アメリカの経営権を引き継ぐとともに、株式購入権と、ヘルツォーゲンアウラッハの監査委員会への参加権利を手に入れた。

ユベロスの獲得は大いに歓迎された。レネ・イェギは、これほどの才能と影響力のある経営者を引き入れたことで、各方面から称賛された。ユベロスに経営を任せれば、アメリカでの不振もようやく脱却できそうに思えた。しかし同時に、この加入が一族の決定的な争いを引き起こすことになったのだ。

ホルスト・ダスラーの死後、子どものズザンネとアディ・ジュニオーが父のアディダスの株式を引き継いだ。ヘルツォーゲンアウラッハの四人の叔母たちとちょうど等しく、二人合わせて二〇パーセントの持ち株と、バイラート、すなわち監査役会への参加権利を得たのだ。ホルストの子どもたちは、アディダスにおける父の遺産を守るため、懸命に自分たちの意見を反映させようとした。だがダスラーの四姉妹はそういった気概は持ち合わせていなかった。

だいぶ後にズザンネが説明したところによれば、アディ・ジュニオーと彼女は、叔母たちにいじめられているように感じたという。「全く容赦ないんです。父が亡くなって四八時間後にはルツェルンの私たちの家の玄関口に来て、相続の書類にサインさせようとしました」。条件が不当と考えたホルストの子どもたちは、サインを拒否した。以来、ダスラー姉妹は、甥と姪に貢献してもらう気などさらさらないことをぶしつけなほどはっきり示していた。

ダスラー家のドイツ側の後継者は、ホルストを思い出させるものは何であれ取り除こうとした。しかし、ホルストの子どもたちはこれにあくまでも抵抗した。フランスの幹部たちの不満に耳を傾け、父がランデルスハイムに築いた砦がヘルツォーゲンアウラッハの単なる子会社となっていく様子を怒りをこめて見つめていた。二人の目には、レネ・イェギが一番の悪者と映った。「この男は株主の悩みにつけこんだんです」と、ズザンネ・ダスラーが言ったと伝えられている。「彼は父の影に我慢ならなかったんです。従業員は父のことを口に出すのも許されませんでした。会社のパンフレットからも父の名は消されました。それでも父を抹殺することなどできません。私たちは父の功績をこれからも守っていきます」

ダスラー姉妹がスポーツ権利代理店ISLの株式売却の話し合いを始めると、子どもたちの苦々しい思いは醜い争いへと振り向けられた。ダスラー姉妹は、兄がヘルツォーゲンアウラッハに復帰する際に要求した条件として、スポリスの株を得ていた。このスイスの持ち株会社は、ISLの株の五一パーセントを保有していた。姉妹の一人ひとりがスポリスの株の一六パーセントを持ち、残りの三六パーセントは、ホルストの子どもたちの手に握られていた。追い詰められていた姉妹は、ISL株の一部を売却して、相続税の支払いとアディダスへの投入資金に充てようと考えたのだ。

スポリスの会長でもあったレネ・イェギは、喜んで買い取り先を探す役目を引き受けた。ISLの二人の重役、クラウス・ヘンペルとユルゲン・レンツには、経営陣による自社買収の準備を働きかけた。同時に、日本の広告代理店電通の担当者、服部庸一にも電話をかけた。スポリスはＩＳＬの株の五一パーセントを持っていたが、あとの四九パーセントは電通が持っていたのだ。叔母の一人が持つ一六パーセントを譲り受けさえすれば、この電通にＩＳＬの支配権が移ることを、ホルスト の子供たちは十分に承知していた。

アディダスで父が批判されていることに腹を立てていたズザンネとアディ・ジュニオーは、ＩＳＬの父の遺産だけはなんとしても守る決意だった。叔母たちにアディダスから締め出されようとも、父の輝かしい業績を日本の広告代理店なんぞに奪われるわけにはいかなかった。二人は、叔母たちの持つＩＳＬの株の売却をとにかく阻止することを誓った。これに関しては二人に先買権があったのだ。

ダスラー姉妹は、ホルストの子どもたちの代理人をスポリスの役員会から追い出すことで、対抗しようとした。ところが、ホルスト・ダスラーの遺言状を作成したチューリッヒの弁護士、ヴァルター・マイヤーが、さらなる頭痛の種となった。ＩＳＬの定款では、マイヤーを役員会から外せるのは「重大な理由」があった場合のみとなっており、そのような理由は見つけ出せなかったからだ。

叔母たちの攻撃にさらされる一方、ホルストの子どもたちは、また別の差し迫った脅威に直面していた。山をなす税金の督促状である。ＩＳＬの株は何があっても手放さないと決めた以上、相続税を払うためにはアディダスの株の一部を売るしかなかった。二人は、ドイツ小売業界の最大手、メトロの本部長で、ホルスト・ダスラーと旧知の仲だったエルヴィン・コンラディに話を持ち掛けた。慎重に話し合いを重ねた結果、一九八九年五月、メトロがアディダス株の一五パーセントの購入権を得ることで合意した。メトロがこの権利を行使すれば、アディ・ジュニオーとズザンネの手元には合わせて五パーセントの株しか残らなかった。

ダスラー姉妹は、この売却に衝撃を隠せなかった。甥と姪は、明らかに自分たちに隠れて取引を行ったのだ。姉妹は、新聞を読んで初めてこの売却の事実を知った。甥と姪の行動を一種の裏切り行為と見なし、ＩＳＬについての取引が手詰まりとなったことに怒りを募らせた。数カ月の非難合戦の後、姉妹はアディとズザンネに対する仕返しの方法を見つけた。ピーター・ユベロスとの取引を利用しようと考えたのだ。

ユベロスの契約には、アディダスの監査役会に参加する権利が明記されていた。役員会が巨大化しないよう、現在の委員のうち一人が席を譲るべきとすることで、イェギとダスラー姉妹の意見は一致した。当然のことながら、甥と姪の代理人が標的となったのである。

一九八九年一〇月の総会で、叔母たちが全会一致でヴァルター・マイヤーをアディダスの役員会から追放したことを知り、アディ・ジュニオーとズザンネは愕然とした。四人の姉妹が合わせて会社の八〇パーセントの支配権を握っている以上、ホルストの子どもたちにできることはかぎられていたが、それでもあらゆる手を尽くして、投票を無効にしようと戦った。この戦いは異様な様相を呈した。同じ議題の議決をとるために連続して三度も委員会を招集したのだが、結果はいつも同じで、賛成が八〇パーセントだった。それでもヴァルター・マイヤーは、法的不備を理由に、追放を受けるのは違法であると反論した。

またもや一族の争いは、法廷に持ちこまれた。ズザンネとアディ・ジュニオーは、叔母たちにだまされたとして、ニュルンベルクの行政裁判所に不服申し立てを行った。役員会の参加権利を保持することを条件にアディダスの定款の変更に賛成票を投じたのに、一年もたたずに追い出されてしまったというのだ。この不服申し立てにより、特別監査が命じられた。

こういった小競り合いの最中も、ダスラー姉妹は世界のスポーツ市場の動向を不安な思いで見守っていた。姉妹にとって一九八八年の業績報告は理解しがたいものだった。アディダスはリーボックをわずかに上回ったに過ぎないというのである。しかし一九八九年の業績がさらに悪化することはもはや覚悟していた。再建策の負担により、かつてないほどの損失を出し、スリーストライプは市場で後退を続けていた。

九〇年代に入ると、アディダスの時代は確実に終焉を迎えた。一九八九年末には、リーボックが売上高一八億ドルを超え、世界最大のスポーツ用品会社を自認するまでになった。これは、業績急落から一七億ドル以上を売り上げるまでに盛り返したナイキにも厳しい状況だったが、そのナイキにわずか数千ドル及ばず三位に後退したアディダスにとっては屈辱的な結果だった。

ダスラー姉妹は、この財政難になおのこと神経質になった。まともな事業環境にあるならば、銀行家や株主、経営者のあいだでなんらかの対策を講じられるはずだった。社外役員の一人、カール＝ハイナー・トーマスは、この苦境は乗り切れないものではないと見ていた。シーメンスで莫大な業績を上げているこの経営者は、ダスラー姉妹に、焦って動くのは禁物だと忠告した。

「崩壊の速さは恐ろしく感じるが、理性的に考えれば、売却の必要はない」

だがダスラー姉妹は、アディダスの名声がまだ比較的保たれているうちに手放すべきではないかと考え始めた。かつてアウラッハ川の向こう側で展開されたドラマを不安げに見守り、プーマのいとこたちがほんのはした金で会社から追放されるのを目の当たりにしたのだ。恐ろしさに駆られた姉妹は、手を引く決心をした。

売却の任務は、監査役会の議長に選出されたばかりのゲルハルト・ツイナーに委ねられた。フランクフルトからほど近いダルムシュタットの化学薬品会社レームの会長を務めていた人物だ。彼は当初、そういった交渉は自分には重荷なので、投資銀行に任せるべきだとして断った。ところが、姉妹は銀行に提示された手数料に驚き、ツイナーに交渉役を押し付けてしまった。やむなく、ツイナーはアディダスの資産価値と将来性に関する調査に乗り出した。幅広い人脈を持つ事業家のツイナーにとって、アディダスの売却話を広めるのは簡単なことだった。とはいえ今回の任務には気が進まず、レネ・イェギが介入してきたときには心からほっとした。いつでも準備万端の男なのである。このスイス人の社長によって、ツイナーは多くの買い手候補に引き合わされた。その中にはベネトン一族や香港の起業家ティモシー・フォックも含まれていたが、丁重に断られてしまった。最も真剣に話し合いをしたのは、二人のドイツ人投資家だった。

ゲルハルト・ツイナーは、ドイツの小売店グループのメトロと話し合いを持った。アディとズザンネから一五パーセントの株式購入権を買い取った企業だ。ところが、この話し合いはドイツの小売店店主のあいだに波紋を広げた。メトロのディスカウントストアに有利な不当競争に陥るのではないかと不安が生じたのだ。何度か話し合った後、メトロは所有する一五パーセントを「投資機会」として保持することを決め、残りの株の買い取りは断った。

そして、コーヒーと菓子を扱うスイスの企業グループ、ヤコブス・スシャールのオーナー、クラウス・ヤコブスとの交渉に入った。ツイナーはこの投資家に「とても傲慢そうな印象」を持ち、快く思わなかった。ヤコブスとイェギの関係にも、不安を募らせた。イェギは「ヤコブスの名前が出るたびに、夢見るような顔つきになった」というのだ。

ツイナーが二の足を踏んでいるうちに、イェギは自分で話を進めることにした。買い手候補が列を成しているわけでなし、ダスラー姉妹がクラウス・ヤコブスに対して特に抵抗を感じていないこともよくわかっていた。姉妹は、ヤコブスがドイツ人で、同族経営の会社を持っていることに好感を抱いていた。ヤコブスにその気があることを伝えれば、姉妹が必ず飛びつくはずとイェギは踏んでいた。

一九八九年六月のある土曜日、アディダスの四人の幹部が、チューリッヒのヤコブスの邸宅に向けてこっそりと旅立った。できるだけ目立たぬようにと、スイスのアディダスの子会社で長く社長を務めるハンスルディ・ルエカーに空港まで迎えを頼んだ。

ヤコブスに温かく迎え入れられると、レネ・イェギが一同を紹介した。最高財務責任者のアクセル・マルクスは数字を挙げて話を詳しく補った。マッキンゼーからアディダスの役員として移ってきたミシェル・ペルロダンは、そこでまた手短に監査をしてみせた。ヘルマン・ホーマンは、イェギの個人秘書として同行していた。

アディダスの四人の男たちは、チューリッヒ空港に戻る途中も大はしゃぎだった。会社を救ったのだということを興奮気味にルエカーに話した。ダスラー姉妹の要望をすべて満たす詳細な取り決めを交わしたのだ。ヤコブスは、要求どおりの金額でアディダスを買い取ることと、このアディダスの幹部たちにもたっぷり分け前を与えることを約束していた。

四人はシャンパンで祝杯を挙げた。レネ・イエギとアクセル・マルクスは、ニュルンベルクに戻る機内でも、またシャンパンを楽しんだ。この二人の幹部はここ数カ月でとても近しい仲となり、どちらもダスラー姉妹の要求額が格安であったことを知っていた。自分たちも株式購入権によって、ぼろ儲けができそうだった。別の便で香港に向かったミシェル・ペルロダンも同じように自信に満ちていた。「一件落着でした」と彼は振り返る。

明くる月曜日、レネ・イエギは、一族の承認を得るために、ジークリット・ダスラーの夫、クリストフ・マルムスに電話をかけた。イエギは、二日前にチューリッヒで行った会談のことを意気揚々と語り始めた。ところがマルムスはすぐに話の腰を折った。ヤコブスが例の同族経営企業ヤコブス・スシャールをフィリップモリスに売却したと知り、ダスラー姉妹が不信感を抱き始めたというのだ。自分の会社をアメリカのタバコ会社に売り飛ばすようでは、アディダスの遺産を大事にしてくれる見込みは薄いというわけである。

マルムスは、別の買い手を見つけたと告げた。その男はどこからともなく現れ、話す内容には不可解な点もあったけれど、姉妹の心をがっちりつかんでしまったのだ。今度ばかりは、イエギも言葉を失った。

第二十章 売却

その男はわずかにフランスなまりの英語を話した。投資銀行パリバのコンサルタント、ローラン・アダモヴィッチであると言う。アディダスの買収に関心を持つフランス人投資家の代理だと名乗りつつ、当の投資家の名は明かそうとしなかった。アダモヴィッチは賢明にも、最初の電話では依頼主を伝えぬほうが得策であると心得ていたのだ。

その日、電話を受けたウルリッヒ・ネームは少々とまどった。ミュンヘンの弁護士ウルリッヒは、数カ月前からアルベルト・ヘンケルの解任手続きにあたっていたのだが、突如、私用の番号に電話をかけてきた得体の知れない投資家と話をすることになったのだ。とはいえ、アダモヴィッチなる人物はいかにも真剣そうだし、アディダスには現金を出してくれそうな相手をむげにあしらえる余裕はなかった。

ウルリッヒはミュンヘンの自分の事務所でこのパリバ銀行の男と対面し、直感が正しかったことを確信した。アダモヴィッチは頭髪の薄い、丸メガネをかけた若者で、すでに投資銀行家として目覚しい経歴を築いていた。このときはちょうどパリバのニューヨーク支店から戻ってきたばかりで、今度はヨーロッパでの大規模な買収案件の開拓を命じられていた。ウォートン（ペンシルバニア大学のビジネススクール）を卒業しており、生真面目で有能な男という印象を与えた。しかし、このときも結局、依頼主の正体は明かさぬまま、ウルリッヒの事務所をあとにした。

このように風変わりなアプローチの仕方となったのも、取引の性質上、無理もないことだった。アディダスと言えば、やはり国家の象徴的な企業である。誰が買うにしろ、スリーストライプの売却となれば、感情的な反応を引き起こすことは間違いない。しかも、依頼主の知名度の高さを考えれば、大騒ぎとなって、交渉の席に着く前にご破算となることをアダモヴィッチが恐れたとしても当然だった。

当の依頼主、ベルナール・タピは近年フランスのビジネス界ではその名を聞かない日がないほどの著名人だった。小さな電子機器販売業者として事業に乗り出し、破産寸前の企業を買い取っては建て直したことで名を馳せた。カリスマ性と話術と野心あふれる態度でフランス社会を騒がせ、テレビのゴールデンタイムの番組で司会を務めるまでになった。しかしタピの名が本当の意味で周知されたのは、一九八九年に社会主義派の公認を得て激戦区マルセイユを制し、国会議員の仲間入りを果たしてからだ。

ビジネスでの最大の偉業は、瀕死の状態にあった電池の会社ワンダーを一九八四年に三〇〇〇万フランスフランで買い取ってから五年後に売却し、約四七〇〇万フランスフランの収益を上げたことだ。次に手をつけたのが、重量計器の二大企業、テライヨンとテステュである。さらには、フランスの人気民放テレビ局TF1の一・七パーセントの株式も取得した。そうした企業の株をベルナール・タピ・フィナンセス（BTF）社のもとに再編し、一九八九年一一月、パリの証券市場に上場した。

タピは、これらすべてを自力で成し遂げたという話を人々に聞かせたがった。さえないパリ郊外で育った屈強な男で、一家は簡素な洗面台が唯一の洗い場といった狭苦しい共同住宅で倹《つま》しく暮らしていた。そんなタピの生活も、八〇年代後半には様変わりしていた。銀行家を説得して、パリでも指折りの美しさを誇る不動産も手に入れた。カルチェラタンの中心部、サン・ペール通りに面した、緑豊かな庭園を持つ民宿、オテル・ド・カヴォワである。もとはユベール・ド・ジバンシィが所有していたもので、実に趣味のよい装飾が施されていた。このやり手のフランス人は、さらにマラケシュに居を構え、ジェット機〈ファルコン20〉も購入した。

けれども来客を本当に驚かせたいときには、全長七四メートルのヨット〈フォカイア号〉に案内する。この船は、フランスの船乗りアラン・コラがプリマスからニューポートまでの大西洋横断レースで勝ち抜くために、一九七二年に建造したものだ。ところが一九七八年、コラは外洋で消息を絶った。タヒチ島出身の未亡人は、パペーテの港で腐りかけていたこの大型ヨットに買い手がついたことを、いたく喜んだ。タピは四年の歳月と六〇〇〇万フランスフラン余りを修繕に費やし、地中海クラブの競技用ヨットを一〇もの豪華なキャビンを備えた四本マスト船に造り替え、得意げにマルセイユ港に停泊させていた。

ベルナール・タピのことを、八〇年代にレバレッジド・バイアウトでアメリカ実業界を引き裂いた荒くれ男たちに対抗するフランス人と見る者もいる。タピは、母国の古臭い財界の刷新を願う経営学専攻の学生たちからは喝采を浴びた。一方で、エリート校の多くの卒業生たちからは、非難されることになった。国営企業を経営し、スピーチのたびに必ずというほど難解な詩を引用し、生意気な部外者を疎《うと》んじる連中である。そうした人々からすれば、ベルナール・タピは単なる野卑《やひ》なペテン師、厚かましい向う見ず野郎で、テレビ販売員あがりであるばかりか、自己破産を二度も（！）申告した男なのだ。

タピにいらだっていた人々も、フランソワ・ミッテランと連れ立って歩く姿を目にするようになって困惑した。社会主義の老練な大統領は、タピのあふれんばかりの活力にひきつけられたのだろう。少なくとも、利用価値があると踏んだに違いない。それが賢明な判断であったことは、人種差別を公言する国民戦線党のジャン＝マリー・ルペン党首との対決に際して、豪胆な支持者が必要になったときに証明された。狡猾《こうかつ》で好戦的なことで知られるルペンとの対峙に尻ごみする者が多いなか、ベルナール・タピは喧嘩を買って出ると、見事に言い負かしてしまったのだ。

タピにとってマルセイユは、政界進出においても、オランピック・ド・マルセイユ（ＯＭ）を取得してスポーツビジネスに参入するときにも、足掛かりの場所となった。一九八六年当時、このクラブチームは二部リーグに低迷していた。ＯＭは地元の誇りであったから、地元マルセイユのサポーターにとっては気の重い状況だった。ガストン・ドゥフェール市長は、このチームの惨憺《さんたん》たる成績が政治にも悪影響を及ぼすことは避けられないと考え、タピにこの病めるチームの買い取りを持ちかけたわけである。タピは数カ月のうちに国際的プレーヤーを招集し、オランピック・ド・マルセイユはたちまちチャンピオンズリーグの準決勝にまで進出した。

タピは、人々の注目を浴び、英雄を生むスポーツを好んだ。八〇年代には、所有する健康食品チェーン、ラ・ヴィ・クレールがツール・ド・フランスの自転車レースチームのスポンサーとなり、自転車レース界にも深く関わるようになった。フランスとアメリカの二人のチャンピオン、ベルナール・イノーとグレッグ・レモンを抱えるこのチームは、二年連続で優勝を果たしている。タピは、フランスのスキー用ビンディング製造会社ルックも買い取った。さらには、アンドレ・アガシと契約を結んでいるベルギーのテニスラケット・メーカー、ドネーも手に入れた。

しかし、パリバ銀行のアダモヴィッチが買収の売り込みをかけてきたとき、タピの事業は傾きかけていた。ＢＴＦの株価は思うように上がらず、最強の資産と考えていたテライヨンの一九八九年の売上げは急速に落ちこんでいた。アダモヴィッチが買収企業をアディダスに絞り込むまで、タピの反応は冷ややかだった。

だが、アディダスはまさしくタピが必要としているものだった。ブランド価値の高い国際的企業のアディダスなら、国際的スポーツの舞台への進出の道を広げて、劣勢の事業を盛り返してくれるはずだ。何と言っても、ＢＴＦの売り上げが一〇億フランスフラン止まりなのに対し、アディダスの売上げは一〇〇億フランスフランを上回る。これまでに買い取ったどの企業も、アディダスの前では小さく見えた。このドイツの名門を買収できれば、どれほど手厳しい批評家をも黙らせるほどの壮大な偉業となる。果たして叶うだろうか。

「レンドル」とコードネームをつけたプロジェクトの一環として、アダモヴィッチは慎重にこの会社の調査を始めた。しかし、タピは待ちきれなかった。長々とした監査やくどくどしい分析など必要なかった。すべては承知のうえだったのだ。「アディダスを救ったと言いたいがためにあがく連中など、ただのピエロだ」タピは言った。「経営学部の一年生だって、この会社の問題点は把握しているさ」。たとえ金庫が空だろうと、解決策は必ず見つけられるはずだった。何といっても相手はアディダスなのだから。

それでも、アダモヴィッチはダスラーの後継者たちに、タピこそが再建の舵取り役にふさわしい投資家だということを納得させる必要があった。何度か電話した結果、ホルスト・ダスラーの子どもたちは、ヘルツォーゲンアウラッハにいる四人の叔母たちと争っていることがわかった。この女性たちが合わせて八〇パーセントの株を保有していることから、こちらに交渉の的を絞るのが賢明に思われた。そして、数週間をかけて、ミュンヘンにいる彼女たちの弁護士をひそかに見つけだしたのだ。

アダモヴィッチは、買収検討者の名を明かすのは、もう数カ月先にしてほしいと申し入れた。一九九〇年二月に初めてウルリッヒ・ネームに会ってから二カ月のあいだに、アダモヴィッチは何度かミュンヘンを訪れたものの、背後にいるフランス人投資家の正体については一度も口を開かなかった。ようやくそのベールを上げることに同意したのは、五月初めになってからだ。

アダモヴィッチが恐れていたほど、ウルリッヒ・ネームは動揺を見せなかった。事実、ウルリッヒはすぐにダスラー家の〈ヴィラ〉に向かい、姉妹から、監査役会議長のゲルハルト・ツイナーとともに交渉に入るよう指示を受けたのだ。一九九〇年五月末、二人はツイナーが会長を務めるダルムシュタットの化学製品会社レームの会議室で、ローラン・アダモヴィッチとベルナール・タピに会うことになった。

ベルナール・タピは英語を一言も話さず、アダモヴィッチがすべて通訳しなければならないため、やりとりはややぎこちないものとなった。それでもタピは見事な演技力を発揮し、すばらしい演説を披露した。二人のドイツ人は、こんなものは見たことがなかった。ウルリッヒによれば、二人ともタピの魅力と熱弁に深い感銘を受け、「この会社に全身全霊を捧げてくれる人物」という印象を抱いて帰ってきたという。

二人はヘルツォーゲンアウラッハに戻ると、タピの財政状態の調査を依頼したのだが、その結果はあまり心強いものではなかった。「彼の経歴は、全く申し分ないとは言えない」という結論に達したのである。だが、これもきわめて生ぬるい評価だった。頑固なまでに保守的なダスラー姉妹と、両親の遺産を安全な手に委ねたいというその望みを知る者から見れば、ベルナール・タピはとんでもない輩だったはずだ。姉妹の父とは違って、この派手好きのフランス人はしょっちゅう大ぼらを吹いては、脚光を浴びる機会を探していた。むしろ姉妹の兄、ホルストがつき合っていた手合いに近かった。騒がれることを喜び、契約不履行や協定違反を何度も繰り返していたのだ。

それでもアディダスの弁護士や意思決定者たちは、タピの立場を巧みに擁護した。ダスラー姉妹には、会社の士気を高めるために強烈な個性が必要なのだと説明した。タピのカリスマ性は、アディダスのブランドにとって大変貴重なものである、と。タピは提示された買収額を値切ろうともせず、さらなる投資を約束した。この国会議員にはフランス政府の後ろ盾があるのだし、政府がドイツを象徴するような企業を見捨てるはずがなかった。もっと現実的なことを言えば、他に検討すべき買収の申し出はなかったのである。

レネ・イエギはバーゼルの〈シェ・シュトゥッキ〉というレストランでベルナール・タピと個人的に会った後、この買収話は自分にとって有利に働くという思いをますます強めた。クラウス・ヤコブスが交渉の場から姿を消したからには、新たなオーナー候補に好印象を与えなければと躍起になった。イエギは、再建計画が進行中であることをもっともらしく説明した。タピのほうも、経営陣をそのまま残し、自分のいつもの事業手法として、所有企業の株式取得権を経営陣に与えることを請け合った。

一九九〇年六月二七日の二度目の会談では、またしても目もくらむ派手な演出が用意されていた。今回ウルリッヒ・ネームは最高財務責任者のハンス＝ユルゲン・マルテンスを伴って、パリのヴァンドーム広場に面したリッツホテルに宿泊していたのだが、その朝、タピは黒のＢＭＷで迎えに現れたのだ。二人のドイツ人が後部座席に落ち着くと、すぐさま運転席に滑り込み、「国民議会議員」と記された小さな真鍮《しんちゅう》のバッジを取り出して、フロントガラスの手前に置いた。ＢＭＷは、サイレンを鳴らしてライトを点滅させた青いパトカーに先導され、パリの朝の車の流れに滑らかに入っていった。この車列の向かった先は、パリ近郊の小さな空港、ルブールジェ。交渉を進めるため、そこで、レネ・イェギと合流したのだが、二人のドイツ人はすっかり怖気づいていた。

ダスラー姉妹は父の遺産を一九九〇年七月四日に引き渡した。今度も場所はダルムシュタットの化学製品会社レームだった。姉妹を代表して、会社に一番の愛着を持っていた三女のブリギッテ・ベンクラーが出席した。もう一人のダスラー家代表は、末娘の夫クリストフ・マルムスだ。

ベルナール・タピとの契約によって、半世紀以上にわたり一族がアディダスのブランドに尽くしてきた歴史に終止符が打たれることを、ブリギッテ・ベンクラーは十分に承知していた。アディダスは、両親と自分の生活のすべてだった。だが、姉妹はベルナール・タピと知り合いになることに意味があるとは思わなかった。だから買い手に一切会うこともなく、この売却を承諾したのだ。

レーム社の会議室に入るとき、監査役会議長のゲルハルト・ツイナーがアダモヴィッチを脇に引き寄せ、「株主から最後のお願いが一つだけあるのですが」と耳打ちした。パリバ銀行のコンサルタントは、いらだちと懸念の混じる表情で、細部に至るまで話し合いはすべてついているはずだと撥《は》ねつけた。だが、ツイナーの言うお願いとは売却条件のことではなかった。「株主たちは、直営店でアディダス製品を買うときに、引き続き割引価格を適用されるのかということを確認したがっているのです」と、ツイナーは食い下がった。アダモヴィッチは自分の耳を疑った。いよいよ会社を売却しようというときに、ダスラー姉妹の心配事といったら、アディダスのシャツを二割引きで買えるかということだけなのだ！

ツイナーは今回、わりあい豪華な会議室を用意したのだが、だからといって、両者がついに契約書を交わす瞬間が華やぐわけでもなかった。ブリギッテ・ベンクラーは、感情を抑えられなかった。重苦しい空気のなか、レーム社のカフェテリアが用意したうまくもない昼食をとり、ベルナール・タピとダスラー家の代表者たちは、黙りこくったまま最後に握手を交わした。けれども、両者はそれを大いに後悔することになる。

一九九〇年七月七日、たくさんの報道陣がローマのフォールム・オリンピコ劇場の赤いビロードの椅子を埋め尽くした。ＦＩＦＡのジョアン・アベランジェ会長から、翌日のサッカー・ワールドカップ決勝戦、ドイツ対アルゼンチンの試合についての話があるとのことだった。一時間後、アベランジェは去り際に、そのまま席に留まるよう記者たちにやんわり要請した。アディダスから「重大なお知らせ」があるというのだ。

記者たちがおとなしく座ったままでいると、スクリーン上のＦＩＦＡのロゴがアディダスのトレフォイルに変わり、笑みを湛えたベルナール・タピが堂々とした足取りで壇上に現れた。オランピック・ド・マルセイユの型破りなオーナーの登場に息を呑んだスポーツ記者もいたが、あとの二人、ゲルハルト・ツイナーとレネ・イェギを知る者は、その会場にいなかったに違いない。

タピは、ベージュのスーツの襟にこれみよがしにトレフォイルの飾りピンを輝かせ、やすやすと主役の座に取って代わった。「子どもが生まれた日を別にすれば、本日は我が人生で最良の日です！」タピは得意げに宣言した。彼いわく、アディダスの取得により、自分にとって最も魅力的な三大分野が融合したのだと言う。すなわち、スポーツ、ビジネス、政治である。「フランス企業による、アディダスの過半数株の取得は、フランスとドイツの栄えある友好関係を象徴するものであります」タピは威厳たっぷりに述べ、これにより、統一ドイツの強大な経済力に対するフランス人のコンプレックスも拭い去れるはずだとつけ加えた。

このニュースは、ドイツとフランス両国の社会を大きく揺さぶった。ドイツ人にしてみれば、自国の象徴ともいえる企業を何かと問題の多いフランスの〈ペテン師〉に奪われた形だ。一部の新聞は、この売却を国家的悲劇だと書きたてた。しかしフランス人にしてみれば、とてつもない収穫である。感銘を受けた、というフランスのミッテラン大統領の言葉も報じられた。ベルナール・タピが見事な取引を成し遂げたことは、否定しようがなかった。

記者会見のあと、タピはワールドカップのスポンサーをもてなす昼食会に招待され、マーズや日本ビクター、コカ・コーラなどの重役たちと会話を楽しんだ。翌日には、アディダスを身に着けたドイツチームが三度目のワールドカップ優勝を決め、タピの勝利を不動のものとした。ディエゴ・マラドーナの涙が、プーマのサッカーシューズに流れ落ちた。

ヘルツォーゲンアウラッハでは、アディダスの従業員たちがテレビに釘づけになっていた。買収話を耳にしていた者はいても、ベルナール・タピの名は全く取り沙汰されていなかった。心強いのは、彼が会社への資本投入を約束していることだ。経営陣もそのまま残すことを確約しており、ダスラー姉妹の言い争いを聞かずにすむぶん、アディダスは好転するように思われた。一方で、タピは所有企業を切り売りすることでも知られていた。今回、彼は「アディダスを一〇年間は売らない、いや一〇〇年間、いや永久に売らない」と明言していたが、それを鵜呑みにできないことは、フランスの労働組合員なら十分承知していた。

同様に、ズザンネとアディ・ジュニオーもこのニュースに驚いていた。アディ・ダスラーはまさにローマで、叔母たちがアディダスをベルナール・タピに売り払ったことを聞かされたのだ。ホルスト・ダスラーの子どもたちは相続税を払うために叔母たちに隠れて株式取得権をメトロに譲渡したのだが、今度は自分たちが、タピとの「交渉中、いかなる形の相談も受けなかった」として抗議する番となった。「タピ氏のことは知りませんが、つねに父の敵にまわっていた経営陣、特にイェギ氏を選んだことは残念でなりません」と、アディは怒りも露《あら》わにル・フィガロ紙に語った。

〝ローマ会見〟の余波はダスラー姉妹を打ちのめした。アディダスの株式の八〇パーセントを取得するのに払った額について、ベルナール・タピは言葉を濁していたので、記者たちは推測せざるを得なかった。不朽のブランドを有する企業価値は、少なくとも八億から一〇億ドイツマルクは下らないというのが大半の見方だった。あのダルムシュタットでの悲しい朝、ダスラー姉妹が受け取ったのは、その約半分だった。スリーストライプの価値を五億五〇〇〇万ドイツマルク相当と値踏みして、約四億四〇〇〇万ドイツマルクというお笑い種の値段で株を売り渡したのだ。ドイツのマスコミに対してその額を認めたとき、ダスラー姉妹はタピがさらに三億ドイツマルクを会社に投入すると約束した点を強調した。だがタピ自身が、アディダスの買収額は「ばかみたいに安かった」と吹聴していた。

しかし、まだ解決されない疑問が一つ残っていた。ル・パリジャン紙がずばり指摘したように、「買収資金はどこから調達するのか」という点である。タピ自身にもよくわからない、というのが正直な答えだった。一部の株主たちは、金を出すつもりがないことを即座に表明した。取引のことをテレビで知らされたことも災いしたのだろう。クレディ・リヨネ銀行だけは事前に知らされていたのだが、それでも詳しい話は聞かされていなかった。「ベルナールが銀行に伝えたのは、また小切手帳を開かなければならない、ということだけでした」と、アダモヴィッチは振り返る。

フランスの銀行家が二の足を踏んでいるうちに、アダモヴィッチは外国の銀行につてをたどり、日本の銀行二行から融資の確約を取りつけた。ベルナール・タピは日本からのファックスを目の前にきちんと並べて、フランスの銀行家に電話をかけた。「あなたがたフランス人にアディダス買収を支援する度胸がないせいで、日本の銀行を頼らざるを得なかった、なんて話が新聞に載ったら、どうします？」

七月一六日、ようやくベルナール・タピは資金繰りの内訳を明らかにした。四億四〇〇〇万ドイツマルクという額が示されると、報道陣はまたもや息を呑んだ。この資金はすべて銀行ローンで賄われることになっていた。フランスの銀行はおよそ一〇億フランスフランを融資し、日本の銀行数行とドイツ企業数社で残りの五億フランスフランを補うという。そのうち五億フランスフランは早くも一九九一年七月に返済期限を迎え、わずか二年での完済が取り決められていた。

ベルナール・タピはこの契約によってまもなく破滅に追い込まれることになるのだが、一九九〇年八月の段階では得意の絶頂に立っていた。最高級の競技場の最上席をいつでも確保できるばかりか、金をかき集められるわけがないとばかにした連中を黙らせることもできたのだ。

というわけで、フォカイア号でひと息つくことにして、このヨットにレネ・イェギを招待した。二人は地中海を航海しながら、シェ・シュトゥッキでタピが請け合った経営陣の持ち株権について話を詰めた。レネ・イェギは、「一枚の文書」を手に船を降りた。そこには、有限会社ＢＴＦの一〇パーセントの株式購入権を保証する文言が記されていた。タピが保有するアディダスの八〇パーセントの株式を管理することとなった会社である。これをきっかけに神経をすり減らす戦いが始まろうとは、イェギは考えもしなかった。

第二十一章

立ち入り禁止！

ベルナール・タピは、シャンゼリゼ通りにほど近いフリードランド通りにある自分の事務所から、アディダスを支配しようと考えていた。国会に議席があることやオテル・ド・カヴォワの快適さを考えると、のどかなヘルツォーゲンアウラッハに落ち着く気はさらさらないものの、自分の存在感は示しておきたかった。実務についてはドイツの経営陣に任せつつ、タピはパリから手綱を引いて、奇抜な発想で事あるごとに幹部らを驚かせた。

手始めに、タピはいくつかの大胆なマーケティング手法を取り入れて、アディダスの再活性化を図った。それがまさしく自分の強みであると心得ていたのだ。アディダスのマーケティングの問題点を即座に見抜き、特有の言い回しでばっさり切り捨てた。「アディダスと言えば、世界一流の槍投げ選手にドイツのサッカーチームだが、それではもう時代遅れだ」。タピにしてみれば、これほど魅力のかけらもない選手たちと組んでいたのでは、アディダスに将来はないというわけだ。次から次へとテニス・トーナメントの優勝をさらっていた無愛想なチェコ人、イワン・レンドル選手のこととなると、さらに辛辣《しんらつ》だった。「だいたい、どこの誰があんな奴に憧れると思う?」

このオーナーの介入の仕方には、もっと困惑させられる出来事もあった。タピがアディダスを手に入れたほんの数時間後、経営陣は会社の収益の三分の一が慈善事業に使われることを新聞で知り、仰天した。数週間後にはまたしても、タピは新聞に大見出しで載りたいがために呆れた計画を思いついた。「とても興奮した様子で電話してきて、湾岸戦争中のイラクに飛行機を飛ばして、スポーツ用品をばらまきたいと言うんです」と、重役の一人は振り返る。「PR効果は抜群だし、在庫も減らせると考えたわけです。八時のニュースのオープニングを飾るためなら、何でもやりかねませんでした」

実際、タピとパリの多くの記者との親交が、ヘルツォーゲンアウラッハの広報担当者たちにとっては悩みの種となっていた。アディダスの繊維部門の人々は、タピが当時パリで売り出し中だったデザイナー、アズディン・アライアを使って、オートクチュールラインを立ち上げようとしていることをフランスの新聞で知った。のちに、アディダスはそうしたファッション・デザイナーと提携するのだが、九〇年代初期にはまだきわめて不釣り合いな組み合わせに見えた。アディダスがスポーツ・ビジネスでの信用を回復しようと躍起になっているときに、ベルナール・タピは、スリーストライプのタキシードのことをしゃべりまくっていたのだ。

報道陣を呼び集めずにはいられない習性は、まさにタピの信条の一つに即したものだった。「私がメディアに登場しない日は無駄な一日だ」アディダスの広報担当責任者クラウス・ミュラーにそう語ったという。ミュラーは、タピが緊急記者会見を開くたびにその後始末に追われていた。

アディダスの経営陣の大半は、明らかにこの新オーナーを快く受け止めていなかった。買収後、タピはヘルツォーゲンアウラッハに飛んで何人かと握手を交わしたのだが、それもいささかばつの悪い訪問となった。というのも、まともにフランス語を話せる幹部はほんのわずかだったし、タピのほうもドイツ語はおろか英語もほとんど上達していなかったからだ。饒舌《じょうぜつ》に話し、幹部が息つく暇もないほど質問を投げかけはしたが、数十年にわたり家風を築いてきたドイツの大企業の内情はつかみ切れなかった。

買収時にはタピと裏取引を交わしたレネ・イェギも、経営陣の側にまわった。このスイス人経営者は、パリを拠点とする広告代理店ＲＳＣＧからタピの友人たちを送りこまれて、いらだちを覚え始めた。ＲＳＣＧの担当者は取締役会に集まった面々を前に、これからはＹ＆Ｒ《ヤングアンドルビカム》に代わって自分たちが国際広告を請け負うことを淡々と通告した。「臨席していたレネ・イェギは、アディダスが代理店を替えることはない、と断言しました」コミュニケーション担当責任者としてアディダスに移ってきたトム・ハリントンは振り返る。「タピ氏がドイツで一つ学ばなければならないのは、決定を下すのは取締役会であってオーナーではないということだ、と言い放ったのです」

ベルナール・タピのほうも、最高財務責任者アクセル・マルクスに身勝手な要求をことごとく断られて、いらだちが怒りへ変わっていた。まずタピは、コンサルタント料として年に五〇〇万フランスフラン近くを要求した。その後、アディダスの役員会議をフォカイア号の上で開き、この船の維持費の二〇パーセントを会社持ちにすることを提案した。〈ミスター・ノー〉の異名を付けられたマルクスは、これらの提案を次々に却下して、タピを激怒させたのだ。「フェラーリを買ったのに、乗せてもらえないようなものだ」と、タピはぼやいていた。

タピは一定の影響力を保持するためにも、アディダスでの自分の利益を確実に守ろうと、押しの強い人物を新たな役員に招き入れた。ジルベルト・ボーは、イギリスの富豪ジミー・ゴールドスミスの右腕として知られた女性で、ゴールドスミス所有の複合企業の銀行部門を監督していた。

精力的な起業家を好む白髪のこの女性は、タフできちょうめんな管理者として、パリでは広く尊敬を集めていた。けれどもそのボーでさえ、状況を把握することはできなかった。「(アディダスの) 幹部たちは二年近くも、会社の内部をのぞかせてくれませんでした」ボーは語る。「見せてくれるものと言えば、きれいにまとめられた報告書だけで、決定を左右する細かい情報は何も書かれていないのです」

ベルナール・タピは、ドイツ社会の信頼を勝ち取ろうとあらゆる手段を試みた。フランクフルトでの知名度を上げるため、アディダスの広報部のお膳立てで、名高い経営者会合のゲスト講演者に招かれたときも、見事なスピーチを披露した。ドイツ人の熱烈なサッカーファンに取り入ろうと、引退したドイツのサッカー選手、フランツ・ベッケンバウアーをオランピック・ド・マルセイユのコーチに雇いもした。だが、何をやってみても、ドイツ国内の冷ややかな環境を変えることはできなかった。タピはいつもドイツのマスコミにけなされ、アディダスの経営陣との衝突を揶揄《やゆ》された。それはタピが想像していたよりずっと煩わしいことだった。

タピが銀行家やドイツの経営陣と苦闘しているあいだにも、アディダスは重苦しい歩みを続けていた。このフランス人のアイデアはどれ一つとして、ブランドに意味のある効果をもたらさなかった。タピの振舞いは会社の名声をさらに落とし、経営陣の不安を煽《あお》るばかりだった。

長期的な視点で本当にアディダスのためになる変化を起こす役割は、レネ・イェギに託された。イェギの最も思い切った行動はおそらく、ナイキのマーケティング責任者だったロブ・シュトラッサーと、チーフデザイナーだったピーター・ムーアを採用したことだろう。フィル・ナイトの不義理に失望した二人は、怒ってナイキを飛び出した。その後、ポートランドにスポーツ社というコンサルタント会社を立ち上げたのだが、業績は振るわず、苦戦を強いられていた。

いくぶんためらいはしたものの、二人はかつてライバルであったアディダスで働くことにした。そして、スリーストライプは原点に立ち返るべきだと判断した。これはもっともな考えだった。他のブランドにはないアディダスだけの伝統、すなわちアディ・ダスラーの天賦の才を受け継ぐ路線に専念しようというのである。そうした考えのもと、シュトラッサーとムーアは機能性を重視した〈エキップメント〉という商品を開発し、アディダスを復活への軌道に乗せた。

しかし、その効果が収益に反映されるまでには二年近くを要した。一九九〇年末の時点では、ブランドの劣勢は変わらなかった。ナイキがリーボックを二位に押しのけ、猛烈な勢いでトップの座に返り咲いたのに対し、アディダスは、この二つのアメリカのブランドのはるか後方でもたついていた。なお悪いことに、再建策への大型投資の負担が響き、一九九〇年の営業利益はどうにか税金が支払える程度で、フランス人オーナーはまたしても批判の矢面に立たされた。

この危機に対処するため、ベルナール・タピは処分特売に打ってでた。ホルスト・ダスラーが副業的に築き上げた一連の会社は、年末までに売却されることになった。ホルストの子どもたちの落胆は大きかったが、〈オーベルジュ・ド・コッヘルスベルグ〉、アリーナ、それにポニーもすべて売却の対象とされた。

なかでも最大規模のルコックスポルティフについては、レネ・イェギがデサントとの協議に入った。デサントはアディダスの日本でのライセンスを持つ企業で、アジア及び太平洋地域における権利も取得したがっていた。帳尻を合わせてベルナール・タピの体面を保つためにも、レネ・イェギはクリスマス休暇の最中にアラスカに飛ばなければならなくなった。

アンカレッジでの会談は、ちょっとした喜劇と化した。イェギとデサントの幹部たちは、酒場で、アラスカの地元民同士の大喧嘩に巻きこまれたのだ。その晩なんとしても取引をまとめたかった両者は、「ビール瓶が飛び交う」なか、「世にも醜い形相」を見せつけられながらも店に居座った。それでもどうにか全員無事に乗り切って、日本語が堪能なアディダスの社長は豪勢なみやげを持ち帰ることができた。五六〇〇万ドイツマルクの小切手である。これがあれば五二〇〇万ドイツマルク近い純利益を計上して帳簿を閉めることができる。ベルナール・タピは、しばしの猶予を与えられたのだ。


そのほんの数カ月後、タピはさらなる窮地から抜け出そうともがいていた。五億フランスフランの回収のため、銀行家たちが控え室に座る日が近づいていたのだ。アディダスの買収時に取り決めたローンの第一回目の返済期限を八月に控え、タピの金庫は相変わらずがらんとしていた。そこへ今回救済に現れたのが、スティーヴン・ルービンだった。

ルービンはリバプールでの子ども時代、靴をおもちゃにして育った。ポーランド生まれの両親ミニーとベルコは、その地でリバプール製靴会社を創業していた。一人息子のスティーヴンは一九六九年に家業を引き継ぐと、社名をペントランドに改めた。イギリスの靴産業は破綻したが、ルービンは抜け目なく極東の国々に生産拠点を開拓し、ペントランドを首尾よく投資証券会社に変貌させたのである。

もじゃもじゃの白髪頭で、蝶ネクタイを好んで着けるルービンは、イギリスのエリート実業家たちのなかでも異彩を放っていた。慈善家としても知られ、様々な社会事業に寄付を行い、極東の特に貧しい国々での教育の必要性について熱弁を振るっていた。

だが、一九八一年に転機が訪れる。リーボックのアメリカでの生産販売のライセンスを取得した駆け出しの事業家、ポール・ファイアマンの売り込みを受けたのだ。ルービンは七万七五〇〇ドルで、ファイアマンの会社の株式の五五パーセントを買い取った。三年後の一九八四年、ファイアマンのビジネスは急成長を遂げた。そこでファイアマンは、イギリスにあったリーボックの親会社を買い取って、株式会社リーボックを設立した。つまりはスティーヴン・ルービンも、数十億ドル規模の企業の大株主になったわけだ。

とはいえ八〇年代後半になると、リーボックの規模が拡大し、このイギリス人株主の影響力もすっかり薄れていた。「〝尻尾に振り回される犬〟になってしまいました」と、ルービンは説明する。そこで彼は、リーボックから手を引くことにした。一九九一年に株式の売却を終えると、七億七七〇〇万ドルの純利益が手に入った。ルービンの言葉を借りれば、「ぼろ儲け」ということになる。

銀行への返済期限が迫るなか、ベルナール・タピはルービンの富を神の恵みと当て込んだ。さっそくこのイギリス人と交渉を開始し、アディダスの株の一部を売却したいと申し出た。札束の山に座っていたルービンは、この話に飛びついた。アディダス・ブランドは相変わらず産業界のトップたちから一目置かれる存在であり、業績も回復するはずだとルービンは確信していた。

一九九一年八月七日、二人は契約書にサインし、有限会社ＢＴＦのタピの持ち株は一〇〇パーセントから五五パーセントに減少した。この株式の再編により、スティーヴン・ルービンは、ＢＴＦの株式の二〇・〇五パーセントを七〇〇〇万ユーロで取得することとなった。フランスの銀行や保険会社は、タピの債務の一部をアディダス株に転換することに同意した。銀行と保険会社がＢＴＦの株式を合わせて二〇パーセント保有し、五パーセントがジルベルト・ボーの手に渡った。

ところがルービンは、タピの切羽詰まった状況につけこんで、さらなる利益を手に入れたのである。まずは、フランスの機関投資家からＢＴＦの株式の五パーセントを買い増しした。これでこの男はとりあえず、二五・〇五パーセントの株式とそれに付随する議決権を手に入れ、アディダスの取締役会に参加して、増資などの「重要な決定」を阻止することができるようになった。

この契約にはもう一つ、さして目立たないものの重要な条項が加えられていた。ペントランド社の記者発表文にも、埋もれてしまいそうな短い一文が盛り込まれていたのである。「有限会社ＢＴＦとペントランド社は、互いの持ち株に対して先買権を有する」言い換えれば、ベルナール・タピがアディダスの株を売りたくなったときは、まずペントランド社に話を持ちかけなければならないということだ。

このイギリス人は、本格的なアディダスの買収を明確に見据えて、最初の一手の投資を行ったのだ。「リーボックはただの前菜。メインコースはアディダスだ」ルービンは豪語した。

おかげでベルナール・タピは、のちにさんざん非難を浴びることになるのだが、この時点では小さな活字になど注意を払っていられなかった。何より重要なのは、一回目の返済を何とか乗り切れたことだ。これでまた窮地を凌《しの》げた。そう思えたのも束の間のことだったのだが。

第二十二章

はったりの応酬

電話が鳴ったとき、レネ・イェギはスペインのマルベーリャのテラスでくつろいでいた。電話はベルナール・タピからで、すぐに会いたいとのことだった。このアディダスの最高幹部は、週末くらいゆっくり休ませてほしいと抗議したが、タピは引かなかった。「決して後悔はさせないから」そう言うのである。

その数カ月、タピは問題を抱えつつも傍目には圧倒的な勢いで、フランス政界での出世の道を突き進んでいた。最良のときを迎えたのは、一九九二年四月二日の夜一一時前のことだった。大統領府エリゼ宮の事務局長が宮殿の階段に立ち、新内閣の閣僚名を読み上げたのだ。ベルナール・タピ氏は、都市問題担当相に任命された。ミッテラン大統領は、タピの名が有産階級や強硬派の社会主義者たちに波紋を広げるだろうとほくそえんだ。

タピは豪華な大臣の椅子に座って涙したと報道された。そして友人を呼び集めてシャンデリアを間近で見せてやったという。無学な戦士にとって、それは最高の栄誉だった。この地位を手にするために、新たな職務の妨げになりうる活動は何であれ手放すことに同意したのだが、その筆頭がアディダスだった。二年足らず前までは、アディダスは彼にとって「一世一代の取引」だったが、サッカー競技場のＶＩＰ用ラウンジでさえ、閣僚の座の魅力には叶わなかった。

けれども、至福のときは長続きしなかった。大臣の職務に慣れる間もなく、一連の不祥事に見舞われたのだ。まずは、閉鎖を予定していたアルザスのアディダス工場の従業員が、タピの執務室の面前でデモ行進するぞと脅しをかけてきた。次に、タピが所有するサッカーのクラブチーム、オランピック・ド・マルセイユが金融スキャンダルに巻きこまれた。だが最大の打撃は、アディダスとは無縁の元共同経営者、ジョルジュ・トランシャンとの争議に関連して、フランスの裁判所に告訴されたことだ。フランスの大勢を占める政治倫理のもと、捜査への影響力を確実に排除するために、政府の役職を離れなければならなかった。タピはわずか四八日の在任期間で、一九九二年五月二三日、辞任に追い込まれたのだ。事業を売却して法律問題にけりがつくまで、復帰は許されなかった。

凱旋門にほど近いフリードランド通りに面したBTFのオフィスにイェギが到着すると、四面楚歌のこのフランス人は、単刀直入に切りだした。イェギが金を集められるのなら、アディダスはイェギのものになる、と。自分の保有する有限会社BTFの五五パーセントの株式と引き換えに、少なくとも四億五〇〇〇万ドイツマルクは欲しいと言う。会社全体の資産価値を八億八〇〇〇万ドイツマルク相当と試算しての提案だった。

レネ・イェギは大喜びだった。四年以上前にアディダスの指揮権を握って以来、少しでも旨みをつかみ取ろうと画策してきたのだ。それはまさに夢の実現だった。タピのアディダス買収直後は一〇パーセントの株式取得権の確約を得て、上々の滑り出しに見えたものの、この契約がいつも二人の揉め事の火種となってきた。一九九二年一月にはとりわけ激しくやり合い、イェギが年末をもって退社すると発表して記者たちを驚かせた。ところが、この週末にパリでタピが申し出た提案は、たまらなく魅力的な話だったのだ。

タピがいつもの熱心な口調で語るところによれば、レネ・イェギに失うものは何もなかった。最高経営責任者として、この大規模な自社株買い占めに成功すれば、映画『企業買収　２５０億ドルの賭け』［訳注：原作の邦題は『野蛮な来訪者─RJRナビスコの陥落』］のヨーロッパ版続編の主人公になれる。夢にまで見た会社を支配し、巨万の富を手にできるのだ。失敗しても、当初の予定どおりアディダスを去ればいいのだし、相応の報酬も支払われるという。タピは、これまで引き渡さなかった株券の埋め合わせに、かなりの額を保証したのだ。今回イェギは万全を期して、この約束を契約書に残した。

この経営者による自社買収がどう転んでも、ベルナール・タピにとっては最善の策にほかならなかった。イェギが本当に買い取りに必要な資金を集められるなら、それはそれで構わない。同様に興味深いのは、経営者による株式買い占めで、スティーヴン・ルービンが早急に対応せざるを得なくなることだった。

抜け目ないこのイギリス人は、いまだにタピの株に対する先買権を保持していた。何カ月も息をひそめて、買いどきを辛抱強く待ち続けていたのだ。「タピとの取引で使った戦術の一つは、ゆっくり構えて待つことでした。彼が墓穴を掘るのは目に見えていましたから」と、ルービンは説明する。しかし、経営者がアディダスの買収に動き出したとなれば、ルービンも待機戦術を捨て、これに対抗する買い注文を出さなければならないはずだった。

タピはせっかちに、イェギのほうはややぼんやりした様子ですぐさま握手を交わすと、電話のそばに腰を降ろして、ルービンに連絡した。こうして、アディダスをめぐる、数週間に及ぶ三つ巴のポーカーゲームが始まったのだ。

電話の向こうでは、スティーヴン・ルービンが唖然としていた。「波風を立てるのはよしなさい」そうイェギに答えた。ルービンはそれまで、このアディダスの社長を味方だと考えていたのだが、間違いなく自分の利益と一致しない買い付けを言い出したのだから、その思惑が理解できなかった。「レネ、君と一緒に原子力潜水艦に乗るような真似はしたくないのだよ」ルービンは続けた。「そんな落ち着きのない男が舵をとっていては、いつ第三次世界大戦が起こるか知れたもんじゃない」

イェギはベルナール・タピにせっつかれながら、続けてロンドンの投資銀行家ジョン・ボッツに電話をかけた。すでに二年前からアディダスのことを嗅ぎまわっていたボッツは、次の便に飛び乗ってパリに来ると言うので、経営者買収の資金繰りについて話し合うことになった。イェギはその晩、タピがパリのオフィスにしつらえた簡易ベッドの上で、ほとんど眠れずに過ごした。

翌日ボッツが到着すると、資金調達の見積もりに入った。ボッツは、イギリスの機関投資家からかなりの額を調達できるという自信を持っていた。イェギは、当時アディダス・アメリカの社長だったピーター・ユベロスと、日本の友人たちが喜んで話に乗ってくれるだろうと考えた。万事うまく運びそうに思えた。

ベルナール・タピとレネ・イェギのあいだで、経営者の自社株買い占め（ＭＢＯ）が検討されているという話は、すぐに知れ渡ることとなった。ジョン・ボッツとアディダス社長のイェギ、その部下の数名は、コードネーム「ユノ」［訳注：ローマ神話の女神の名］と名づけられた自社株買い占め案の分厚い目論見書を持って、数週間にわたる投資銀行家まわりに出発した。

アディダスの再建に向けて苦心していた幹部の多くは、新たな騒ぎに愕然とした。自分たちの会社をめぐる動きがまたしても慌しくなり、しかも、ヘルツォーゲンアウラッハにいてもらわなくてはならない最高経営責任者自身がその渦中の人となって、会社を買い取るために一〇億ドイツマルクを集めると吹聴しているのだ。一九九〇年三月二〇日に予定されていた記者会見が、何の説明もなく延期されたことで不安はさらに高まり、ありとあらゆる憶測が飛びかった。

ジョン・ボッツが考え出した資金計画は、その数年アメリカの実業界を揺るがしていた、自社株の大規模なレバレッジド・バイアウトをヒントにしたものだった。この計画はすべて、数年来取り組んできた再建策の効果で、アディダスの収益が確実に上がっていくことを前提としていた。問題は、綿密に練り上げたプロジェクト・ユノも、もしルービンが先買権を行使すると決めたら、あっというまに吹き飛んでしまう点だったが、このイギリス人ははったりをかましているだけだと、ボッツは踏んでいた。

一九九二年六月二五日、レネ・イェギは、ベルナール・タピに買い取りを申し入れたことを興奮気味に宣言した。タピは、アディダス全社の資産価値を一〇億ドイツマルク相当と評価した申し入れであることを確認し、五日後の六月三〇日、アディダスの年次株主総会の日を期限に定めることを強調した。

それでも、スティーヴン・ルービンが慌てて電話をかけてくることはなかった。ペントランド社から何の反応もないまま五日後の火曜日が過ぎると、期限は念のため金曜まで延長されることになった。アディダスの従業員たちは、週末まで不安な思いで待ち続けた。土曜日の新聞を開いて、まだスティーヴン・ルービンによる対抗買いの注文が出されていないことを知ると、経営陣の勝利が見えてきたかに思えた。だがそのときにはとっくに、プロジェクト・ユノの目論見書はベルナール・タピのゴミ箱の中に埋もれていたのである。

ジルベルト・ボーが部屋に入ってきた瞬間に、スティーヴン・ルービンは長い夜になることを覚悟した。ボーはベルナール・タピの命を受け、株の売却を処理するためにロンドンに送りこまれてきたのだ。ジミー・ゴールドスミスの右腕として鳴らしたボーは、したたかな交渉術を身につけていた。どうやらその得意技は、翌日の朝まで交渉を長引かせて、相手がへとへとになって折れるのを待つことらしかった。

話し合いは二日二晩続いた。アディダスの従業員がルービンの出方を計りかねていた頃、本人はとうに交渉の席に着いていたのだ。残念ながら、イェギの買収宣言によってただちに行動を起こさざるを得なくなったわけだが、アディダスを逃すつもりは毛頭なかった。

交渉が始まると、ジルベルト・ボーは恐るべき根気を見せたが、ルービンのほうも負けず劣らぬ几帳面さで対抗した。この話し合いの結果は、一九九二年七月七日の午前七時、目を充血させた弁護士団から発表された。スティーヴン・ルービンがアディダスの新しいオーナーになることが決定したのだ。有限会社ＢＴＦの株の二〇パーセント強を一年前に取得していたこのイギリス人は、残りの八〇パーセントを六億二一〇〇万ドイツマルクで買い取ることとなった。

このニュースは、ヘルツォーゲンアウラッハでは大きな安堵とともに受け止められた。その数年、アディダスはつねに資金難にあえぎ、不名誉な話題で新聞の見出しを飾り、不安な日々を過ごしていたが、その運命が信頼できる経験豊かな起業家の手に託されたのである。

アディダスの監査役会の一員となってから、ルービンはこの会社の問題点を十分に承知していた。だが、その問題に対処できる自信もあった。結局のところ、アディダスについて回る弱点とは生産コストが高いことで、その削減こそペントランド社の得意分野だったからだ。しかも、このイギリス人のマーケティング手腕は、これまで関わった他のいくつかのスポーツブランドでも証明済みだった。リーボック株を売却した後、アディダスが放出したポニーを取得し、LAギアの株も持ち、その他にもエレッセやスピードなど、有名ブランドの権利を手にしていた。

ジルベルト・ボーとの深夜にまで及んだ交渉により、一〇月中旬の正式譲渡に向けて、三カ月の監査が付されることになった。法律を学んだスティーヴン・ルービンは、買収に際して細心の注意を払うことで知られていたが、監査はほぼ円滑に進むと見られていた。

会社買い取りの小切手がまだ振り出されていないにも関わらず、一部の経営幹部たちは早くもルービンに業務報告を行うようになった。それぞれマーケティングとコミュニケーションを担当するボブ・マッカロクとトム・ハリントンは、定期的にロンドンに飛び、戦略を話し合った。マッカロクは、スティーヴンの息子でマーケティングを専門とするアンディ・ルービンと何週間かオフィスを共有した。アクセル・マルクスは、ペントランド社の最高財務責任者、フランク・ファラントにオフィスの一部を明け渡さなくてはならなかった。

この状況は、一九九二年七月に開催されたバルセロナ・オリンピックの場で、少しばかり混乱をもたらした。イェギとルービンが二人ともバルセロナ入りしたため、客にも選手たちにもどちらが会社の代表者なのか判然としなかったからだ。数週間後、ミュンヘンで開かれた国際スポーツ用品・ファッション専門見本市（ＩＳＰＯ）でも同様のとまどいを生じさせた。レネ・イェギは、わざわざルービンを会社の次のオーナーとして紹介したが、多くの人々はまだ、彼がその場にいることに違和感を覚えていたのだ。

ところが、三カ月の監査はヘルツォーゲンアウラッハにも根深い反感を生みだした。七月に、アディダスの幹部たちはペントランド勢に気持ちよく門戸を開いたのだが、オフィスが数カ月も占拠されるとは思ってもいなかった。ヘルツォーゲンアウラッハに降り立った弁護士と会計士の一団は、帳簿を徹底的に調べ始めた。六〇人ほどの人間たちが生産工場をめぐり、世界中の販売業者や提携業者を訪ね歩いたので、アディダスの一部の幹部たちにとっては、「そこらじゅう嗅ぎまわられている」気分だった。それでも、スティーヴン・ルービンは依然として、会社を買い取るための小切手にサインをしなかった。

九月になって、ルービンが約五〇〇〇万ドイツマルクの値引きと監査の延長を求めてきたとき、ベルナール・タピをはじめとする株主たちは恥を忍んで受け入れた。二度目もタピは要求を呑むつもりだったが、他の株主たちは断固立ち向かうことを決めた。すでに大幅な譲歩をしたはずだったからだ。タピがアディダス買収の際に借りたローンの残りの返済期限は八月だったのだが、ルービンから支払いを受けなければ返済できなかったので、クレディ・リヨネ銀行とフェニックス銀行が、気前良くつなぎ融資を持ち掛けてくれた。しかし、我慢もこれが限界だった。パリのオテル・ナポレオンでの会議で、これ以上アディダスの価値を貶《おとし》めてはならないということで意見が一致した。

タピの個人的アドバイザーのジルベルト・ボーも、これに文句なく同意した。アディダスの士気を落とした監査の手法にボーは腹を立てていた。ペントランドは上場企業なので、アディダスについて徹底的に調査しないわけにはいかないのだ、とルービンは主張した。彼はこのフランス人女性のしたたかな態度にうんざりして、「とんでもない疫病神」と見るようになっていた。一方、ボーにとってペントランド社の人々は、「買い叩くためにわざと会社を揺さぶる、鼻持ちならない連中」だった。

監査の期日をちょうど一週間後に控えた一九九二年一〇月五日、事態は山場を迎えた。ルービンの代理から、ロン・ポワン・デ・シャンゼリゼにあるボーの個人事務所に電話があり、弁護士がまた新たな問題を見つけたと伝えてきたのだ。ベルナール・タピによるアディダス株の取得手続きに、若干の不備があったという。ルービンがドイツ法廷の認可を受けるためには、さらに二カ月を要するとのことだった。

ボーは、アディダスが急速に回復に向かいつつも危機的な財政状況にあることをわかっていただけに、いらだちをよけいに募らせた。ルービンとの取引成立を前提に、アディダスを支援しているほとんどのドイツの銀行が与信契約を延長し、その額をわずかながら引き上げることを承諾していた。だが、もしルービンとの取引がご破算になるようなら、即刻手を引くことも言い渡されていた。早期の業績回復を信じる人々はみな、ルービンの先見の明のなさのせいで台無しになることを恐れて、神経をいらだたせるばかりだった。

ついにルービンに腹を据えかねたジルベルト・ボーは、このまま踏みつけにされてたまるものかと行動を起こした。銀行と株主が数日中にも会社の命運を決める会議を召集することになっていたので、すぐにも答えが欲しかったのだ。そこでボーは銀行の全面的な支援を取り付けた上で、一〇月一四日水曜日の深夜零時までにアディダスに関する最終決定を下すよう、ルービンに最後通牒《つうちょう》を突きつけた。

その晩、フランスとドイツの銀行家たちはパリのボーの事務所に寄り集まって座り、電話が鳴るのを待ちかねていた。しかし、誰もが驚いたことに、電話は鳴らなかった。一〇月一五日木曜日、ペントランド社は、アディダス買収の手続きを打ち切る声明を発表した。「調査の結果、ペントランド社が事前に把握していなかった問題が数多く発見された」と不吉な言葉をつけ加えながら、それ以上の説明はしなかった。

ジルベルト・ボーは激怒した。スティーヴン・ルービンの買収提案の撤回は、ベルナール・タピと会社にとって大きな打撃に違いないが、その声明によって、事態はもっと悪化したのだ。結局、スティーヴン・ルービンはアディダスの売却を三カ月間封印した上、他の買い手候補を怖気づかせるようなことをほのめかして放り出したわけである。ジルベルト・ボーは、アディダスに後ろめたい隠し事などないと断固抗議し、ルービンは会社をもてあそんで格安に買い叩く山師だとして痛烈にこき下ろした。

ルービンはデュー・デリジェンス（買収対象企業の財務調査）によって明るみに出たとされる問題点について明言を避けたため、憶測が飛びかった。アントワープの倉庫で大量の在庫が見つかったという噂も流れた。一九九二年の夏に、ドイツマルクに対するポンドの価値が大幅に切り下げられたことから、ルービンが撤退したと唱える者もいた。アディダス買収を控えて、ルービンは七月に多額のドイツマルクを獲得していたのだ。為替レートの上昇により、この期間の変動だけで相当な利益を上げていた。さらには、ちょうどその頃、ネオナチの一連の攻撃によってドイツ国内が揺らいでいたからという説もあった。母親のミニー・ルービンは、ユダヤ系の起業家である息子がドイツで従業員の解雇を行う立場となって、非難にさらされることを恐れていたのだ。

何年も後に、スティーヴン・ルービンは、取引が成立しなかった理由の一つは、ジルベルト・ボーの妥協のない態度にあったと反論している。「あれははったりとはったりの応酬で、彼女はお利口過ぎたんだ」。一方でこのペントランド社の会長は、財務調査では何ら深刻な問題は見つからなかったことも認めている。「アディダスの内情など、いっさい関係なかった」ルービンは言う。「私の思うようにやらせてくれたなら、そのまま買収を進めていただろう」

それから三日のあいだ、ジルベルト・ボーは、最後の頼みの綱が絶たれるのを目の当たりにした銀行家たちと厳しい協議に入るため、準備を進めた。

ミュンヘンのホテルのどんよりとした会議室で、この白髪のフランス人女性は、一五人ほどの険しい表情のドイツ人銀行家に囲まれていた。みなドイツ最大手の金融機関の上級幹部で、アディダスには多額の資金を投入していた。気の毒なダスラー姉妹とはきわめて寛大につき合い、べルナール・タピにもじっと耐えてきた。そして、ペントランド社との一件をへて、多くの銀行家は損失を食い止めるときが来たと考えていた。

ところが、ジルベルト・ボーは怖気づくどころか、自信と確信をみなぎらせて口を開いた。アディダスの最高財務責任者のアクセル・マルクスは以前からこのフランス人女性を高く評価していたが、その日のミュンヘンでの姿にはいつもにまして圧倒された。ボーは重役たちとの討議をもとに算出した数字を示し、もう数カ月の猶予を与えてほしいと懇願した。確かに会社はどん底へ下降し、年間売上げは少なくともさらに一〇パーセントは落ち込むと見られていた。それでもボーには、じきに持ち直すという絶対の自信があったのだ。

テーブルについた銀行家のほとんどは、アディダスの資金繰りがどれほど逼迫《ひっぱく》しているのかを理解していなかった。社内では、一〇月の給料を払うことすら難しいとの噂が駆けめぐっていた。むろんアクセル・マルクスは立場上よくわかっていたが、それは紛れもない事実だった。会社には〝流動資産は全くない〟のである。そして、ミュンヘンで銀行の同意を取り付けられなければ、会社の与信枠はあと二週間ともたない状況だった。

銀行家との会議の直前、マルクスは最悪の事態に備えて、アディダス・ドイツの当時の販売部長ヘルベルト・ハイナーのオフィスに立ち寄った。「もし一〇月の給料が払えなかったら、ドイツの顧客はどう思うかな?」ハイナーは驚きのあまり、すぐには言葉が出なかった。「それはかなりまずいことになるだろう」

ジルベルト・ボーは、フランスの銀行、クレディ・リヨネとフェニックスの支援をすんなり取り付けた。フランスの銀行家たちはアディダスを割引価格ではスティーヴン・ルービンに売らないという条件を呑んでいたので、先頭に立って救済に当たらないわけにはいかなかったのだ。ミュンヘンでの会議で、ボーは土壇場の協力を願い出た。クレディ・リヨネ銀行はすでに相当額を投資している身として、とにかくドイツの銀行家が無事に脱出できるよう尽力することを約束した。

決定的な後押しをしてくれたのは、バイエルン社団銀行会長のディートリッヒ・ケールホーファーだ。アディダスの監査役に名を連ねるケールホーファー会長は、ジルベルト・ボーにいたく感心していた。ボーの嘆願を聞き終えると、他のドイツの銀行家を脇に集めて、フランスの銀行家が再び買い手を探し出すまで、アディダスを守り切ろうと説得したのだ。

慎重なドイツの銀行家たちは席に戻ると、ボーの願い出を承認した。フランス側と歩調を合わせて、さらなる資金投入を行うことに同意したのだ。より恒久的な指導者が見つかるまで、ジルベルト・ボーが最高経営責任者に就くことになった。

ヘルツォーゲンアウラッハでは、救われたという安堵の気持ちと、不信感の混じった複雑な反応が表れていた。レネ・イェギが約束されていた多額の報酬を手に会社を去り、マダム・ボーが最高責任者の座に就いたのだ。若者層を惹きつけるブランドのクールさを取り戻そうと躍起になっているところへ、上品な装いに白髪をぎゅっと古風に束ねた、およそトレーニングシューズなど履いたことがなさそうなフランスのご婦人がやって来たのである。「私の祖母だとしてもおかしくない女性でした」活気みなぎる若手幹部の一人は言う。

ところが、この不安はたちまち払拭された。ボーと仕事で密接にかかわればすぐに、その鋭さに驚かされた。彼女の強烈な個性は、コルシカ島で育った子ども時代に遡る。父親を亡くし、子どもの中で一番年長だった彼女は、早々と学校教育を離れて母の手伝いを始めたのだが、その傍ら夜間学校に通学し、銀行学の学位を取得した。そして、弱冠一六歳でセリグマン銀行の事務員となると、その後はたちまち出世の階段を駆け上り、ついには国際部の部長にまで上り詰めたのだ。

ジルベルト・ボーの加入で、アディダスの幹部は会社をしっかり舵取りできる鼻っ柱の強い指導者を得た。ボーを疑いの目で受け入れた若手幹部たちもまもなく、「ジルベルトは報告書をちゃんと読んでくれる」し、「難しい決断をも恐れない」ことに気づいた。人員削減と再構築策を精力的に推し進めるうち、ボーは、ヘルツォーゲンアウラッハで最も頑固で強靭な男たちからも敬意を払われるようになった。

同時にボーは、ベルナール・タピとフランスの銀行がアディダスから抜け出せるように、投資家を探す努力も怠らなかった。銀行家たちはひっきりなしに呼び出され、ボーがゴールドスミスのもとで蓄えた分厚い名簿から選び出した買い手候補と面談した。アディダスの幹部たちは、香港、日本、北米などからやって来た金持ちの実業家に次々に売り込みを図ったが、餌に食いつく者はいなかった。

パリでは、ベルナール・タピが気をもんでいた。かつての事業パートナーのジョルジュ・トランシャンに横領罪で告訴された一件は解決していた。今やオーク材で化粧張りされた大臣執務室への帰還を阻むのは、ベルナール・タピ・フィナンセスと、同社が保有するアディダスの過半数株だけだった。スティーヴン・ルービンの撤退で打ちのめされたタピは、銀行家や財務省をせっついて、新たな買い手を見つけ出そうとした。ボーが持ち掛ける候補者との交渉もつぶさに見守っていたが、有望な投資家のリストがしだいに狭められていくにつれ、落胆はますます大きくなっていった。

フランスの銀行は焦りのあまり、スティーヴン・ルービンとの交渉を再開しようとすら考えた。しかし、このペントランド社の会長は完全に手を引くことを決め、残りの二五・〇五パーセントの株も一一月末には売却した。銀行はアディダスと手を切ることに失敗したばかりか、タピのつけでさらに一億四七五〇万ドイツマルクを投入して、また少し踏み込んでしまった。そしてまたしても、とんでもない計画を画策し始めた。こうして、名役者が勢揃いの派手な騒動が繰り広げられることになったのだ。

第二十三章

投げ売り

一九九三年二月の冷え込む夜更け、パリの凱旋門の裏手で終夜営業している〈ブラッスリー・プレスブール〉で、二人の男が楽しげにステーキに食らいついていた。その角を曲がったフェニックス銀行の高級感あふれるオフィスでは、弁護士と銀行家の一団が、この二人の男をアディダスのオーナーとすべく複雑な契約書の最後の仕上げにかかっていた。とはいえ、この二人には細かな説明など無用の長物だった。欲しいものはもう手に入れたのである。アディダスはすでに二人のものも同然だった。

ロベール・ルイ＝ドレフュスとクリスチャン・トゥールは、鮮やかな手際を見せた。その数カ月、銀行家たちは次から次へと要求を呑まされていた。そしてベルナール・タピと一刻も早く手を切りたいがために、身の毛もよだつ契約を作り上げてしまったのだ。この二人組にとって、リスクは無きに等しい取引だった。

二人にアディダスの買収話が転がりこんできたのは、三カ月ほど前のことだった。一九九二年一一月七日、アディダスの救済にあたった銀行の一つ、フェニックス銀行の総支配人ジャン＝ポール・チャンは、土曜の朝をつぶして、ジルベルト・ボーのアパートメントで、今回はカナダ人の投資家と面談していた。ところが話し合いはいっこうに埒《らち》が明かず、チャンはしだいに気もそぞろになっていった。そして、ノートを小さくちぎると、「ロベール・ルイ＝ドレフュス」と書きつけて、隣席のアンリ・フィロに手渡した。

アンリ・フィロはクレディ・リヨネ銀行の投資銀行部門、クリンヴェストの社長として、アディダスの投資家探しを指揮しており、候補者名簿にどっぷり浸かった日々を送っていた。この銀行は、事実上破産したベルナール・タピになお一一億フランスフラン以上を貸し付けているうえ、アディダスの株式の一〇パーセントをも抱えこんでいた。そこで何とかアディダスの売り込みを図っていたのだが、行く先々で断られてばかりだった。

その土曜の朝の面談を切り上げると、ジャン＝ポール・チャンはロベール・ルイ＝ドレフュスという人物について説明した。ルイ＝ドレフュスは、銀行証券業のみならず、船、シリアル、武器まで扱う、フランス有数の一大富裕企業グループの跡取りなのだが、一族の中ではずっと厄介者と見なされてきた。ハーバード・ビジネス・スクールで学び、アメリカの投資銀行エス・ジー・ウォーバーグにしばし籍を置いた後、ルイ＝ドレフュス・グループで数年を過ごした。だが、同族経営の複合企業で出世の階段を上るのは耐えられないことをすぐに悟り、健康市場の調査を専門とする小さな会社、IMSに入社した。結束の固いIMSの社員の中には、同じフランス人のクリスチャン・トゥールがいた。ルイ＝ドレフュスが入社した一九八三年当時、IMSの資産価値は四億ドルと見積もられていた。それが五年後には一七億ドルで売却され、二人のフランス人はともに十分な資産をこしらえて引退したのだ。

以上が、一九八九年暮れにサーチ兄弟が電話をかけてくるまでの、ルイ＝ドレフュスの一通りの経歴である。モーリスとチャールズのサーチ兄弟の広告代理店、サーチ&サーチ社は貪欲な買収を幾度か繰り返した後、停滞期に陥り、仕切り直しのために新たな経営責任者を求めていた。ちょうどルイ＝ドレフュスも、退屈を感じ始めていたところだった。「友だちはみんなまだ働いていたから、つき合ってくれませんしね」と、ルイ＝ドレフュス。頬は弛《ゆる》み、くしゃくしゃの巻き毛頭で太い葉巻をくわえた姿は、金持ちの芸術愛好家といった風情である。かっちりとした装いのイギリスの銀行家たちは、靴も履かずにくつろいだ様子のこの会長に迎えられ、眉をひそめた。サーチ兄弟に紹介されてからまもなく、この男は町でも指折りのポーカーの名手として知られるようになった。その人物像を語るには、愛車のプジョー205、昼食にむさぼり食うサンドイッチ、それに、キム・ベイシンガーをデートに誘い出した逸話も欠かせない。

ジャン＝ポール・チャンは何年も前に、パリでルイ＝ドレフュス銀行の重役をしていたロベール・ルイ＝ドレフュスに会っていた。その後、フランスのある梱包資材会社の監査役を務めていた、当時五五歳のクリスチャン・トゥールとも知り合った。とはいえ近しい関係ではなかったので、ある晩この銀行の支配人が自宅に電話をかけてきたとき、トゥールはいささか驚いた。

むろん、トゥールも、ベルナール・タピが所有する不振のスポーツ用品会社アディダスの話は新聞で読んでいた。関わりは持ちたくない会社だった。銀行が買い手を見つけられずにいること、タピにつきまとう数々のスキャンダルなど、問題が広く報じられていたからだ。それでもトゥールは、事業パートナーと検討してみることを請け合った。

ルイ＝ドレフュスの反応は今一つだった。齢五〇になる彼は、サーチ&サーチ社を退いた後はもっと気楽な管理職に就きたかったのだ。確かに、この男が単に給料のためだけに、多くの人間が断ったアディダスに身を投じるとは思えなかった。クリスチャン・トゥールもルイ＝ドレフュス自身も、さして仕事が必要なわけではない。銀行がかなりの株式所有権の分与を提示しない限り、二人は真剣に話を聞く気にはなれなかった。

それでもかまわず、ジャン＝ポール・チャンは一週間後、ロンドンでルイ＝ドレフュスとトゥールを夕食に招待した。そこで、二人をクリンヴェスト社長のアンリ・フィロに引き合わせたのだ。フィロはメイン料理が運ばれてくるより先に、チャンの選択は正しいと確信した。ルイ＝ドレフュスとトゥールこそ、求めていた人材だった。フィロはためらうことなく、相当量の株式の譲渡を持ち掛けた。

二人の銀行家にせかされて、ルイ＝ドレフュスはスポーツ市場を入念に調査してみた。アディダス・ブランドの問題の大きさを確かめるため、スティーヴン・ルービンの財務調査で作成された分厚い報告書を三日かけて読み通した。ところが、ルービンが一〇月にアディダスの買収中止の理由に挙げた、「数多くの問題」にあたるものはどこにも見つからなかったのだ。

ルイ＝ドレフュスとトゥールは交渉を進めるにあたって、ベルナール・タピを話し合いから外すことを要求した。だが、お騒がせ屋のこのオーナーは、一九九二年一二月一六日、クレディ・リヨネ銀行との清算合意を発表して、表舞台に舞い戻ってきた。政界復帰の足固めとして、その契約にはベルナール・タピ・フィナンセス（ＢＴＦ）の解散が定められていた。一九九三年二月一五日までに、有限会社ＢＴＦの七八パーセントの株式を売却しなければならないというのである。さらに、交渉の余地を狭めるため、タピ保有の株式の評価額を、すでに撤回されたルービンの買収提案額に準じて、二〇億八〇〇〇万フランスフラン相当とすることで合意されていた。

タピの奮闘は報われた。クレディ・リヨネ銀行との清算合意からちょうど一週間後、都市問題担当相に復帰を果たしたのだ。この契約内容が広く詳細に報じられたことは、ルイ＝ドレフュスとトゥールにも同様に恩恵をもたらした。これで銀行家たちは、二一二億フランスフラン以上は請求できないうえ、発表された期日までになんとしても取引を成立させなければならなくなったのだ。

ポーカーの名手であるルイ＝ドレフュスは、あらゆる機会に乗じて銀行家たちに圧力をかけ続けた。タピが定めた期日まで一カ月を切ったとき、ジャン＝ポール・チャンのファクシミリがロベール・ルイ＝ドレフュスからのメッセージを吐き出した。驚いたことに、そこにはアディダスの取引を完全に中止すると記されていた。いとこのジェラールからの要請を受けて、ドレフュス・グループのトップに就くことにしたという。「その頃にはもう他の選択肢を探すのはやめていました」ジャン＝ポール・チャンはため息をつく。「ルイ＝ドレフュスとの交渉に失敗すれば、また一から出直さなければなりません。タピが指定した期日まで六週間もなく、手元にあるのは断られた人たちの長いリストだけでした」

慌てふためいて電話をかけると、ジャン＝ポール・チャンはアンリ・フィロを伴って次の飛行機に飛び乗り、ルイ＝ドレフュスが週末を過ごすチューリッヒに向かった。その自宅を訪ねて、所狭しと並ぶスポーツ関係の記念品を目にしたとき、二人はルイ＝ドレフュスを引っぱりこむ決意を新たにした。「壁という壁が、伝説的な試合や選手のスナップ写真で埋め尽くされていたのです」と、チャンは振り返る。二人はルイ＝ドレフュスが再考に応じるまで、ひたすら頼み込んだ。その条件とは、取引が成立した場合には、ルイ＝ドレフュスとその友人たちにアディダスの全権を委ねるというものだった。

例のファックスは磨きぬかれたいつもの一手で、以来、週を重ねるごとに、ルイ＝ドレフュスとトゥールの手法は巧妙を極めていった。「私は何にでもケチをつけるあら探し役です」クリスチャン・トゥールは言う。「ロベールのほうは、淡々としていながら基本的には善人の投資家役で、必ず仲介に入るという寸法です」。この取引から一〇年以上を経ても、そうして二人が勝ち取った譲歩については物議を醸している。

パリ屈指の高級地区、クレベール通りに面したフェニックス銀行の六階で二日二晩にわたって交渉が続けられ、この取引はようやく合意に至った。ルイ＝ドレフュスとトゥールがかなり遅い夕食をとりにビルを出たのは、二日目の深夜だった。買収交渉に関わった多数の弁護士、銀行や二つのオフショアファンドの担当者たちは、そのまま残って作業を続けた。

二月一一日木曜日の午前七時、契約内容がようやくまとまり、交渉にあたった人々のほとんどが休息をとりに部屋をあとにした。「そこはまるで長い夜の明けたディスコでした。テーブルには、ピザが半分残った箱や、吸殻が山積みの灰皿が散乱し、目を赤くした人間たちがよろよろと扉の外へ出て行きました」と、トゥールは振り返る。疲労困憊《こんぱい》したアンリ・フィロは、家へ向かって環状路を運転中に居眠りをしてしまった。幸い、足に軽傷を負っただけですんだのだが、この取引が明るみに出た翌日には、他の銀行家たちとともに猛烈な批判を浴びることになった。

レゼコ紙の記事によれば、ベルナール・タピの七八パーセントの保有株が実に二〇億八五〇〇万フランスフランで売却されるにあたり、国有銀行が多大な支援を行ったと伝えられた。この買収の主導者はロベール・ルイ＝ドレフュスという人物で、会社の指揮権も握ることになるという。

彼は友人たちとともに有限会社ＢＴＦ（アディダスの九五パーセントの株式を握る持ち株会社）の一五パーセントの株を取得した。これらの株は、ルクセンブルクに本社を置くリセサという持ち株会社で一括して管理される。その友人たちには、クリスチャン・トゥール、サーチ兄弟とともに、ＩＭＳのもう一人の事業パートナーも含まれているとのことだった。

この間、クリンヴェスト、フェニックス銀行、バンク・ワームスは揃って出資額を増やし、これら国有の金融機関が保有する株式の合計は四二パーセントに上った。それにならって、ジルベルト・ボーも持ち株を五パーセントから八パーセントに増やした。残りの株はオフショアファンドが握ることとなった。シティバンクの関連機関であるオメガ・ベンチャーズが一九・九パーセントを取得し、あとの一五パーセントは、エス・ジー・ウォーバーグに間接的に属するコートブリッジ・ホールディングズの手に渡った。

けれどもマスコミは、国有銀行の常軌を逸した介入を嗅ぎつけていた。その見方によると、二つのオフショアファンドは単なる先棒担ぎで、裏で操っているのはクレディ・リヨネ銀行だという。この持ち分をフランスの金融機関の持ち分に加えれば、クレディ・リヨネ銀行は、直接的にせよ間接的にせよ、有限会社ＢＴＦの株式の約七七パーセントを保有することになる。つまりは、国有銀行が、緊迫した議会選挙を控えた政府閣僚を慌てて救済したという図式だった。

フェニックス銀行では、ジャン＝ポール・チャンが地方銀行の支配人たちから猛抗議を浴びていた。ベルナール・タピにそのような手緩い処置を取ったとなれば、顧客のわずかな当座貸し越しに目くじらを立てられなくなるというわけだ。クリンヴェストでは、アンリ・フィロがこの取引について、アディダスの負債をベルナール・タピからロベール・ルイ＝ドレフュスに移せるのだから決して悪い話ではないとする説明書作りに追われた。さらに、週明けを前に、右派の政治家たちが早急に国会喚問を行うよう声をあげた。そのうちの一人は、アディダスの取引はいわば、フランス国家を蝕みつつある「腐敗、がん、壊疽《えそ》」の縮図であると語った。とはいえこのときにはまだ、細部は明らかにされていなかった。

数年後に取引の内容が公になると、ルイ＝ドレフュスとその友人たちはアディダスの合計一五パーセントの株式取得に際して、ほとんど一銭も払っていないことがわかった。リセサ社の投資家たちは共同で一〇〇〇万フランスフランを投資したと主張したが、その資金の大半はクレディ・リヨネ銀行がほぼ無利子で貸し付けたローンで賄われたものだった。この気前のよい条件の見返りとして、ルイ＝ドレフュスは買ったばかりの株を売って得る利益のかなりの割合をクレディ・リヨネ銀行に渡すよう義務付けられていた。つまり、クレディ・リヨネ銀行はリスクのおよそすべてを負うものの、利益の分け前も一番多く手に入れるというわけである。

二つのオフショアファンドも同様のクレディ・リヨネ銀行の〝条件付き償還ローン〟を利用して、アディダス株を購入していた。こちらでも銀行は、リスクの大半を負う代わりに利益の大部分を得ることになっていた。銀行家もオフショアファンドも不正な関わりを否定した。それでもこうした取り決めは、国家による救済を隠蔽するため、ばかげた条件でオフショアファンドをアディダスの取引に介在させたとする批評家たちの論議を過熱させた。

さらに悪いことに、クレディ・リヨネ銀行が本来の依頼主に隠れてルイ＝ドレフュスと密約を交わしていたことも発覚した。タピには内緒で、ルイ＝ドレフュスは、銀行とオフショアファンドが保有するアディダス株を一九九四年末までに定額で購入する権利を与えられていたのだ。銀行はタピに二一億フランスフラン相当でアディダスを売るよう助言しておきながら、ロベール・ルイ＝ドレフュスとは、その資産価値を四四億フランスフランとする買い取り契約を交わしていたのだ。

もう一つ、この取引はルイ＝ドレフュスにきわめて有利な取り決めがなされていた。アディダスの再建に成功すれば、特別契約を行使して会社の支配権を握ることができるというものである。もし失敗したとしても、責任は問われずに去れることが保証されていた。一五パーセントの株を買うために組んだ当初のローンを返済する必要さえなかった。「悪い話じゃないな」ドレフュスはつぶやいた。

実際、他にも何人かの投資家が似たような話を持ち掛けられ、うさん臭いと判断して断っていた。彼らが特に引っかかったのは、クレディ・リヨネ銀行が複数の役割を演じている点だった。売り手のベルナール・タピに対してはアドバイザー役を務めつつ、ロベール・ルイ＝ドレフュスや他の買い手には裏取引を持ち掛けており、何よりこの銀行自身が株主なのである。「多くの投資家は、激しい利害の衝突が生じると見たのです」フランスの銀行を代表してニューヨークの投資家らと交渉にあたった、ローラン・アダモヴィッチは言う。その誰もが取引を拒んだのは、「出来すぎた話」だったからだ。

銀行とルイ＝ドレフュスとの裏取引は、派手な裁判沙汰を引き起こすことになるのだが、とり

郵　便　は　が　き

料金受取人払

牛込局承認

5081

差出有効期間
平成20年３月
31日まで

1 6 2-8 7 9 0

東京都新宿区新小川町
9番25号　5F

ランダムハウス講談社　行

●お名前	●生年月日 19　年　月　日生	●性別 男・
●Eメール　@		
●ご住所　〒 都道府県		
●ご職業 1. 会社員　2. 経営者　3. 公務員　4. 自営業　5. 教職　6. 主婦　7. 学生　8. フリーター　9. 無職 10. その他（　　　　）		
●ご購入店 区市町村　　店	●ご購入日 月	

今後、ランダムハウス講談社から各種ご案内などをお送りしてもよろしいでしょうか。
ご承諾いただける方は、右の□に○をご記入ください。

購読ありがとうございました。これから出版する本の参考にさせていただきますので、下記のアンケートに協力いただきたく、よろしくお願い申し上げます。
お、ご記入いただいた事項を承諾なしに上記以外の目的で使用することはございません。

)お買い上げいただいた本の書名

（　　　　　　　　　　　　　　　　　　　　　　　　　　　　　　　　　　　　　　　）

)本書をお知りになったきっかけは？

. 新聞広告を見て（　　　　　　新聞）　2. 雑誌広告を見て（誌名　　　　　　　　　　）
. 書店で展示物を見て　4. 書店で実物を見て
. 人（　　　　）からすすめられて　6. 書評を見て（媒体　　　　　　　　　　）
. インターネットで見て（サイト名　　　　　　　　　　　　　　　　　　　）
. その他（　　　　　　　　　　　　　　　　　　　　　　　　　　　　　　）

)本書をお買い求めになった動機は？（複数回答可）

. 新聞広告　2. 雑誌広告　3. 書店の展示　4. 人からのすすめ　5. 書評
. 書名　7. テーマに興味があった　8. あらすじを読んで　9. 表紙デザイン
). 著者　11. 帯の文句　12. その他（　　　　　　　　　　　　　　　　　　　）

)普段お読みになっている新聞、雑誌、インターネット・サイト名

聞（　　　　　　）　雑誌（　　　　　　）　サイト（　　　　　　　　　　　）

)どのくらい書店を訪れますか？

日／週に（　　）回／月に（　　）回／年に（　　）回

どのくらい本をご購入されますか？

日／週に（　　）冊／月に（　　）冊／年に（　　）冊

どんな著者の本をお読みになりたいですか？

（　　　　　　　　　　　　　　　　　　　　　　　　　　　　　　　　　　　　　　　）

どんなテーマ・内容の本をお読みになりたいですか？

（　　　　　　　　　　　　　　　　　　　　　　　　　　　　　　　　　　　　　　　）

本書のご感想

（　　　　　　　　　　　　　　　　　　　　　　　　　　　　　　　　　　　　　　　）

感想をＨＰや広告等に匿名でご紹介させていただいてもよろしいですか？

□ 可 ・ □ 不可

あえずベルナール・タピは大喜びだった。銀行との清算合意によって事業の負債処理に目処がついたことで、ほっと胸をなでおろしていた。アンリ・フィロとジャン＝ポール・チャンの回想によれば、復職したこの大臣はいたく感謝して、意気揚々と二人を呼び寄せ、勲章を授けたという。

買い手のほうは目立たぬよう身を潜めていた。ルイ＝ドレフュスは銀の皿に載ったスリーストライプを差し出され、ひと財産築ける取引を勝ち取ったのだ。もちろん、アディダスを救い出せればの話だったのだが。

第二十四章

復活

一九九三年四月、ロベール・ルイ＝ドレフュスは昼食を早めに済ませ、彼にとって初めてのアディダス取締役会を開いた。ジーンズにポロシャツといった普段どおりの格好で、いたってくつろいだ様子を見せながら、彼は自己紹介をし、アディダスは必ずや業界トップの座に返り咲くと挨拶した。「明確な時期は言えないが、必ずやトップの座に就くと約束しよう。大船に乗った気分でいてくれ、君たちにとって千載一遇のチャンスになるはずだ」

だがその挨拶は期待していたほどの感動を呼ばず、ルイ＝ドレフュスはひどくがっかりした。彼は心を落ち着かせて次の段階に移り、重役の一人ひとりに、最大の懸案である三つの問題の概略を説明するよう求めた。ところが、ここでも答えはほとんど返ってこなかった。重役たちにはあえて発言する気持ちがないばかりか、何が問題であるかも全くわかっていないのだろうと、ルイ＝ドレフュスは思った。「彼らの反応は、何度も殴り倒されたボクサーのようでした」と、ルイ＝ドレフュスはため息をついた。

ここ数年間、アディダスの重役たちはアメリカのライバルたちによってつねに屈辱を味わわされてきた。ちょうどルイ＝ドレフュスがヘルツォーゲンアウラッハに着いた頃、アディダスの前年度の損失が約一億四九〇〇万ドイツマルクとなり、売上高は一八パーセント減の二七億ドイツマルクに落ちこんだことが確認された。アディダスはナイキの足元にも及ばず、リーボックにも大きく水をあけられていた。

新製品はまだ市場に出まわっておらず、売上向上のための策が功を奏すのはその年の後半になってからと思われた。そのあいだ、アディダスは、動きの早い業界大手《マーケットリーダー》の才覚についていけないドイツの弱体企業として、嘲笑を浴び続けた。重役たちはこの失敗の原因に頭を悩ましすぎて問題の解決を忘れてしまった、というのがルイ＝ドレフュスの受けた印象だった。

さらに、取締役会が会社を全くコントロールできていないこともわかった。報告システムが時代遅れで、ある製品が利益を上げているのかどうかさえ、彼らは把握できていなかった。それを把握しようとすると、コンピュータのプリントアウトを山のように渡され、いくらやっても合わない計算を何日もかけてやるはめになった。夜の九時になって会議を終えたとき、ルイ＝ドレフュスは、ヘルツォーゲンアウラッハに足を踏み入れたことを後悔し始めていた。

だが、前任のベルナール・タピと違い、ルイ＝ドレフュスとクリスチャン・トゥールは、あっというまに会社を掌握した。容認できない問題に対し説得力のない言い訳ばかりする重役に甘い顔をするつもりはないと、ルイ＝ドレフュスは態度を明確にした。会社の慣習に妥協する気もなければ、延々と続く会議で時間を無駄にする気もなかった。ルイ＝ドレフュスとトゥールは主導権を握るべく、意志を固めたのだった。

二人の役割分担は、互いの技量を補い合えるようにした。ルイ＝ドレフュスには会社の再生に向けて人心を鼓舞するカリスマ性があり、サーチ＆サーチにしばらく籍を置いていた経歴もあるため、マーケティング担当に最適だった。クリスチャン・トゥールは、販売や運営の管理、細部にいたる構造的な問題への対処など、あまり目立たない仕事を引き受けた。

それまでの役員は、一人を除いて全員がさっさと会社を去っていった。だが、ヘルツォーゲンアウラッハに落ち着いてみると、重役たちに蔓延していた無気力感は会社全体に広まっているわけではないとわかり、ルイ＝ドレフュスは大いに安心した。アディダスには、ほんのわずかだが、スリーストライプに揺るぎない忠誠心を誓い、ナイキへの反撃を切望してやまぬ、不屈の精神をもった幹部もいた。ルイ＝ドレフュスとトゥールの構想が前任者たちの案と大きく違っていたわけではない。ただ一つ違っていた点をあげるなら、二人がそれを最後までやりとおしたということだ。

この二人の新しい経営者が進めた基本プロジェクトの一つが、世界規模の買い占め策だ。アディダスは多くの国でずっとライセンス供与や販売契約といったかたちで売られており、それがブランドの市場投資を希薄化していた。そのため、ルイ＝ドレフュスとトゥールは、ライセンスの回収とアディダスの子会社設立に奮闘した。それによって、収益の管理と販売努力の調和を図ることができる。クリスチャン・トゥールは、多くの場合、友好的な解決を図ったが、ときには容赦ないやり方で提携を打ち切った相手もいた。

ライセンス契約を結んでいたなかでも、最も重要な市場が日本だった。デサントは、ダスラー家の内紛からその後の度重なる経営陣の交代劇まで、アディダスの変動をつぶさに見てきた。そして日本でのアディダスブランドを確実に打ち立ててきた。だが、ルイ＝ドレフュスとトゥールが経営に加わった時点のデサントの売上は、ほんのわずかで、その約七〇パーセントがアパレル関係のものだった。

過去何年かにわたる経費削減策の一環として、アディダスは大阪の連絡事務所を閉鎖したが、管理職は一人だけ残してあった。フランスでマーケティングを担当していたクリストフ・ベズで、見習い社員と個人秘書とともにデサントに移り、そこで働いていた。アディダスの使節としてただ一人、大阪に残ったベズは、始めのうちはまわりから不信感をもたれ、デサントの管理職からささいなことでたびたび屈辱的な思いをさせられていた。それでもベズは辛抱を重ね、徐々に日本の同僚たちから尊敬を得るようになった。

陸上ホッケーの元選手でフランス代表チームの主将を務めたこともあるクリストフ・ベズは、とても意志が強く、独立心に富んでいた。大阪に移ってからも自身のライフスタイルを楽しみ、丘陵地帯に住んで、長時間の車通勤も我慢した。同時に日本の魅力にとりつかれ、その文化を一生懸命に吸収し、理解を深め、日本社会に溶けこもうとしていた。

その結果、ベズはデサントの内外を問わずほとんどの人から好意的に受けとめられるようになった。「外見からも気さくな印象を受けるし、飲むととても人なつこくなって、いたずらっ子のようにふるまうんです」と、民秋史也は楽しげに笑った。彼はモルテンの社長で、日本のビジネス事情についてベズにいろいろとアドバイスをしていた。「頭が柔軟で、我々のライフスタイルの先をいく男だと感じました。それに、誰とでも友だちになれるんです」

一方で、クリストフ・ベズはデサントがアディダスの日本での可能性を十分に開拓しきれていないと強く感じていた。とくにサッカーシューズの販売については、期待を裏切られた気分でいた。一九九三年にJリーグが発足し、サッカーの人気が空前の高まりを見せてきた時期だったからだ。

アディダスはプーマに逆転されつつあった。プーマはこの機に乗じて、新しいプロチームやその人気選手と専属契約を結んでいた。プーマはJリーグの四チームを取りこんだ。特筆すべきは、九〇年代に日本サッカー界をリードした〈キング・カズ〉こと三浦知良と契約を結んだことだった。

一九九三年、トゥールは当時デサントの社長だった飯田洋三に就任の挨拶をするために来日し、その場で、デサントとともに日本で合弁事業を設立したいというアディダスの意志を明確にした。だが、この提案はあまり歓迎されなかった。デサントが収益の面でアディダスに大いに頼っていたためだ。ゴルフ市場が芳しくなかったため、アディダスは売上でデサントの約四〇パーセントを占め、収益にいたっては実に八〇パーセント近くを占めていたという。この提案はしばらくのあいだ保留とされた。

四年後、クリスチャン・トゥールは再び来日した。デサントのライセンス契約は一九九八年末で切れるが、アディダスは日本市場にもっと強い影響力を及ぼすべきだと、トゥールは確信し始めていた。彼は、デサントのアディダスブランドに対する投資は十分ではないと感じていたのだ。一九九七年のアディダスブランドの売上高は約四五〇億円止まりだった。一方、ナイキの売上高は九〇〇億円を超える勢いで伸びていた。

トゥールとベズは、飯田がデサントのトップである限り、彼らが日本のアディダスブランドに口出しするのは難しいだろうと考えていた。飯田は、デサントが石本他家男の後継者によるトラブルの渦中にあった七〇年代に入社した。デサントの再建に成功した飯田は、社内で分析力に優れた実利的な経営者とみなされ、強力なオーラを放っていた。

だが、飯田はそこで満足し、市場の現状に疎《うと》くなってしまったと、アディダスの経営者は感じていた。市場は相変わらず日本のブランドが優勢で、ミズノの売上高が約一八〇〇億円、アシックスが一二〇〇億円でこれに対抗していた。デサントの社長は、アディダスにはこの二社と直接競合できる力はないと思いこんでいるようだった。「彼は非常に保守的で、外国製品が日本で成功するとは思ってもいなかったのです」と、ベズはため息をついた。彼はデサントの同僚とヘルツォーゲンアウラッハの経営陣との板ばさみになっていた。

トゥールの圧力を受けた飯田は、しぶしぶ合弁事業の立ち上げに同意し、アディダスが五一パーセント、デサントが四九パーセントの割合で出資することが決まった。デサントは引き続きアパレルを扱い、明らかにデサントの弱点である靴関係はアディダスが担当することになった。数カ月にわたって両者は熱心に協議したが、数々の誤解や新たな要求のせいで、話し合いは何度も滞った。

残念ながら、両者の波長は全く合っていなかった。デサントの飯田には裏切られた感があった。なぜなら、レネ・イェギとの話し合いで、ライセンス契約は少なくとも一〇年間は無条件で延長されると理解していたからだ。一方クリスチャン・トゥールは、この合弁事業が日本にとって悪い話ではないはずだと考えていた。「手荒なこと《ラフプレー》はしたくなかったし、彼らが役立たずだなんてことも言いませんでした。なんとか友好的に事を進めようと努力したんです」とトゥールは語った。「契約を打ち切って、すべて引き上げることもできましたが、なにがしか価値のある協力関係を結ぼうと話を持ち掛けていたのです」

アディダスサイドでは、日本でのアディダスブランドの認知度についてクリストフ・ベズが独自に依頼した調査報告書が、デサントの優柔不断ぶりに対する不満をいっそう高めていた。心配していたとおり、結果は思わしくなかった。アディダスといえば真っ先に思い浮かぶのは派手な衣類で、アディダスとサッカーを結びつけて考える日本の消費者はほとんどいなかった。

アディダスブランドのアウトドアイベントでオーストラリアにいたトゥールは、その報告書に目を通すやいなや決断を下した。報告書に書かれた状況は憂慮すべきもので、アディダスはこちらから事を動かし、断固たる態度に出る必要があった。トゥールはデサントに引き続き事業に参加できるチャンスを与えてきたつもりだったが、引き伸ばし戦術ともとれる相手の出方にうんざりしていた。

合弁事業についての話し合いを続けるために、デサントとアディダスは、一九九七年一〇月の初めに東京のホテル西洋銀座で会合を持つことになった。ところが飯田が到着するや、トゥールは、部下はロビーに待たせておいて別室で二人だけで話し合いたいと申し出た。アディダスがデサントとの提携を完全に打ち切りたいと考えていると聞き、飯田は愕然とした。デサント側の重役の目にも、飯田は「本当にショックを受けて」いるように見えた。

それから数年にわたり、両陣営は提携破棄をめぐってお互いを激しく非難し合った。アディダスの経営陣の目には、デサントは年末まで交渉を長引かせようとしているだけのように映った。年末になればライセンス契約は自動的に更新されることになる。デサントのほうでは、交渉が進まない理由はアディダス側にあると主張していた。なぜなら、アディダスは、同時にサロモンの買収も進めていたからだ。サロモンはスキー・ゴルフ用品を扱うフランスの会社で、日本に子会社を持っていた。この話がまとまれば、デサントがいなくても、サロモンの基盤を使うことによって、アディダスの日本での事業展開はずっと容易になるのだ。

しかも、デサントの経営陣には、アディダスにこれほどあっさりと捨てられるということが理解できなかった。忠誠心や長年のビジネス関係を重んじる日本人には、この破談は到底受け入れがたいものだった。「私たちは誠実に交渉したのですが、先方には我々の立場が理解してもらえないようでした」と、交渉の際に飯田を補佐したキャスリン・ジョンストンは語った。「トゥールは非常に冷淡で無情な男という印象でした。彼の経営姿勢は、我々がこれまで対処したことのないものだったのです」

疎外感を募らせた日本の経営陣は、一九九八年五月までに訴訟を起こし、アディダスとの事業を失ったことに対する補償を求めた。アディダス部門を閉鎖し、生産工場やスタッフを整理するための補償だった。アディダスにとって不利な点は、デサントとの契約書に、この取引で紛議が起きた場合は東京の調停委員会に託される旨が明記されていたことだった。そのため、アディダスはその運命を日本の小さなパネル委員会に握られ、抗告の機会も一切持てなかった。

他にもいくつかのライセンス契約があったが、これもトゥールに言わせると、「前任者が相当酒に酔った状態でサインしたにちがいない」ものだった。ダスラー一家が結んだ二〇〇以上もあるライセンスをはじめ、その他の契約のもつれを解きほぐすには数年かかった。これらの契約が長年にわたって会社の販売努力を無駄にしてきたのだ。

こうして、ルイ＝ドレフュスとトゥールはダスラー一族が行き当たりばったりに構築してきた会社を解体し、アディダスを市場原理に基づく利益追求型の会社へと再建した。ようやく延び延びになっていた一大キャンペーンを仕掛ける時がやって来た。


ロベール・ルイ＝ドレフュスの引き出しにあった書類の中で、彼を最も勇気づけてくれたのは、ある市場調査の報告書だった。消費者に向けたアンケートで、真っ先に思いつくブランド名を答えてもらうものだった。ルイ＝ドレフュスの感覚どおり、アディダスもコカ・コーラやマールボロと並んで一番多くその名を挙げられていた。アディダスはいまでも世界的に認められている、そんな彼の確信が裏づけられた。いま必要なのは、ほんのちょっとの新鮮さだけだった。

ちょうどルイ＝ドレフュスとトゥールがアディダスの買収交渉を進めていた頃、この会社はすでにロンドンの小さな広告代理店、リーガス・デラニーに目を向けていた。かつての雇用主サーチ&サーチのしつこい売り込みを断ったルイ＝ドレフュスは、リーガス・デラニーを抱えこんで、宣伝用の予算を劇的に増やした。相次ぐコスト削減で、アディダスの宣伝費は売上高のたった一・六パーセントにまで落ちこんでいた。ロベール・ルイ＝ドレフュスはこれを六パーセントに引き上げ、長いあいだ延期されていた一大キャンペーンの号令を掛けた。

「Earn Them（君の手にアディダスを）」のキャッチフレーズを掲げた、リーガス・デラニー社制作の大量のコマーシャルは、明らかに、これまでアディダスなんて足元のおぼつかないおじさんたちのブランドだと見向きもしなかった若者層をターゲットにしたものだった。それは厚かましいくらいに正道を行き、MTVをはじめ、主に若者が見るチャンネルで流された。

ようやく新製品が出まわり、市場でアディダスの復活が証明された。ヨーロッパのいくつかの国では、ブランドの若返りが功を奏していた。けれども、ブランドの完全復活はアメリカでの売れ行きにかかっていることを、ルイ＝ドレフュスは認めていた。アメリカが世界最大の市場であるというだけではなく、スポーツビジネスとのかかわりがますます強くなったトレンドやファッションの流れをこの国が決めていたからだった。

この頃、ピーター・ユベロスはすでに舞台を下りていた。彼はアディダスにとって高い買い物だった。法外なコンサルタント料を請求する割に、十分な貢献を果たしていなかった。アディダスUSAは赤字続きだった。市場占有率は二・五パーセントすら超えられない、惨憺《さんたん》たる有様だった。ほんの二〇年前までは市場の六〇パーセント以上を占め、業界トップを誇っていたアディダスのアメリカでの急激な縮小は、あらゆる業界の中でもまれにみる大番狂わせだった。

そこでロベール・ルイ＝ドレフュスは、ナイキの元幹部だったロブ・シュトラッサーとピーター・ムーアとある取引を交わした。新製品〈エキップメント〉でアディダスの抜本的改革を始動したのが彼らだった。その契約とは、二人がオレゴンで始めた小さな会社、スポーツ株式会社をアディダスが買い取り、アディダス・アメリカとかたちを変えるというものだった。シュトラッサーとムーア、それに他の少数の株主は、全員がアディダス・アメリカの株とオプションを取得し、資本占有率を概算で三五パーセントまで増やすことになった。

最終的に契約が成立したのは一九九三年二月、アトランタで巨大見本市〈スーパーショー〉が始まるほんの数時間前のことだった。アディダスは推定一六五〇万ドルを支払った。その朝、スポーツ株式会社の四人の幹部はアディダスのブースに行くと、ピーター・ユベロスの部下に、業務を引き継ぐと言い渡した。ヘルツォーゲンアウラッハと同様、ポートランドも、ウィラメット川を挟んでナイキとアディダス・アメリカに街が二分された。シュトラッサーのスタッフはアメリカにおけるアディダス復活の推進力となり、五年間で売上高を二億一五〇〇万ドルから一六億ドルへと押し上げた。

この市場の重要さを十分に承知していたロベール・ルイ＝ドレフュスは、最高経営責任者に就任した最初の年の約四カ月をポートランドで過ごした。彼はロブ・シュタイナーと親交を深め、アディダスのデザインを高めるうえで、ナイキから来たピーター・ムーアの力を大いに頼った。彼らはデザイナー会議に何度も出席して、デザイナーたちの士気を高めた。ヘルツォーゲンアウラッハとポートランドの交流を図ることで、アメリカ人スタッフには会社の伝統からインスピレーションを受けてもらい、ドイツ人スタッフには現代的な若者文化に触れてもらおうとした。

こうして、堅苦しく几帳面なドイツ人デザイナーの一行が、アメリカ都市部の黒人貧民街の視察に送られた。当時は、アメリカの黒人社会のヒップホッパーたちが、都市のファッションに大きな影響を与え始めた頃だった。彼らは、バスケットシューズとスポーツウエアから生まれたシャツが、彼らのユニフォームだった。彼らは、スポーツと音楽やファッションが融合した、国境を越える若者文化の台頭に大きく貢献した。

しかしポートランドのスタッフとの共同作業による最も直接的な成果といえば、〈オリジナルス〉だ。ちょうどレトロブームが広まりつつあった頃、ロベール・ルイ＝ドレフュスはアディダスの古いカタログから当時のモデルをいくつか選び出し、多少の手を加えて、新たに発売した。その頃、一流スポーツブランドはみな専属のエージェントにロサンゼルス中を駆け回らせ、製品を映画プロダクションに配っては、ビデオクリップのなかで使用してもらっていた。マドンナやクローディア・シファーらが、レトロな〈ガゼル〉をかけて、有名人を載せた多くの雑誌に登場した。レトロブームによって売り上げが急増したおかげで、アディダスにも息つく暇ができた。

ルイ＝ドレフュスとトゥールが経営に乗り出して二年とたたないうちに、アディダスは黒字に転じた。ナイキとリーボックには依然として大きく水をあけられていたが、二人はアディダスが劇的な回復を見せる態勢に入ったと確信していた。テレビに流れるコマーシャルといい、CEOが肩にかけたスリーストライプのセーターといい、すべてが明るい雰囲気をかもしだしていた。

業績の素早い回復を目にして、ルイ＝ドレフュスとトゥールはためらうことなく企業買収に乗り出した。一九九三年二月のクレディ・リヨネ銀行との取り決めにより、ルイ＝ドレフュスと持ち株会社リセサの他の投資家は、アディダス・インターナショナル（持ち株会社で、それ自体がアディダスの九五パーセントの株式を保有しており、残りの五パーセントはホルスト・ダスラーの子どもたちが握っていた）の一五パーセントを保有しているにすぎなかった。だが、ルイ＝ドレフュスには、アディダス全体を四四億フランスフラン相当として、残りを一九九四年末までに買い取る権利があった。

　問題は、このオプションがこれらのフランス人たちだけに与えられたものではないという点だった。この権利はリセサに属していたのだが、この会社の二五パーセントはサーチ兄弟が所有していたのだ。だが、ルイ＝ドレフュスがサーチ&サーチを（日本以外での）エージェンシーから外して以来、彼はモーリスとチャールズの兄弟と言葉を交わすこともなくなっていた。ルイ＝ドレフュスは、この兄弟をアディダス経営の第二ステージへの道連れにはしたくなかった。

　自分たちがのけ者にされたと聞くや、サーチ兄弟は訴えを起こした。ルイ＝ドレフュスは新聞発表でこれに報復した。「フリーランチに招待しただけなのに、サーチ兄弟はレストランごとくれと言ってきた、そんな気分ですよ」。だが、ルイ＝ドレフュスと仲間の投資家たちにはサーチ兄弟に勝つ有効な手はない、というのが弁護士の見解だった。ルイ＝ドレフュスとトゥールは、事の収拾に三八〇〇万ドルを支払わなければならなかった。

　一九九四年一二月、ルイ＝ドレフュスとトゥールは別の友人をアディダスの完全買収に加わってくれと説得したことで、成功に向けて一歩前進した。ふたたびクレディ・リヨネ銀行とフェニックス銀行から融資を受けた。今回は通常の利率だったが、銀行側は株の売却による利益の二五パーセントを取り分として要求した。つまり、アディダス株が高値を付けるようになれば、その利得によって、銀行側はベルナール・タピとの悪夢のような取引を忘れ去ることができるのだ。

　事態はまさしくそのとおりになった。ルイ＝ドレフュスとトゥールは買収の手続きが済むのを待つことなく、投資銀行を集めて、一九九五年一一月に予定された会社の株式上場の準備を始めた。

　ジルベルト・ボーはその分け前に与《あずか》れなかった。どん底にあった時代になんとか会社を持ちこたえさせたこの女性は、あっさりと脇へ押しやられた。買収後、ロベール・ルイ＝ドレフュスは、ボーをアディダスの監査役会の議長に据えたが、その影響力は限られていることを明確にした。「三四歳のときから、私はボスに仕えたことがないんでね」と、ルイ＝ドレフュスはボーに言った。一年後の一九九四年四月、醜い会合の席でボーは監査役会を追われ、代わりにクレディ・リヨネ銀行の投資銀行部門のクリンヴェストのセネラルマネジャー、アンリ・フィロがその座に就いた。さらにむごいことに、アンリ・フィロはボーへの信用貸しの増額を拒み、その結果、ボーはアディダスの八パーセントの持ち分を上場前に売却せざるをえなくなった。

　ホルスト・ダスラーの子どもたちも、その恩恵に与らなかった。彼らは、一九八七年に父から受け継いだ二〇パーセントの取り分のうち一五パーセントを一九九〇年に小売店業のメトロに売却していた。その後の数年間、アディダスが危機に直面しているあいだ、彼らはかたずをのんで事態を見守っていた。だがルイ＝ドレフュスが会社を買収するやいなや、残りの五パーセントをクレディ・リヨネ銀行の子会社に売却してしまったのである。

　ルイ＝ドレフュスとトゥールを別にすれば、最も大きな利益を得たのはアメリカの役員・幹部たちだった。上場に備えて、ロベール・ルイ＝ドレフュスはアディダス・アメリカの少数派の株主たちから株を買い上げなければならなかった。彼らはみな相当額の利益を得た。ヨーロッパの幹部の一人が苦々しげに記したところによると、彼らの受け取った額が比較的ささやかなものだったのに比べ、アメリカ人が手にした額ははるかに多かった。

一九九五年一一月一七日、アディダスはフランクフルト証券取引所に上場し、ルイ＝ドレフュスとトゥールはさっそく利益を得た。四四億フランスフラン相当で手に入れた会社には、上場により約一一〇億フランスフランの評価額がついた。少なくとも利益の二五パーセントはクレディ・リヨネ銀行に返さなければならなかったが、それでもなお引退しても十分なほどの金額が手元に残った。「使い切れないほどの大金を手にしました」と、トゥールは語った。最大の利益を得たのは、香港に印刷会社を持つデヴィッド・ブロミロウだった。彼は、ルイ＝ドレフュスが仲間と共同で保留していたパッケージの大半を所有していた。

ルイ＝ドレフュスとトゥールは、この上場をヘルツォーゲンアウラッハで過ごした辛い年月に対する最高の報酬だと考えていた。経営陣が給料の支払いに充てる金を集めるのに駆けずり回り、多くの投資家がこのブランドを無価値だと断言してからたったの二年ほどで、アディダスは復活を遂げたのだ。

第二十五章

勝利は我らにあり

ロベール・ルイ＝ドレフュスがアンフィールド・ロードに到着すると、リバプールFCのGM（ゼネラルマネージャー）、ピーター・ロビンソンが温かく出迎えてくれた。マージーサイド州にあるイギリスを代表するクラブとの提携を確保したいアディダスは、クラブ経営陣の気を引こうと熱烈な攻勢をかけていた。

一九九五年が明けてまもない頃だった。経営陣とともにグラウンドを歩いていたルイ＝ドレフュスは、七〇年代に開かれたサッカー試合のスナップ写真にふと目を留めた。「あれはなかなかの試合でしたね！」ルイ＝ドレフュスは面食らった表情のリバプールの経営陣に話しかけた。根っからのサッカーファンである彼には、相手チームがミシェル・プラティニなどを抱える当時のフランスの一流チーム、サンテティエンヌの選手たちだとすぐにわかった。彼は、〈レ・ヴェール〉（サンテティエンヌ）がアンフィールド・スタジアムで負けた日のことをはっきりと覚えていた。ゴールの一つ一つを思い出せたし、当日のメンバーほぼ全員の名を挙げることもできた。

スポーツ用品市場でのアディダスの悪習を改めようと奮闘するルイ＝ドレフュスにとって、この純粋な熱意が紛れもない資産となった。アディダスにとって事が円滑に進むようにと数々の国際的なサッカー連盟に働きかけた人々は、とっくの昔に会社を去っていた。アディダスは業績不振に苦しむあいだ、パートナーとのつき合いをおろそかにしていたところがあり、その隙にライバル企業がどんどん割り込んでいた。

ナイキは初期にイギリスのヘックモンドワイクでつまずいたものの、それ以後、大きな進歩を遂げていた。この間に、七〇年以上の歴史を持つアディダスのサッカーシューズと肩を並べるようになり、その存在を果敢に印象づける態勢ができていた。国際市場での販売力を強化するには、サッカーに投資するのが最善だとナイキは判断した。つねに一流クラブや一流選手のご機嫌をとり続けた結果、契約料が高騰した。アンブロやリーボックも、アディダスの契約が切れると同時に、有名選手たちを手に入れようと準備態勢を整えていた。

サッカービジネス全般の規模の拡大に同調して、一流クラブとスポーツ用品会社の契約も膨張していった。ダスラー家がサッカー関連のパートナーたちとの関係を確保するためにしぶしぶ支払っていたささやかな金額など、何十億という金が業界内で飛び交う九〇年代では、若手選手のちょっとした小遣いにもならなかっただろう。

こうした金は、主に有料放送のテレビチャンネルを通じて、サッカー業界につぎこまれた。視聴者にケーブルテレビの契約を結ばせ、衛星アンテナを買ってもらうためのコンテンツとして、サッカーほど魅力的なものはないと、目ざとい放送局はいち早く気づいたのだ。ヨーロッパのテレビ契約の爆発的増加を象徴するある取引が一九九〇年に成立した。その年、スカイテレビが一九九二年から向こう五年間プレミアリーグのサッカー試合を放映する権利を獲得するため、三億五〇〇〇万ポンドを支払った（一三年後なら、このテレビ局はプレミアリーグの試合三年分の放映権に一〇億ポンドを出すこともためらわなかっただろうし、それでも全試合分は買えなかっただろう）。

このような状況のもと、サッカークラブも箱詰めのシャツをもらったくらいでは満足しなくなっていた。アラン・シュガーやシルヴィオ・ベルルスコーニといった、利潤追求型でマーケティング戦術に長けたオーナーがクラブを引き継ぐと、クラブ自体も、自分たちはスター選手を主役においた強力な娯楽産業であると考えるようになってきた。クラブは法外な額を吹っかけてくるばかりか、数百万単位のロイヤルティを懐に入れられる巧妙な一括契約まで要求するようになった。テレビ放映料と同じく、販売収入の多くは急騰する選手の移籍料やギャラ、それにもちろん新しいオーナーへの配当金に充てられた。

数回にわたる規模縮小を経て、アディダスもこれに順応した。もはや、ライバルに奪われたくないというだけの理由で、二部リーグのクラブとまで契約することはなかった。ドイツのブンデスリーガの二チームを除き、すべてのチームと提携していることを自慢できる時代はとっくに終わっていた。地図にしるしを入れながら、大陸ごとに一チームか二チーム、国を代表する一流チームだけに的を絞るよう方針が変えられた。クラブリーグについても同様に、各リーグの主力選手だけに的を絞った。

ルイ＝ドレフュスは、サッカーや国際スポーツ団体の有力者全員に挨拶に回った。だが、この儀礼訪問は小言を受ける場になっていた。当時もＦＩＦＡの会長を務めていたジョアン・アベランジェとの三時間に及ぶ辛い会合の席では、国際サッカー連盟はナイキと交渉中だと告げられた。ヨーロッパの連盟のＵＥＦＡは、アンブロと契約寸前だった。フランスでのサッカー関連の売買権を握っていたジャン＝クロード・ダルモンにも、「アディダスとは二度と契約しない」と告げられた。

同様に、リバプールの経営陣も断固としてアディダスを排除しようとしていた。これまでの数年間、マンチェスター・ユナイテッドをはじめ、いくつかのチームがジャージや関連グッズの積極的な販売で数百万ポンドの利益を上げているのをくやしい思いで眺めてきたのだ。同じように人気商品となりうる財産を持っていながら、リバプールはその市場価値を利用しそこねていたが、その責任は主にスポンサーの怠慢にあると考えていた。

一九八四年にアディダスと契約を結んだゼネラルマネジャーのピーター・ロビンソンの記憶では、両者の関係が悪化し始めたのは、ホルスト・ダスラーが亡くなってまもなくのことだった。ホルストの後を受け継いだ経営責任者からは完全に無視されていると、クラブ側では感じていた。「そのサービスのひどさといえば、売り場に置くシャツさえもらえないほどでした」と、ロビンソンは嘆いた。

ルイ＝ドレフュスの指示のもと、アディダスは懸命にクラブとの関係修復を図った。一九九五年以降、戦略の指揮を執ったのは、イギリスの子会社の社長ボブ・マカロックとヘルツォーゲンアウラッハでアディダスのサッカー部門を担当していたペーター・マーラーだった。アンフィールド・ロードでのサンテティエンヌ戦の一件により、クラブの経営陣は、自分たちがいま取引をしているのは新しいタイプの経営者だと確信するようになった。ロベール・ルイ＝ドレフュスは、スタジアムのボックス席を借り、折に触れ姿を現しては、自分を売り込みにかかった。

ピーター・ロビンソンはこの決断にずっと頭を悩ませていた。彼は生まれかわったアディダスのスタッフを信用せずにはいられなかった。彼らはすばらしいプランを提供し、リバプールへの投資を強力に約束してくれていた。しかしここ数年アディダスに無視され続けたあとだけに、ロビンソンはこの関係を修復不可能なものと考えていた。「アディダスのスタッフは最高といってもよかったが、もう契約相手を乗り換える時期だと感じてしまったのです」。こうしてロビンソンは一九九六年にリーボックと契約を交わした。

これは壊滅的な打撃だった。同じような理由によって、アディダスはすでにマンチェスター・ユナイテッドおよびアーセナルとの契約も失っており、ヨーロッパ最大のサッカー大国イギリスでこれといった有力チームとの提携をもたないブランドになってしまった。だがサッカー戦線での最悪の展開は、本国で待っていた。

サッカー界の有力者たちへの挨拶回りをするなかで、ルイ=ドレフュスは、バイエルン・ミュンヘンがアディダスとの契約を切るつもりだと聞き、震え上がった。このクラブの会長であるフランツ・ベッケンバウアーは、ナイキとの交渉を進めていた。ベッケンバウアーによると、アディダスと提携して得たのはスリーストライプのシャツが数セットだけだったが、ナイキは本格的なマーケティングプランをたてて、ヨーロッパ中におけるこのクラブの市場可能性を開発すると申し出ていた。

それはアディダスにとって大きな衝撃だった。バイエルン・ミュンヘンは、マンチェスター・ユナイテッドやレアル・マドリードほどの輝きを放つチームではなかったが、アディダスにとっては長年にわたる提携先だったのだ。このクラブはミュンヘンの道路を下ったすぐ先にあり、アディダスはそこの幹部社員たちとも古くからつき合いがあった。フランツ・ベッケンバウアーはダスラー家と長いつき合いで、ホルストのビジネス上のパートナーでもあった。また、二人の上級幹部、カールハインツ・ルンメニゲとウリ・ヘーネスは、ともにスリーストライプを履いてワールドカップで優勝していた。バイエルン・ミュンヘンを失えば、アディダスのドイツの従業員にとって、壊滅的な打撃となる。そして外部の目には、アメリカの成り上がり者のナイキがアディダスの大事な宝をこっそり盗んでいったように映るだろう。

ロベール・ルイ＝ドレフュスは、フランツ・ベッケンバウアーとウリ・ヘーネスに、決断を下すのは六週間待ってくれと頼んだ。その間に最強のチームを動員して、バイエルン・ミュンヘンの業務にかかりっきりにさせた。はっぱをかけられたスタッフは、このチームのために、バイエルンの水着も含め、ありとあらゆるライセンス商品を用意した。クラブの国際的アピール力を確信していると強調するために、ヨーロッパのサポーター用とアメリカのサポーター用にわざわざ別のシリーズを作製するほどだった。女性用のサッカーシャツも作製した。清掃婦がうっとりしながらバイエルンのカップを磨いている、そんなコマーシャルの草案も考えた。

ミュンヘン・プラネタリウムでのプレゼンの冒頭、フランツ・ベッケンバウアーは痛烈な挨拶を述べた。バイエルンの重役が自ら出席したのは、古くからのパートナーへの儀礼にすぎないと。それでもアディダスのスタッフはプレゼンを進め、競技場外で売り出す新商品のシリーズや、ウイットに富んだコマーシャル、関連グッズなどを紹介した。プレゼンが終わったとたん、ベッケンバウアーはふたたび立ち上がった。気持ちを隠す意味などない。感動が言葉になった。「君たちの勝ちだ」。ロベール・ルイ＝ドレフュスはこの短い言葉を忘れることはなかった。アディダスの買収以来、取り組んできたことのすべてが間違いではなかったと証明されたのだ。その後まもなく、ルイ＝ドレフュスはバイエルン・ミュンヘンの役員に招かれた。

ミュンヘンでの勝利は、ペーター・マーラーをはじめとするアディダスのサッカー部門マーケティング担当者が売りこみ戦術に磨きをかけるよい刺激となった。それをきっかけに、ふたたびヨーロッパを代表するチームと契約を結び、もう一度ヨーロッパのサッカー界を征服しようとする試みが始まった。

次なる標的はACミランだった。このクラブがイタリアのスポーツブランド、ロットとの関係に満足していないという噂が広まったとき、アディダスの経営陣は、アンデルレヒト・スタジアムでの四日間のマーケティング・ミーティングのため、ブリュッセルに滞在していた。ACミランのアドリアーノ・ガリアーニ会長をベルギーでの会議に招こうという意見に、ロベール・ルイ＝ドレフュスは即座に同意した。ガリアーニはすでにナイキと契約済みであることを明らかにしながらも、とりあえずアディダスの話を聞くことにした。

ガリアーニとの会合に使用するブリュッセルのホテルの一室には、大急ぎで飾りつけがされた。使いの者にロット製のACミランのウエアを買ってこさせ、クラブの紋章を切り取った。ビデオの編集が徹夜で行われた。ガリアーニがパバロッティをひいきにしていると聞き、ビデオのサウンドトラックにパバロッティの歌を使用した。

ビデオの音楽が止むと、ガリアーニとルイ＝ドレフュスは部屋の隅で密談を始めた。二人が力強く握手を交わす姿を、ＡＣミランの弁護士は不安げに見つめていた。なにしろナイキとはすでに契約に至っているのだ。だが、弁護士にとってはすべてが一からやり直しとなる決断を、ガリアーニはその場で下した。彼は、アディダスとの提携額について、ルイ＝ドレフュスとしっかり合意をしていた。

この戦術がふたたび活かされたのはスペインだった。ルイ＝ドレフュスとアディダスのサッカー担当部長のマーラーは、レアル・マドリードの競技場に姿を現した。アディダスのマーケティング担当者の中にはバルセロナを推す者もあったが、ルイ＝ドレフュスは、レアル・マドリードこそが賢明な投資先だと確信していた。このチームと契約すると堅く決意していたルイ＝ドレフュスは、前日のリハーサルにも参加し、細部まで眺めまわした。

結論として、レアル・マドリードの経営陣は、アディダスとの一括契約になどほとんど興味をもっていないようだった。このクラブは財政面の管理が行き届いておらず、経営陣の質問は目先の取引に終始した。当時のスポンサーだったスペインのブランド、ケルメには、アディダスほどの資金力がなかった。レアル・マドリードの経営陣は、経営難を打開し、売買権を買い戻すために、キャッシュを必要としていた。

慌ただしくプレゼンをすませたアディダスの幹部は、レアル・マドリード側の浮かない表情を見て、不安を感じていた。だが彼らは、その後まもなく契約が成立したことを知らされた。勝因は、ルイ＝ドレフュスがビジネス上のあらゆる慣例に反して、契約の開始日に先立ち一時金を出すことに同意したことだった。この契約が、アディダスにとって最も価値ある投資だったとわかるのは、レアル・マドリードがスペイン建築界の大物、フロレンティーノ・ペレスに買収されてからのことだった。彼はスター選手を集めることによって、チームを新たな高みへと押し上げた。

これ以外にも多くの取引で、ロベール・ルイ＝ドレフュス自ら交渉に赴《おもむ》くことが功を奏していたのは間違いない。ヨーロッパのサッカークラブの会長やオーナーは、売上高数十億を誇るスポーツ用品会社の最高経営責任者として称讃されている人物と話ができたことを、光栄に思っていた。フィル・ナイトはヨーロッパのサッカー・スタジアムに姿を現すことなど決してなかったし、ルールを知っているかどうかさえ怪しいものだった。

一九九六年には、まるで嵐のような経過をへて、一つの契約がまとまった。当時、アディダスはオランピック・ド・マルセイユへの売りこみの準備を進めていた。ベルナール・タピが以前所有していたこのクラブは数年間低迷状態を続けており、金融詐欺と八百長試合の疑いで捜査がはいっていた。それにもかかわらず、フランス市場に安定した足場を固めるためには、このクラブをリーボックから奪い取るべきだと、アディダスの経営陣は考えていた。国際的な力を持つもう一つのチーム、パリ・サンジェルマンはすでにナイキに奪われていた。

国際的なスポーツイベントや有名人のエージェンシーであるＩＭＧから電話があったとき、ペーター・マーラーはすでにマルセイユに対する売りこみを始めていた。ＩＭＧは、オランピック・ド・マルセイユの買収契約がたったいま成立したので、このチームとどんな約束を交わしていたとしても、すべて無効になると電話で告げてきた。さらに、アディダスは提示額を少なくとも二倍にしなければならないだろう、と電話の相手は言った。マーラーはすくみ上がったが、ルイ＝ドレフュスは即座に彼を安心させた。「自分がなんとかするから心配することはないと、ロベールは言ってくれました」とマーラーは振り返った。「それから彼はクラブと契約をしに行ったのです」

そして、デヴィッド・ベッカムである。九〇年代のはじめ、彼がまだマンチェスター・ユナイテッドのユースの選手だった頃から、アディダスは彼に目をつけていた。彼をストックポートに呼び寄せたとき、少年のはにかんだ姿に、アディダスの経営陣は面食らってしまった。紺のブレザーに身を包み、驚くほど礼儀正しいベッカムは、アディダス側の面々がいつも相手にしている生意気な若者たちとはあまりにも対照的だった。まず手始めに、彼らはほんの象徴的な取引のみを提示した。

一九九五年には、デヴィッド・ベッカムが契約の話を待っていることが明白になったため、彼の代理人のトニー・スティーヴンスはアディダスに契約条件を上げてくれと言ってきた。何といっても、彼はエリック・カントナらとともに、マンチェスター・ユナイテッドという一流チームで活躍している選手なのだ。ところが、ベッカムが契約書にサインをするため、買ったばかりの赤いＢＭＷコンバーチブルでアディダスのオフィスにやって来たとき、彼の代理人は土壇場になって個人的な要望を持ちだした。

「一生の友人を作ろうとは思いませんか？」スティーヴンスは、アディダスＵＫでサッカーを担当しているポール・マッコーイーにそう尋ねた。そして話を続けた。このコンバーチブルはデヴィッドの予算を少々オーバーしており、このままでは保険料の支払いに苦労することになるのだと。

会計部の了承を取るのに数分とかからなかった。マッコーイーが車の保険の小切手を渡すと、デヴィッド・ベッカムの顔が喜びで輝いた。他の取引と比べれば、その額は取るに足らないものだったが、ベッカムのような車好きにとっては、こうした計らいが忘れられないものになったのだ。

一九九六年八月一七日、元リーズの選手で、アディダスUKのサッカー部門のマーケティングを担当するエイダン・バターワースは、テレビでリーグ戦を見ていた。ちょうどマンチェスター・ユナイテッドがウィンブルドンに対してフリーキックのチャンスを得たところだった。キックの構えをしていたのはデヴィッド・ベッカム。次の瞬間、バターワースは自分が目にしたものをにわかに信じられなかった。ベッカムは自陣から見事なシュートを放ち、ボールはディフェンスの頭上を飛び越えてネットの隅に吸いこまれた。

「あんなすごいシュートは見たことがありません。単に才能だけの問題じゃありません。ものごとに対する姿勢、挑戦する姿勢の問題です。我々はすごい選手を抱えているのだと確信しました」。バターワースはすぐさま電話に飛びついた。セルハースト・パークでのシュートを見たなら、ナイキをはじめ、あらゆる会社がベッカムのもとに殺到するだろう。アディダスは、契約条件をグレードアップする準備があることを明確にしなければならなくなった。

ヘルツォーゲンアウラッハの国際チームは、この興奮をつかみ損ねた。ベッカムは相変わらず、いわゆる国内レベルの選手で、タブロイド紙の見出しは飾っても、国際チームに参加することはなかった。ヘルツォーゲンアウラッハの本社は契約のグレードアップに金を出すことを拒んだ。イギリス子会社の社長ボブ・マカロックは、自分の予算からなんとか金を捻出し、それを実現させた。

デヴィッド・ベッカムは要求が多い相手だということがわかってきた。靴には非常にうるさく、アディダスがドイツに保有する実験工場シャインフェルトのスタッフはいつも大わらわだった。「彼は、これは少し小さい、あれは大きすぎると言って、何度も何度も調整させました」と、エイダン・バターワースは語った。「少々わがままだなと思っていましたが、シャインフェルトに残っている足跡を見て、彼の言っていることが正しいとわかりました。彼の靴は、八と四分の三という特殊なサイズだったのです」

この苦労は何倍にもなって返ってきた。ベッカムは〈プレデター〉も見事に履きこなしてくれたので、彼との契約はアディダスにとってやはり賢明な判断だったといえた。アディダスは、この靴のデザインをオーストラリア人のクレイグ・ジョンストンから手に入れた。元リバプールFCの選手で、ちょっとした才能の持ち主であるジョンストンは、甲革《アッパー》が鱗状のプラスチックでできていて一見爬虫類の革のように見える、変わった外見のサッカーシューズをデザインした。この風変わりなシューズは、一九九四年のアメリカのワールドカップで披露されるはずだったが、あまりに重く、これまでの革製シューズから逸脱しすぎているため、これを履くことに同意してくれたのは、オランダのロナルド・クーマンとスコットランドのジョン・コリンズだけだった。

だが、アディダスは方針を変えなかった。テスト器具一式を水を抜いたプールに入れ、サッカーの経験者を呼び寄せた。引退したドイツのサッカー選手、ウーヴェ・ゼーラーとフランツ・ベッケンバウアーが、〈プレデター〉を履いてプールの中で何時間もキックを続けた。甲革は滑らかにされ、靴底も軽量化された。さらに、遠くからでもよく目立つ赤い舌革がつけられた。

どんなにたくさんの広告を打っても、セルハースト・パークで開かれた対ウィンブルドン戦でデヴィッド・ベッカムが打ちこんだフリーキックほど、大きな効果を生みだすものはなかっただろう。その果敢なシュートは、正確なシューズを生みだすために懸命な努力を重ねるアディダスのメッセージを伝えるのにぴったりだった。皮肉なことに、ベッカムがプレデター着用に同意してくれたのはそのときが初めてだった。このゴールのシーンがリプレイされるたびに、この靴の赤い舌革がテレビ画面にはっきりと映し出された。だが、そこにグラスゴー・レンジャーズのチャーリー・ミラーの名が刺繍《ししゅう》されていることに気づく人はほとんどいなかっただろう。

声をひそめて契約を交わした初期の頃から長い年月がたった今、サッカークラブや選手をめぐる商取引は、三流どころのエージェントや巧妙な戦略を駆使する国際企業が入り混じる一大スポーツマーケティング産業へと発展した。

ホルスト・ダスラーの没後も、スポーツマーケティングと放映権に関してはＩＳＬが長年にわたって業界を牛耳っていた。かつてのアディダスの後継者であるホルストが苦心の末に築いた親交は依然として効力を発揮しており、彼がルツェルンに設立したこの会社は、サッカーのワールドカップやオリンピック、その他の国際選手権にまで、その取引の場をやすやすと拡げていった。

ところが九〇年代に入ると、ISLは収益性の高いこのビジネスから徐々にはずれていった。四人合わせて大株主となったダスラー姉妹は、ジークリットの夫でマッキンゼーのコンサルタントを務めていたクリストフ・マルムスにこの会社の監視を任せていた。だが、残念ながらマルムス自身がISL内に摩擦を起こし、しかも彼の経営計画は全くずさんなものであることが判明した。

まず、マルムスの流儀がもとで、スイスのビジネスを築いた二人の幹部、クラウス・ヘンペルとユルゲン・レンツが会社を去った。マルムスという人間がわかってくると、二人はホルスト・ダスラーがしばしば口にしていた義理の弟への非難の言葉に同調せずにはいられなかった。彼らはすみやかにルツェルン湖の対岸へと移り、競合会社のチームマーケティング株式会社を設立した。

それ以後、クリストフ・マルムスはISLの経営権をしっかりと握り、無謀な多角化戦略を取り始めた。マルムスは、カーレースからテニスにいたるまで、サッカー以外のあらゆるスポーツの分野でも契約を勝ち取ろうとしたり、ブラジルのサッカーチームの獲得に乗り出したりした。彼はISLの上場を最終的な目標にしていると、他の株主たちに説明していた。

高橋治之は、不安を募らせながら、この変化を見つめていた。電通はまだISLの株式の四九パーセントを保有しており、高橋は彼の構想は間違っていると何度もマルムスを説得しようとした。「最も収益性の高い三つの資産に集中するべきだと助言したのですが、彼は聞き入れませんでした。彼の頭の中は壮大なプランでいっぱいだったのです」と高橋は語った。

高橋が恐れていたとおり、昔からのクライアントが新しい経営方針に不満を漏らし始めた。オリンピックのマーケティングを手がけるファン・アントニオ・サマランチやディック・パウンド、それにマイケル・ペインは、マルムスのやり方には感心できないと明言した。実際に、彼らはマルムスの態度に嫌気がさして、とうとうＩＳＬとの取引を断ってしまった。

高橋自身もこの会社の持ち分が心配になったため、なんとかダスラー姉妹と接触し、マルムスを解任するよう要請した。四姉妹はマルムスを信頼していると言い張り、要請をはねつけた。そこで高橋は、アディ・ダスラー・ジュニオーに会うためロサンゼルスに飛んだ。当時もまだ、彼と姉のズザンネが持つＩＳＬ株の比率は、ダスラー家の持ち分のなかで最も大きかった。ダスラー姉妹を説得してマルムスを解任させることができないなら、この二人から株を買って過半数を占めればよいと高橋は判断した。ホルストの子どもたちは高橋の要請に理解は示したものの、マルムスと敵対することには難色を示した。それに、彼らのＩＳＬ株については、叔母たちが第一先買権を持っていた。

それでも、電通がいつまでもＩＳＬを援助できないことははっきりしていた。「そんなに不満があるなら、こちらの株を喜んで買い取ってやると、マルムスは言いました」と高橋は語った。電通は自社保有の会計会社ＫＰＭＧに、第三者によるＩＳＬの監査報告をやらせた。その見積もりでは、電通の所有する四九パーセントの株は一〇〇〇万スイスフランに満たないということだった。長期に及ぶ交渉を重ねた後、一九九四年一一月に、高橋は三九パーセントを約四〇〇〇万スイスフランで売却した。電通は、日本でのＩＳＬの専属代理店契約を継続する保証として、一〇パーセントを保持した。これはのちに非常に懸命な判断だったとわかるのだが、策略に富む高橋もこのときはそれに気づいていなかった。

日本と韓国が共催する二〇〇二年ワールドカップに触手を伸ばすに当たって、電通は非常に有利な立場にあった。アディダス自体もこのイベントへの大幅な投資を決定していた。それによって、うまみのあるアジア市場に今後長年にわたって商圏を伸ばすことができる。だが、この巨大プロジェクトは経験の浅いチームに任されることになった。それはまるで自殺行為のように思われた。

第二十六章
ブルーフィーバー

夜の一一時、新宿野村ビル三三階の明かりはまだついていた。一九九七年一二月中旬からこの小さな事務所を借りているのは、アディダス・ジャパンの設立を依頼されたフランス人のクリストフ・ベズだった。デサントとの提携が突然打ち切りになり、アディダスは日本で一から出直さなくてはならなくなった。ベズのもとで一緒に仕事するのは、たった二人の部下だけだった。三人は寝る間も惜しんで仕事に没頭した。

デサントは発注済みの商品を責任を持って配送してくれていたが、ここ数カ月のうちに、ベズは完全に自分たちだけで業務を動かさなければならなくなった。一九九九年二月からアディダス・ジャパンは操業を開始しなければならない。コンピュータ作業からデザインに至るまで、あるいはマーケティングから生産、保管業務にいたるまで、一切合財をこなさなければならなかった。そのうえ、デサントは提携打ち切りを一種の裏切り行為と考えていたため、ベズはかつてのパートナーからの辛辣《しんらつ》な言葉にも耐えなければならなかった。

ベズが非常に懐疑的な反応に直面したのも、不思議なことではなかった。当時日本にいた他の外国人ビジネスマンと同様に、彼もまた必ず失敗するだろうと多くの人が予測していた。「いろいろと嫌みを言われました。我々はガイジンだからきっと失敗するだろう。外国人が既存の日本企業に立ち向かっても、絶対に成功しない。誰もがそう言いました」と、ベズは当時を振り返った。

それでも、この勇猛果敢なフランス人はひるまなかった。大阪を引き上げ、東京にアディダスの事務所を開く、それがベズの下した最初の決断だった。信頼する二人の部下を説得し、ついてきてもらった。大阪では研修社員に過ぎなかったダヴィド・グラヴェは、突然、副社長に引き上げられた。もう一人は、実際の業務を運営し、日本企業との橋渡しを務める中野雅代だった。

それから数週間のあいだ、ベズと二人の部下は、一日の大半を入社予定者との面接に費やした。アディダス・ジャパンはデサントから三〇人の管理職を受け入れた――それはベズがデサントと交わした約束だったのだが、彼らを採用したことにより、ベズは顧客リストをすべて手に入れることができた。ベズは、日立と共同で柏に倉庫を建てた。さらに、自前の商品ラインの製造を始め、デサントが商品の出荷を止めたらすぐに始動できるようにした。クリストフ・ベズは、こんなペースで仕事に走り回っていたため、半年間はホテル暮らしを続けた。住む部屋を探す時間もとれなかったのだ。

この小さなアディダス・チームが実現不可能と思える仕事に取り組んでいた頃、ナイキは日本で思いがけない困難に直面しており、その事実はアディダス・チームを勇気づけた。ナイキはスニーカーの発売で莫大な利益を上げていたが、一九九八年、突如として売上が落ちこみ、やがてナイキ・ジャパンの販売は本格的に崩壊していった。一九九七年には売上が一〇〇〇億円に迫る勢いだったのが、一年後にはほぼ半減していた。

ナイキの敗北に乗じるために、アディダスは早急に新たなビジネスを考えだす必要があった。クリストフ・ベズはまずデサントが確立した幅広い販売網を整理することから始め、二一あったアディダスの卸売業者のうち四社だけを残して、あとは一掃した。なかには、取引の多いデサントとの関係悪化を恐れて、向こうからアディダスとの取引を断ってきた業者もあった。だが、ベズはさらにいくつかの業者と縁を切り、最も効率がよく活気のある業者との取引だけを残した。

次にベズは小売店の信頼獲得に奮闘し、大きな取引先とは個人的な関係を築いていった。度重なるビジネスランチの結果は外見にも現れ、一〇カ月で一〇キロ以上太ってしまった。そういうなかで、ゼビオのようにいまはまだ小さいが今後発展しそうな小売店とも強い絆を築いていった。ゼビオはベズの魅力に惹かれ、日本でのアディダスの将来に期待をかけるようになった。

モルテンの民秋史也社長は、時々ベズとベズの将来のパートナーとの橋渡し役を務めた。日本の定評あるビジネスマンの民秋は、アディダスがデサントとの決別にいたったいきさつを穏やかに説明することができ、ベズと会う時間のない提携先候補にもその話をしてやった。「気持ちのうえでは、ほとんどすべての小売店がアディダスとの取引に乗り気ではありませんでした。でも私は国際ビジネスを取り巻く状況を説明し、これもグローバル化のマイナス面として受け入れるべきだと言ったのです」と、民秋は説明した。

一九九八年四月、アディダス・ジャパンがその大胆なプランを発表する機は熟した。アディダス・チームはヨットを借り、三角形のアディダスのマークをつけて、ずうずうしくも、苦戦を続けるナイキ・ジャパンのビルの鼻先に停泊させた。招待客を出迎えたのは、クリストフ・ベズ、アメリカ人最高執行責任者のロブ・ラングスタッフ、民秋史也、それにルイ＝ドレフュスも姿を見せた。黒のアディダスのセーターに身を包んだ四人は自信満々で、目標は日本市場のトップに立つことだと宣言した。三カ月前に正式登記したばかりで、その年の売り上げが二六五億円にすぎない会社が掲げる目標としては、ばかげた無理難題に思えた。

やがて、アディダスの経営陣は任務に没頭し始めた。会社は牛込神楽坂にあるさらに大きな事務所に移転し、事務所から通りをはさんだ向かいにある、ベルギーのおいしいビールを出すバー〈ブラッセルズ〉に、経営陣は毎晩そろって通っていた。他の社員は事務所に泊まりこんでいた。一階に備えてある布団で寝る者もいれば、椅子に座って一眠りするだけの者もいた。

その間もずっと、クリストフ・ベズは言葉遣いに気をつけていた。デサントの訴訟問題が進行中だったからだ。常に最低一人は弁護士が横について、審理に支障をきたすような発言をしないよう注意していた。やがて、デサントが賠償金について徹底的に闘う構えであることがはっきりしてきた。その額も五億から一〇億ドルに上がっていた。アディダスの幹部は、契約に基づく限りデサントの言い分を不当だと感じていたが、日本の調停委員会がどう判断するかが不安でならなかった。

訴訟に対する不安をさらに募らせたのは、アディダス・ジャパンにとって屈辱的な失敗が起きたことだった。開店初の売り出し後、小売店から苦情電話があり、アディダス製品に明らかな欠陥があると指摘された。子ども用のジャージは首のあきが狭すぎて着ることができなかった。右袖が左袖より長いものもあった。別の商品では、日本語のラベルがでたらめで、失笑を買ってしまった。

新しい倉庫の中が乱雑になっていたことも、この失敗に追い打ちをかけた。商品が行き当たりばったりに積み重ねてあったので、注文品を分類するスタッフが関連する商品を見つけられないでいた。中野雅代は、気がつくと配送の遅れに文句を言う小売店からの抗議の電話を受けていた。

「毎日謝ってばかりいました。でも、幸いなことに小売店の多くは寛大な方たちで、私たちを励ましてくれ、始めのうちはいろいろ問題があるものだと理解を示してくださいました」

こうしたつまずきはあったものの、アディダス・ジャパンが正しい道を進んでいることは、すぐに明らかになってきた。欠陥商品の問題は、日本人のサイズやラベルの問題にきちんと対処できる日本の商事会社が一部の商品を請け負うことで解決した。倉庫はきちんと整理して、スムーズに機能するようにした。多くの小売店は、ベズが真剣に取り組んでいることを確信し、翌月からの注文を増やしてくれた。だがアディダス・ジャパンの立役者たちにとって突破口が開けだしたのは、リヨンでの涙の再会劇のあとのことだった。

豪華なホテルの会議室で、数人の上級幹部が最後にもう一度メモに目を通していた。一九九八年のワールドカップ開幕前に親善試合のためにリヨンに集まっていた彼らは、そこでブラジルの驚くべき試合を目撃した。だが、その朝ホテルでは、アディダスの管理職たちが日韓共同で開催する次のワールドカップに向けて決定的な作戦を準備していた。

彼らにとって最も重要な客は、日本サッカー協会の長沼健会長だった。一九六八年のオリンピックで銅メダルを獲得した日本チームで、長沼は監督を、岡野はコーチを務め、その後サッカー界での地位を高めていった。アディダスの幹部たちには、長沼を説得し、共催国として大きな注目を集める日本チームにスリーストライプを履かせるという使命があった。

その前の週には、アディダスのサッカー関連ビジネスの責任者ペーター・マーラーが、韓国サッカー協会の会長と会談するために、すでに数日間ソウルに滞在していた。だが、韓国サッカー協会会長はアディダスの代表団との会談を拒み、会長の代理が韓国側はナイキとの折衝を進めていることを明言した。そのため、アディダスの幹部はなんとしてでも日本との契約を獲得しなければならなかった。

過去において、日本サッカー協会のスポンサーシップは、いかにも日本的なやり方で決められていた。アディダス、プーマ、アシックスの三社間で取引が交わされ、三社が持ち回りで後援することになっていた。つまり日本チームは毎年この三つのブランドのどれかと交代で提携するわけだが、そのやり方では結局どのブランドにとってもうまみが薄い。一九九八年のワールドカップでは、日本チームはアシックスと提携するが、もし日本チームが大方の予想に反して健闘したとしても、アシックスはその宣伝効果を十分に活用できないのだ。なぜなら、翌年になれば代表チームはもう別のブランドのジャージを着なければならないからだ。

アディダスの幹部たちは、今回の会議に洒落たプレゼンを用意していた。アディダスを履いた一九六八年の日本チームのフィルムを上映するのだ。そのうえでこれまでの提携条件をはるかに超える出資を提示する。トレーニング・プログラムや、その他日本サッカー界全体の発展に役立つような長期的計画に協力しようというものだ。

提携に対してもかなりの額を用意していた。日本チームの価値は、約五〇〇万ドルと査定していた。これは、サッカーの伝統がはるかに長いフランスに対するものとほぼ同額の出資だった。あと数年もすればワールドカップの高揚感に日本中が包まれるわけだから、契約が成立すれば、何倍にもなって返ってくると考えたのだ。だが鋭敏なアディダスの幹部たちは、約束した出資額に負けず劣らずインパクトのある隠し球を、このリヨンの会議に用意していた。

デットマール・クラマーは日本のコーチとして成功を収めた後、世界中でコーチをして回り、訪れた国の数は九〇カ国にのぼった。七〇年代の初めには、フランツ・ベッケンバウアー、ゲルト・ミューラー、ゼップ・マイヤーといった当時のドイツのトップ選手を多く集めたバイエルンのコーチを務めてほしいと頼まれた。だがクラマーがミュンヘンに到着しても、選手たちは全く何の感情も抱いていないようすだった。クラマーの身長が低いことから、選手たちは彼を「ちびおやじ」と呼び、彼の利口ぶった話し方を始終真似ていた。けれどもクラマーがチームをリーグ戦連覇へと導いたことで、生意気な選手たちも彼に尊敬の念を抱くようになった。

当時クラマーのそばにはつねにアシスタントコーチを務めるヴェルナー・カーンが付いていた。彼はいつも予備のサッカーシューズを持ち歩いていた。カーンはその後アディダスに移り、ペーター・マーラーに付いて仕事をしていた。リヨンでの会議の直前、カーンはバンコクに電話をした。クラマーがタイチームのコーチをするためにバンコクに滞在していると聞いていたからだ。クラマーは少し躊躇《ちゅうちょ》していたが、カーンが賓客リストのある人物の名を告げると態度が変わった。「わが兄弟の岡野のためなら、地球を半周してでも喜んで駆けつけるよ」とクラマーは言った。

この電話によって、リヨンの会議室の中で涙の再会が実現した。クラマーがドアから入ってくるのを見たとたん、岡野は彼のもとへ飛んでいき、二人は互いに抱き合った。グルメで知られるこのフランスの街でも指折りのレストラン〈レオン・ド・リヨン〉で、アディダスが奮発したランチは、長年の友の再会を祝す宴のように感じられた。

もう一つの切り札は、モルテンと民秋史也だった。いまもアディダスのボールをライセンス生産する民秋の会社は、Jリーグが発足した一九九三年当初から、公式試合球のサプライヤーでもあった。彼はサッカー協会の幹部全員と個人的なつき合いがあり、アディダスとの提携に乗り気でない人物に対しては、彼のほうがアディダスのスタッフより簡単に話ができた。

アディダスとナイキのあいだで契約をめぐる争いが続くなか、一九九八年六月に長沼健は岡野に会長職を譲った。これはアディダスにとってとてもありがたい展開だった。長沼もアディダスの主張を聞いてくれはしたが、何といっても岡野はアディダスにとって友人だった。

それでも形式上、アディダスは何度かプレゼンを行わなければならなかった。クリストフ・ベズは東京のハイアットホテルの豪華な宴会場を借りて、日本サッカー協会の幹部を二度目の会談に招いた。今回は、フランツ・ベッケンバウアーを伴ったロベール・ルイ＝ドレフュスが自ら出向いて、ペーター・マーラーとそのスタッフをバックアップしてくれることになっていた。二人はドルトムントから同じ飛行機に搭乗し、機内でスピーチの準備をすることになっていた。二人は相変わらずのんきな様子で飛行機から降りてきたが、スピーチ原稿を用意していないと聞いてマーラーは仰天した。「二人はのんびり飛行機から降りて来ましたが、話す内容については全く考えていなかったんです」と当時を振り返るマーラーは思い出しただけでも身震いがするようだった。「でも、彼らは普段と変わりなく、魅力たっぷりに自分の役割を果たしていましたよ」

契約が正式に成立したのは、一九九八年一二月、東京でトヨタカップが開かれた折だった。アディダスの幹部たちは、長期の出資を繰り返し約束した。彼らは、「アディダスはサッカーそのもの」というメッセージを伝えた。世界中でサッカーを発展させること、それはアディダスのビジネスの一環だった。最後の話し合いの席では、アディダスが、トヨタカップで優勝したばかりのレアル・マドリードのトップ・プレイヤー数人を招いて、またしても日本サッカー協会（ＪＦＡ）の幹部たちを驚嘆させた。

岡野俊一郎がのちに明かしたことだが、ナイキは日本チームとの契約にあたって、アディダスよりも高額の条件を提示していた。それでも彼は、スリーストライプ以外の提携先を考える気にはなれなかった。「井戸水を飲むときは井戸を掘った人のことを忘れてはならない、という諺《ことわざ》がありますす。日本でまだサッカーが何の意味も持たなかった頃、アディダスが我々に多くのものを与えてくれたことを忘れるわけにはいきません」岡野はそう語った。

岡野がアディダスに決めたもう一つの理由として、ＪＦＡには長期契約を求める必要があった。二〇〇二年のワールドカップで日本チームが芳しくない成績に終わった場合でも、スポンサーに逃げられないようにするためだ。アディダスは、少なくとも二〇〇六年まではチームをバックアップすると保証してくれた。その年、日本がワールドカップに出場できるかどうかはわからないにもかかわらず。アディダスの幹部たちの真摯《しんし》な姿勢とその人間味が、スリーストライプを契約に導いたのだ。バンコクからリヨンまでの往復切符は、実に採算の取れる投資であった。

契約が成立するやいなや、アディダス・ジャパンは世紀のサッカー大会の準備に乗り出した。一九九八年に開かれた前大会では、Jリーグによって日本チームの実力が飛躍的に向上し、かつてないほどサッカー人気が盛り上がっていることが証明された。今度の大会は半分が日本で開催されるわけだから、アディダスの敏腕幹部たちは、日本中を熱狂の渦に巻き込みたいと思っていた。彼らはこれを〈ブルーフィーバー〉と呼んだ。

宣伝効果という点では、スリーストライプは圧倒的に有利だった。アディダスは提携先をＦＩＦＡにも拡げており、それはつまり、ワールドカップの公式サプライヤーになったということだった。公式試合球の〈フィーバーノヴァ〉から審判のソックスにいたるまで、すべてを提供できるのだ。日本チームとの提携は非常に大きな強みとなった。

デサントでクリストフ・ベズの忠実な部下だった元研修社員、ダヴィド・グラヴェは、プロジェクト全体の責任者を任された。彼は三年前から準備に取りかかり、広告スペースの確保や接待の手配などを進めた。また、広報部と協力して壮大なキャンペーンを練った。「ワールドカップが始まる前からアディダスは勝たなければいけない、というのが我々のスローガンでした」と、ベズは語った。

来るべきサッカーの祭典に舞台裏から水を差したのは、進行中のデサントとの訴訟問題だけだった。法的な準備に数年かかったのち、二〇〇一年の年末に、クリスチャン・トゥールはデサント側の飯田洋三とキャスリン・ジョンストンとともに、調停委員会に出頭した。

普段は冷静沈着なトゥールにとっても、これは苦しい経験だった。「数日間にわたって審問を受けました。まさに悪夢のようでした」とトゥールは語った。飯田は落ち着いて聴聞を受けたが、ジョンストンの経験も同様に信じられないものだった。アディダス側の弁護士が彼女の日本語読解力を疑問視したため、ジョンストンは午後の時間ずっと法廷で日本語の文書を翻訳させられていた。法廷はきっと日本寄りの判断をするだろうとトゥールは思っていたし、デサント側の弁護士も勝算は十分にあると飯田にアドバイスしていたのだが、結局はすべての訴因に関してアディダスが勝利した。調停委員会はどうやら厳密に契約上の視点から審理しようと決めたようで、デサントが前面に押し出した道義的な論拠は無視された。

それ以来、アディダスの弁護士たちもサッカーのお祭りムードに浸っていられるようになった。ベズはこのお祭りムードを日本人サポーターのあいだに浸透させて、身近なライバルたちに不意打ちを食わせようしていた。「アディダスと言えば、とにかく汗とパフォーマンスだと思われていました。でも、日本人は何があろうと、チームを応援し、楽しい時間を過ごすことでしょう。みんながほんとに望んでいるのは、欲求不満のはけ口なんですから。だから祭りを仕掛けることにしたのです」とベズは語った。

そこでアディダスの日本人社員は、家族そろってあらゆる種類の娯楽が楽しめるサッカーエンターテインメントパーク〈フィーバーゾーン〉を展開し、日本中で興奮を盛り上げた。サッカーをテーマにしたアート展も全国を巡回させた。さらに数多くの広報活動に出資して、東京の路上や、その他あらゆる場所で活気あふれるイベントを開催した。

その一つに、東急デパートの前で揚げられた中村俊輔の胸像のアドバルーンがあった。この胸像には、のちに代表チームのジャージが着せられた。ほかにも、東京のロータリーのど真ん中で特大サイズのサッカーボールに自動車が押しつぶされるというパフォーマンスが行われた。これは通勤客の注目を集め、マスコミからも広く取材を受けた。デヴィッド・ベッカムの東京訪問も、完璧にアディダス・ジャパンのシナリオどおりに進められた。

アディダスの幹部たちは、このフィーバーがどんどん拡がると自信をもっていたので、代表チームのジャージを大量に発注し、六〇万着が倉庫に積まれた。これはアディダスにとっては前例のない数字だった。だが、四月になってもその半分しか売れていないことがわかると、幹部たちもだんだん不安になってきた。

そのウイルスをまき散らしたのはアディダスだったが、試合が実際に始まってみると、熱気は本当に拡がっていった。日本中がサッカーの試合に熱中しているようだった。さらに、日本チームの思わぬ善戦が興奮に輪をかけた。

アトルシエのチームがベルギーと互角に戦い、稲本潤一が果敢にも同点シュートを決めると、アディダス・ジャパンの幹部たちは両手をこすり合わせて喜んだ。第二試合で、中田英寿が日本側に有利に試合を傾け、初めてチームがワールドカップ決勝トーナメントに近づいたときには、アディダスの幹部たちもその幸運が信じられなかった。このときばかりは、中田がよそのブランドのシューズを履いていることなど、アディダスの誰もが気に留めていなかった。

クリストフ・ベズが予想したとおり、日本人サポーターたちは大喜びで通りに飛び出し、代表チームのユニフォームを着て、自分がサポーターの一人であることを熱烈に表明した。突然、アディダス製の青いジャージが飛ぶように売れ始めた。「これで五億円近い収益を上げられそうだ」と、アディダス・ジャパンの当時の最高執行責任者のロブ・ラングスタッフは驚嘆の声を上げた。

それ以前から、クリストフ・ベズはフィリップ・トルシエとたえず連絡をとっていた。中村がチームから外されたという発表の後、トレーナーがもう一つ好ましくないメッセージを伝えてきた。アディダスと契約中の宮本恒靖が練習中に鼻骨を折ったというのだ。アシスタント・トレーナーはノーズガード（フェイスガード）を作って、宮本にプレーを続けさせようとしているが、うまくいくか定かではなかった。

ベズとトルシエが食事をしているところへ、例のアシスタント・トレーナーが立ち寄り、ノーズガードを見せてくれた。「驚きましたよ。まるで怪傑ゾロのマスクのようでした」とベズは言った。「そこでうちのサッカー部門のプロモーション部長で電話をしたんです。彼は、『宮本は落ちこんでいるようだから、そっとしておいたほうがいい』と言いました。でも、私には元気そうに見えました。そこで私は、同じゾロのマスクをまとめて注文したのです。あのマスクをかけると、漫画のような風貌になるんです」

結果的には、〈ツネ〉こと宮本は、アディダスのマスクをとても気に入ってくれた。それから数日間でアディダスは二〇〇万個以上のマスクを配り、これはワールドカップの三つ目のシンボルになった。ボールは六五万個と記録的な売上を示し、これに対しジャージは六〇万着売れた—

―それは前例のない数字だった。

ナイキは中田英寿と韓国チームを使って反撃に出た。韓国のサポーターは、ナイキが売り出した赤いTシャツを着て熱狂したが、アメリカの企業にとって、青いジャージがアディダスにもたらしたほどの価値はなかった。

アディダス・ジャパンは日本を負かすチームが出てくることをすでに予測しており、ナイキと提携しているとはいえ、勝ち進んできそうなブラジルチームを利用して利益を得るプランを立てた。クリストフ・ベズは、ブラジルのダンサーチームをいくつか雇い、グリーンにイエローのアディダス製の衣装を着せてスタジアムの周りを踊らせた――それは、便乗宣伝の規制をうまくすり抜けた戦術だった。

その特別な年の終わりには、アディダス・ジャパンは、設立からたったの四年で約五〇〇億円の売上を計上した。アディダス全体の中でも、日本は早くもアメリカに次ぐ二番目の市場になろうとしており、収益に関しては他をはるかにしのいで、最大の貢献をしていた。

アディダス・ジャパンが設立されて以来、二〇〇二年のワールドカップ開催は、恐ろしいほどの刺激剤となっていた。熱狂する人々の写真であれ売上の数字であれ、このイベントがアディダス・ジャパンに与えた反響を正しく伝えることができるものなどなかっただろう。だが、次のドイツ大会は、アディダスとプーマが最後の対決とばかりに覚悟を決めてかかっており、投資額もいっそう跳ね上がることだろう。

第二十七章

真昼の決闘

フィリップ・トラルソンは興奮気味に分厚いルールブックのページをめくっていた。細かな規定が何百も記されたサッカーの国際ルールブックは、短い時間で読めるものではなかったが、プーマでサッカー部門のマーケティングを担当するトラルソンは、面白い抜け穴を見つけたと思った。その抜け穴とは、サッカー選手のウエアの袖丈については何の規定もないということだった。

数カ月後、プーマ製の体にぴったりとフィットしたノースリーブのウエアを着てアフリカのスタジアムに現れたカメルーンチームは、興奮を巻き起こした。それはまさにプーマの上級幹部たちが唱えた戦略と一致するものだった。つまり、コストを抑えながらも、飛び跳ねるネコをカッコよく、型破りなものに見せることに成功したのだ。

こうした賢い投資によって、プーマの若き社長、ヨッヘン・ザイツは、プーマのブランド評価を全く新しいものに作り変えた。もはやただのスポーツブランドではなく、パフォーマンス・スポーツからセールスとインスピレーションを引き出す企業として、プーマは全く新しいビジネス・コンセプトを象徴する存在になっていた。それが意味するのは、スポーツを基調とするライフスタイルとスポーツ、ファッション、エンターテイメントを融合した巧みなマーケティング・ミックスだった。

一九九三年の四月、ザイツがいきなり社長の座に就いたとき、プーマは再建策に次ぐ再建策でかろうじて生き延びている状態だった。コサ・リーベルマンが退いたあと、スウェーデンのオーナーや社長が何人か続いた。一九九三年の売上高は一二億ドイツマルクにも満たず、それもすべて安物を扱う店での委託販売だったため、プーマのブランドは徐々に忘れ去られていった。

この気の滅入るような不振は、天才の名をほしいままにした長身のドイツ人、ザイツの登場によって終わりを告げた。彼はまだ三〇歳で、ドイツの上場企業の中では最も若い最高経営責任者だった。ヨーロッパのビジネススクールで学んだ彼は、六カ国語を流暢に話した。ハンブルクとニューヨークのコルゲート・パーモリーブ社に在籍していたときに、マーケティングの秘訣を学んでいた。だが最も重要なのは、彼が目指すべき方向を正確につかんでいたことだった。

一九九三年六月、警戒心の強いプーマ担当の銀行家たちがこの若者を紹介されたとき、彼らはそろって落胆のため息をもらした。新しい社長がまた新たな再建プランを持ってきたぞ、と彼らは思った。案の定、銀行はまたしても六八〇〇万ドイツマルクほどを都合しなければならなかった。だが半年後の一九九三年一二月には、銀行側も、相手はこれまでとは違うタイプの経営者だということに気づいた。ザイツはすべての目標を達成し、それもほぼ事前に通知していたとおりのコストですませていた。

予想どおり、ヨッヘン・ザイツは大鉈《おおなた》を振るうところから始めた。「聖域などない」と主張する彼は、五年でプーマを再建するというノルマを自分自身に課した。アディダスと同様の組織構造を持つプーマは、同様の構造的問題を抱えていた。例えば、高い生産コストや利潤追求型の企業にふさわしくない多くの事業といったものだ。街の反対側でロベール・ルイ=ドレフュスがやったように、ザイツもプーマから埃をきれいに叩き出した。そのうえで、マーケティング費用を以前のほぼ二倍、売上高の約一五パーセントにまで引き上げて、会社の建て直しにかかった。

この投資が実現したのは、一つには豊かな資金を持つアメリカ人パートナーがいたからだった。一九九六年、ザイツは、アメリカの映画製作会社リージェンシー・エンタープライズのアーノン・ミルチャンと将来を決定する取引をまとめた。ミルチャンはまずプーマの資本の一二・五パーセントを受け持ち、それからニューズ・コーポレーションの会長でリージェンシー株の二〇パーセントを所有するルパート・マードックらと協力して、徐々にそれを四〇・二五パーセントまで引き上げた。

ミルチャンは、イスラエルとの大規模な兵器取引——アメリカのある放送局の言葉を借りるなら、「核兵器の引き金からロケット燃料まで」——で財産の一部を築いたと言われていた。ジェット機で世界を飛び回り、各地に住居を持って、「港に着くと長身のスカンジナビア美人が待っている」そんな暮らしをしていた。しかしプーマにとって重要だったのは、ミルチャンが、映画業界の不確実な投資に慣れているため、四半期ごとにザイツにうるさくつきまとうようなまねをしない人物だったということだ。

この投資家の支援を受けた若き社長は、時折、突拍子もない予言をすることがあった。九〇年代の終わり、スポーツ用品産業全体が不振に喘いでいた頃、彼はプーマシューズの値上げを決めた。「ライバルたちの不意を打ったのです。圧迫された市場のもとで値上げをしたからこそ、プーマを高級ブランドとして位置づけることができたのです」とザイツは語った。

ザイツ自身、ジル・サンダーがプーマのためだけにデザインしたスニーカーを求めて、人々が彼女の店に行列を作るのを見かけたとき、プーマは危機を脱したと感じた。ほんの二、三年前まではディスカウント店で叩き売りされていたのに、突然二五〇ユーロ出してでもプーマのロゴのついた製品を買おうと行列ができたのだ。「信じられない光景でした。そのとき、うまくいったと思いましたよ」とザイツは語った。

同時に、プーマはスポーツに関して受け継いできたものを大事にし続けた。それは、スポーツの契約にはクールエッジを忘れないということだ。アメリカのテニスプレーヤー、セリーナ・ウィリアムズと契約したとき、プーマは彼女に鮮やかなイエローのワンピースタイプのウエアと人目を引くハイソックスを着用させた。陸上競技のチーム選びにはジャマイカへ向かった。競技能力が高いというだけでなく、ライフスタイルを連想させるものがあるからだ。一流サッカーチームと契約を結ぶなら、選手たちのちょっとしたセンスを活かせるように、イタリアのチームを好んだ。

すべてが驚くほどうまく結びついた。九〇年代の終わりには、プーマはその後数年間続く急成長期に入り、ザイツは時代を代表する、新しいタイプのドイツ人企業家として賞賛された。彼は、売上高が五年間で五倍になるという、驚くべき経営を指揮してきた。ザイツ自身も、一九九九年から六年間連続で二桁台の成長を遂げるという、プーマの「夢のような実績」に驚いていた。最も上昇傾向にあった四半期では、粗利益が五三パーセントを超えるまで増え続け、大手ライバル企業のなかでも一番の収益を上げていた。

日本での売上が増加したのは比較的遅かった。日本でのプーマ製品の販売はまだシューズはコサ・リーベルマン、ウエアはヒットユニオンが担当していた。九〇年代の後半には、それぞれの会社が一〇〇〇万円ほどの売上をあげていたが、プーマの認知度は国際的なコンセプトに合致していなかった。プーマはサッカーの分野ではトップであったにもかかわらず、一般の靴屋でも販売されていた。

九〇年代の後半になって、ヨッヘン・ザイツがたびたび日本を訪れるようになり、状況は一変した。彼は、コサ・リーベルマンとヒットユニオンに、スポーツに基づくライフスタイルというコンセプトを日本市場に紹介するため、協力し合って事業を進めるように働きかけた。コサ・リーベルマンの原田雅弘社長は、日本でのプーマの評価を高めるため、国際市場でのプーマの成功を大いに参考にした。つまり、スポーティーさを残したまま、ライフスタイルに大胆な工夫を加えるといった戦略だ。

風向きが明らかに変わったのは二〇〇二年一〇月だった。トレンドを生みだす若者たちが一群となって、原宿にその日オープンするプーマの店を目指した。カクテルパーティーには流行に敏感な著名人が出席し、翌週以降も来店する人の数は増え続けた。開店の広告は、山手線を〈トレイン・ジャック〉して、何千枚も吊るされた。原宿駅で降りた人々は、地面にレーザーで描かれた巨大な赤と白の猫の歓迎を受けた。「このとき、日本人にもプーマの何たるかがわかり始めたのです」と原田は語った。

二〇〇三年になると、プーマはコサ・リーベルマンからシューズのライセンスを買い上げて、プーマ・ジャパンを設立し、ヨッヘン・ザイツはその経営への支配力をさらに強めた。ほどなく、ザイツはヒットユニオンのオーナーである田辺一族との話し合いを始めた。社長の田辺克幸はヒットユニオンの事業のおよそ八五パーセントを占めるプーマを手放すことに難色を示した。けれども、アディダスとデサントのケースとは異なり、田辺は二〇〇六年を目途にプーマとの合弁会社を設立することに同意した。合意の内容は、田辺側が株の三五パーセントを所有し、生産部門のヒット工業が引き続きプーマのウエアを扱うというものだった。

その頃、プーマ・ジャパンはサッカーとライフスタイルの融合により成功を収め、二〇〇五年には四〇〇億円以上の売上をあげた。プーマはJリーグのうち三チームと契約し、将来を期待される多くの選手たちがプーマを身に着けた。というのも、福島県の工場で一部生産されているプーマのシューズは、とりわけ日本人の足に合うと評判だったからだ。これでプーマのシューズがピッチに広まるのは確実となり、一方で、ライフスタイルとデザイナーによる提案がトレンディさも保証した。このコンセプトがしっかりと確立されたため、プーマ・ジャパンは新しい工夫《ツイスト》を加えることで、ゴルフや野球といった他の分野への進出も検討できるようになった。

プーマ再建に資金を投入した投資家たちは、十分な報酬を得た。ザイツが指揮を執った最初の一〇年間で、株価は一六倍以上に跳ね上がった。二〇〇三年、巨額の利益を手にしてアーノン・ミルチャンがプーマを去ると、コーヒー事業で財を成したドイツのヘルツ一族の後継者がすみやかにその後を引き継いだ。

プーマの経営が回復し始めると、アディダスはただちにこの小さな隣人を、やんちゃな過去のライバルだと言って中傷した。プーマのライフスタイル系商品を指して、傲慢にも、プーマはライバルではないと言い放った。「プーマはスポーツ用品の会社ではないから」。だが実際には、プーマは猛然と勢いを盛り返しており、アディダスとの差はかなり縮まっていた。一九九四年には、プーマは連結売上でアディダスの約一四分の一だった。ところがザイツが指揮を執り始めてからの一〇年間で、連結売上は一五億ユーロを超え、アディダスのほぼ三分の一にまで達していた。アディダス自体が予想外の展開を見せていたことを考えると、これはなおさら注目すべきことだった。

ロベール・ルイ＝ドレフュスがアディダスで過ごした時代の最後を飾ったのは、一九九八年の七月、シャンゼリゼ通りで迎えたパリ祭だった。その後まもなく、彼は会議を欠席したり、難しい決断を要する問題を避けたりするようになり、周囲の目には仕事への関心を失ってしまったかのように映った。ルイ＝ドレフュスが白血病と闘っているという事実は、少数の幹部と友人だけが知っていた。

先のことがわからなくなり、彼は遺産をどうするかを考え始めていた。つまらない内輪もめやスポンサー取引をめぐる数週間の交渉などに煩《わずら》わされるのはもうご免だった。「どうとでもなれと思っていた。何しろ金はたっぷり稼いでいるんだから」とドレフュス自身が認めていた。だが、無気力感が会社全体に蔓延し始め、彼はついに舞台を下りることにした。

ルイ＝ドレフュスが辞意を表明するやいなや、数人の上級幹部が後釜をねらって画策し始めた。ルイ＝ドレフュスとトゥールは、この問題に関して珍しく意見が衝突した。結局、最後にはトゥールの意見に従うことになった。当時四六歳のヘルベルト・ハイナーがアディダスの指揮を執ることが決まった。

ロベール・ルイ＝ドレフュスの抜けた穴を埋めるのは決してたやすいことではなかった。口ひげをたくわえ、イギリスの戦争コメディーから抜け出たようなやや堅い態度と訛りが特徴の、まったく見映えのしないこのドイツ人にとっては、克服できない難題のように思われた。

バイエルンの肉屋の息子として生まれたハイナーは、学業を続けたくて誰よりも懸命に働いた。学費の一部はサッカーの技術で得ていた。ランツフートの二軍チームのレギュラーとして多少の収入を得ていたのだ。夏は、両親を手伝って豚や牛の屠殺の仕事をした。二人の兄弟との違いは、よくレジ係をさせてもらったことだった。「お金をいじるのが好きでした」とハイナーは語った。

ハイナーがプロクター・アンド・ギャンブル（P&G）社で数年間の厳しい訓練を受けていたとき、アディダスが声をかけてきた。だが、それは最悪のタイミングだったといってもいいだろう。彼はホルスト・ダスラーの亡くなるちょうど二週間前の一九八七年四月に入社し、その後のごたごたをすべて切り抜けなければならなかった。たえまないフラストレーションにさらされながらも、ハイナーは駆け足で出世の階段を上っていった。傍らには、つねに元マーケットリサーチャーのエリッヒ・スタミンガーがいた。ハイナーがアディダスのトップの座に就くと、言うまでもなく、スタミンガーもマーケティング担当役員として取締役会に入った。

二人の登場に歓喜するムードがないことに気づかぬふりをして、ハイナーとスタミンガーは直ちに重要な議題を明らかにした。アディダスは肥大化して、自己満足に浸っていた。二人は、過剰な幹部職を削減し、アディダス・アメリカの社長を交替させることにした。その後に、もっと能率的なビジネスモデルを取り入れ、アディダスを経営・マーケティング・小売販路開拓という ほぼ独立した三つの部門に分割することにした。

プーマと同じく、アディダスもまたスタイリッシュなブランドとして評価を高めることによって、市場をスタジアムの外に拡げようと奮闘していた。ステラ・マッカートニーや山本耀司などのデザイナーとの共同で、スリーストライプ入りのウエアやシューズのシリーズを手がけた。〈Y3〉と呼ばれるこのデザインは、アディダスの三つの主要ラインの一つとして確立された。〈パフォーマンス〉は地元のスポーツ店で販売され、〈オリジナルス〉はファッションショップに、〈Y3〉はセレクトショップに置かれた。

とはいえ、アディダスは依然としてスポーツ界としっかりつながっており、ヘルベルト・ハイナーは数か所に興味深い電話をかけていた。彼が突発的に交わした取引で、アディダスはバイエルン・ミュンヘンの株の一〇パーセントを取得した。このクラブは、結成当時からほぼずっとアディダスと契約を結んできた。それは、サッカークラブとの間により緊密で長期的な関係を築きたいスポーツ用品会社の意向に沿ったものだった。

大規模なエンターテイメント企業としてのサッカークラブの隆盛を、最も明白に示していたのがチェルシーだった。ロシアの石油王ロマン・アブラモヴィッチに買収された後、チェルシーの運は驚異的に上昇した。アディダスは、このクラブのスポンサーになるチャンスをつかんだ。八年間でおよそ一億ポンドというこの契約は、イギリス一流サッカークラブへのスリーストライプの完全復活を示すものだった。

リーガス・デラニーとの苦渋に満ちた決別後、広告代理店を変えて、最もアディダスにふさわしい選手とチームを起用し、「Impossible is Nothing（不可能なんてあり得ない）」をキャッチフレーズに、世界規模のキャンペーンが展開された。このキャンペーンは多くの賞を受賞した。多くの映像のなかには、セルハースト・パークでのデヴィッド・ベッカムのすばらしいフリーキックや、マルセイユの貧民街からレアル・マドリードのスターダムに上りつめたジネディーヌ・ジダンを映したものがあった。

ヘルベルト・ハイナーがアディダスにもたらした進歩は、どれ一つとってもそんな嘘っぽいセリフで要約できるものではなかった。だが、この謙虚なドイツ人は、何度も事をやり遂げた。会社は厳格さを増し、売り上げは安定した伸びを示して、株主はふさわしい報酬を得るようになった。

結果が出始めると、ハイナーは口ひげを剃り落とし、ルイ＝ドレフュス・コンプレックスを払拭した。最初の頃の守りの姿勢は、いつのまにか固い握手と自信に満ちた笑顔へと変わっていった。ハイナーは自らこう言った。「最高の経営者とは、アイデアを豊富に持っている人間ではない。一つか二つのアイデアを選んで、それを完璧に実行できる人間のことなのだ」

ヘルベルト・ハイナーの頭に最もすばらしいアイデアがひらめいたのは、二〇〇四年のアテネオリンピックの最中だった。夏のギリシャの熱気の中、選手たちが熱い戦いを繰り広げていたとき、彼はリーボックの社長、ポール・ファイアマンとくつろいだ様子で話をしていた。

絶頂を極めた八〇年代の後半以来、リーボックはつねに業界の国際ブランド第三位らしい存在感を感じさせてきた。バスケットボールの世界では、アメリカのアレン・アイバーソンやそのチームメイトで中国人の姚明《ヤオミン》といったスター選手と契約し、つねにナイキとしのぎを削ってきた。

だがリーボックはその熱意をおおかた失い、八〇年代に〈フリースタイル〉で旋風を巻き起こしていた頃の面影はなかった。リバプールやその他少数のチームと契約を結んでいるものの、ヨーロッパ市場を形成するサッカーの世界にはうまく進出することができなかった。リーボックの売上の大半はアメリカ内のもので、ミュージシャンのジェイ・Zやフィフティー・セントと契約を結んだ第二レーベルの〈Rbk〉を通じて、スタイル志向のスポーツブランドとして生まれ変わろうとしていた。

酒を飲みながら、ハイナーとファイアマンの会話はさまざまな話題に及んだ。それからほぼ一年後の二〇〇五年八月、二人はアディダスが約三八億ドルでリーボック株の公開買いつけを行うと発表する準備に入っていた。ポール・ファイアマンと妻のフィリスはリーボック株の一七パーセントを所有していたので、およそ八億ドルを手にする立場にあった。

この巨額の取引の大原則は、アディダスとリーボックが引き続き、ほぼ独立性を保って経営を続けることにあった。リーボックの経営陣は、ボストンから数マイル離れたカントンの巨大本部に留まり、指揮を執ることになっていた。一方で、二つのブランドが弱点を補い合えば、成長を加速できると考えられた。

この提携の大きな目的の一つは、ヘルベルト・ハイナーがいまだ目標を達成できずにいる唯一の市場、アメリカでのアディダスの事業を強化することにあった。九〇年代には好調に転じたアディダスだが、七〇年代から八〇年代にかけてナイキとリーボックにKOされた痛手から完全には回復できておらず、いまだに市場占有率は一二パーセント程度に留まっていた。

　だがこの巨大取引によって、スポーツ業界の勢力分布図はおそらく根底から変わり、アディダスとリーボック対ナイキの真っ向勝負という図式ができあがった。それは、数年間に及ぶ合併のうねりのなかで最も劇的な動きであり、残ったのは同族経営の中規模なスポーツ用品会社だけだった。それ以外の多くの企業は、いくつかのブランドを持つ一〇億ドル規模の巨大複合企業《コングロマリット》に統合された――それはまさにホルスト・ダスラーが三〇年前に予見したとおりだった。

　アディダス自体も、カルフォルニアのゴルフブランド、テーラーメイドを持つサロモンを買収していた。二〇〇五年にサロモンは売却されたが、テーラーメイドは六億三〇〇〇万ユーロ以上の売上に貢献した。リーボックグループは、ホッケーのジョファやゴルフのグレッグ・ノーマンなどのブランドを吸収して拡大していた。ナイキは二〇〇三年にコンバースを買収し、ホッケーのバウアーやサーフィン用品のハーレイ等のブランドからなる、売上高一三七億ドルのグループに加えていた。

　しかし、トップブランドだけを吸収し、さらにリーボックを獲得したことで、アディダスは、オレゴンの巨大企業、ナイキにかなり近づいていった。推定一一〇億ドルを売り上げる、とても手の届きようにないライバルだったナイキに対し、アディダスとリーボックは、二社合わせて約一〇〇億ドル――アディダスがほぼ七〇億ドル、リーボックが三二億ドル――の売上をあげた。

合併した二社は、将来性のある中規模ブランドに対し、さらなる投機を行った。アンブロとニューバランスがそのリストに載ったが、プーマはそのなかでも一番食指が動く企業だった。

一三億ドル以上の売上がある美津濃もリストにあがってよさそうだったが、美津濃はここ数年、不振が続き、ほとんど収益が上がっていなかった。会社を率いる二人の後継者、正人と明人の水野兄弟は、ともに国際的にも堅実な評価を得ており、その快活さで多くのライバル企業からも愛されていた。しかし、この会社の市場は大半が日本で、外国市場での売上は一〇パーセントにも満たなかった。

他の独立企業のなかで注目を集めていたのは、ランニング用品専門の日本企業で、売上は美津濃と同程度のアシックスだった。社長職ではないものの、依然として会社を統御している鬼塚喜八郎は、業界の知識人と見なされていた。アシックスの経営者は、高まるランニング熱に乗じ、規模の大きなライバル企業との正面衝突を巧みに避けていた。

この二つの日本企業はヨーロッパとアメリカでの売上を増やそうと奮闘していたが、スポーツ用品の巨大企業が最も激しい戦いを展開していたのは、経済成長によって驚異的な販売拡大を可能にしてくれるアジア市場だった。アディダス・ジャパンの元ゼネラルマネジャーのクリストフ・ベズは、アジア全域に対する企業戦略の責任者になっていた。彼は、アジアでのアディダスの売上が、二〇〇五年の一五億ユーロをわずかに上回る程度から二〇〇八年にはおよそ二〇億ユーロに達するだろうと大胆に予測した。

日本はつねにこの戦略の動力源だった。サッカー熱が治まると、アディダス・ジャパンはブルーフィーバーで獲得した評判を抜け目なく利用していた。目新しい契約の例では、早稲田大学のラグビーチームや読売ジャイアンツとの提携があり、ジャイアンツはアディダスのブランド名をつけた装具を身に着ける初めての野球チームとなった。

六本木に集まる人々の足元から、日本全国で四〇店舗にまで増えたアディダスショップのショーウィンドウまで、スリーストライプは日本中いたるところで見かけるようになった。二〇〇五年の一〇月には、光栄なことに、アディダス・ジャパンはマーケット首位の座をナイキから奪い取った。設立から七年とたたないうちに、牛込神楽坂にある小さな会社は九〇〇億円以上の売上を上げ、さらにライバル企業のどこよりも速いスピードで拡大を続けていた。

だが、確立された日本市場以外にも、アディダスはアジアの他の国の巨大な空き市場を探っていた。まず最初の狙い目は中国だった。北京オリンピックでスリーストライプが公式サプライヤーの地位を獲得することを視野に入れ、ベズは二〇一〇年までに中国だけで一〇億ユーロの売上を目標に掲げた。もしクリストフ・ベズがテープカットの大役を引き受けることになれば、一日につきほぼ一店のペースでアディダスショップが開店している中国で、彼はきっと大はしゃぎすることだろう。

アジアでのスリーストライプの強さが、リーボックとの提携の際の大きな論点だった。なにせ、リーボックはまだアジアではほとんど知られていなかったのだから。日本でも大流行したことはなく、その市場占有率は推定で一〇パーセントに満たなかった。

その一方、ライバル企業はみなドイツのサッカースタジアムで繰り広げられる世紀の対決に備えていた。二〇〇六年のワールドカップは、史上空前の売りこみ合戦の場となり、スポーツ用品業界の新王者を決める戦いの場となるだろう。

ニュルンベルクにある満員のコンベンションセンターで、アディダスの白いジャケットとスニーカーに身を包んだジネディーヌ・ジダンが照れ臭そうにステージに上がると、拍手が鳴り響いた。世界中から集まった何千人ものアディダス社員は、すべての聴衆が立ち上がるまで拍手と歓声を送り続けた。

今回初めて、会社は二〇〇五年三月三一日の特別マーケティング会議の開会式に全員が確実に出席できるよう、ヘルツォーゲンアウラッハから長距離バスをチャーターした。例年の会合に参加するのは、通常マーケティング関係のスタッフに限られていたのだが、今回の式典は非常に重要なものだったので、経営陣は社員全員が出席すべきだと考えた。二〇〇六年にドイツで開催されるサッカーのワールドカップに向けての壮大なプランを、この場で紹介することになっていたからだ。

五〇〇〇人近い人々が、ニュルンベルクホールに集まっていた。デヴィッド・ベッカムはトレーニングのためマドリードを離れられなかったが、アディダスは提携しているスター選手の大半をこの場に召集していた。ドイツのスター選手であるミヒャエル・バラックは、しばらくのあいだステージに呼ばれた。長年にわたるアディダスの盟友でワールドカップ組織委員会会長のフランツ・ベッケンバウアーの姿もあった。彼のそばに座っているのは、アディダスに変わらぬ忠誠心を示し、独占スポンサー権を与えてくれたFIFAの会長、ゼップ・ブラッターだった。

ヘルベルト・ハイナーと幹部たちにとって、この特別な大会の盛り上がりと比較になるものなど何もなかった。ドイツで開催される限り、最も有利な立場にいるはずだ。アディダスは、ワールドカップのおかげでサッカー関連の売り上げが一〇億ユーロをはるかに超えるだろうと予想した。つまり、二五億ユーロ規模のサッカー市場をリードするのはスリーストライプであると、改めて自ら宣言したようなものだった。

二つのライバル企業は、二〇〇六年の戦いの準備を数年前から始めていた。アディダスでは、詳細が漏れることのないように、ワールドカップ・プロジェクトを担当する社員は、秘密保持契約にサインをさせられた。ワールドカップ自体の企画も、同様に厳重なガードで固められていた。

アディダスの豪華パーティーのちょうど二週間後、今度はプーマがゲストを迎える番だった。プーマのサッカー立ち上げパーティーは、ベルリンのポツダマープラッツという未開通の地下鉄の駅で開かれた。この場所の都会的な雰囲気と建設工事の残骸が、プーマが提唱するカッコ良さにぴったり合っていた。

ヨッヘン・ザイツは、プーマが迎えた四〇〇人のゲストを前にして、要点を端的にまとめた短いスピーチを行った。プーマがスポーツ業界で受け継いできたものを完全に再生するときが来たのだ。内覧会によって、アディダスやナイキと同様、プーマもいまもなお信頼できるサッカーブランドであることが証明された。プーマは、ドイツのワールドカップで、他のどのブランドよりも多い一二チームにウエアを提供することになっていた。しかし同時に、プーマはランク的には他の二つのブランドよりもかなり後方にいるため、才気あふれる独創性を武器に、より目立つ存在にならなければならなかった。

プーマは、これまでどおりキャットウォークを使った自社製品の紹介をすることになったが、いつものプーマのひらめきによって、それでもなんとか面白いものに仕上がった。ショーが半分ほど進んだ頃、ブラジリアングリーンのプーマシャツを着た中年の黒人男性が顔中に笑みを浮かべ、気取った足取りでステージに登場すると、観客はみな口をぽかんと開けてそれを見ていた。とてもきれいな女性モデルの後ろを付いて歩くその男性はご機嫌だった。それがキング・ペレだとわかったとき、観客は狂喜した。このブラジルの超大物がプーマと提携していたのはほんの数年のことだったが、プーマはペレ・ブランドのシューズの権利をまだ持っていて、その埃を払ってベルリンパーティーに持ち出したのだ。

プーマの予算は比較的少なめだったが、アディダスとナイキは、ともにテレビ画面やサッカーグラウンドを自社ブランドで埋め尽くそうと、それぞれ一億二〇〇〇万ユーロ以上の投資をしたと言われている。代表チームのジャージとボールのデザイン発表は、大規模なメディアイベントとして準備された。人気の高い選手たちを起用した巨大な広告看板が、オープニングゲームの数カ月前から突如としてあちこちに現れ始めた。洒落たコマーシャルが大量に流れ、それぞれのブランドが提携しているスター選手たちを見せびらかせた。アディダスのキャッチフレーズは〈不可能なんてありえない〉、ナイキのキャッチフレーズは〈美しくプレーする〉だった。

双方の側で日本のスター選手たちもサッカー戦争に巻きこまれた。中村俊輔はその魅力を買われて、ジネディーヌ・ジダン、カカ、アリエン・ロッベンらとともに国際キャンペーンに起用された一握りのアディダス提携選手の一人になった。中田英寿はナイキの国際キャンペーンには起用されなかったが、ナイキ・ジャパンが打ち出したポスターキャンペーンの中心にいた。

一見子どもじみたこの応酬のなかで、主役の二社は法外な販売予測をぶつけあった。アディダスがジャージ一三〇万着以上の販売を確約すれば、ナイキは二〇〇着万以上売ると豪語した。アディダスが六〇〇万個以上の〈チームガイスト〉ボール——モルテン社がタイで作製したすばらしいシームレスボール——を売ると予告すると、すぐさまナイキは販売予想数を一〇〇〇万に引き上げ、するとまた今度はアディダスがさらに目標数を上げるといった具合だった。ナイキの経営陣はサッカーボールの売上高をおよそ一五億ドルに設定して、ヘルツォーゲンアウラッハ側の怒りを買った。それは、一九九四年の四〇〇〇万ドルと比べれば、桁違いの数字だった。

力の見せつけ合いは派手なサッカー界によくなじみ、試合は大がかりな販売合戦の宴といった様相を呈してきた。社員がシューズに二、三枚の紙幣を添えてこっそりとロッカールームに置いてきたのは、はるか昔のこととなった。観客は、スタジアムを取り囲む広告板や絶え間なく割りこんでくる派手なスポンサー広告から逃れることができなくなった。

巨額の金が飛び交うようになり、スポーツビジネス全般が、かつてダスラー兄弟が考え出したものとは全く違うものに変わってしまった。地元の鍛冶屋が釘を打ちつけて作ったスパイクシューズは、地面のでこぼこの度合いを感知するマイクロチップを埋めこんだ超精巧なインテリジェントシューズへと進化した。地下墓地のひそひそ声は、巨大なスポーツエイジェンシーの廊下で弁護士のローファーが鳴らすすり音に変わってしまった。車に乗せてもらっただけで喜んでいた素朴な選手たちは、今やシューズの紐を結ぶのにもいちいち合意が必要なリッチなスーパースターである。それはみな、かつては想像のできなかった光景なのだ。

エピローグに代えて

スポーツ選手

ジェシー・オーエンスは、ベルリンから戻ると、ニューヨークで紙テープの舞う中をパレードした。しかしベルリンオリンピック後に全米体育協会がヨーロッパで開いたエキシビションレースへの参加を断ったため、同協会から永久追放される。いずれも短命に終わったベンチャービジネスをいくつか手がけ、馬や犬と競走してやりくりした。一九八〇年三月に肺癌で亡くなっている。ジーモン・ヴィーゼンタールの提案で、ベルリンのオリンピックスタジアムに続く大通りに、オーエンスの名が付けられた。

フリッツ・ヴァルターは外部から殺到するオファーを断り続け、一九五九年に引退するまでカイザースラウターンにある自分のクラブ一筋で通した。ドイツ人評論家の多くは、ドイツが生んだ最も才能豊かな選手とみなしている。その謙虚で地に足の着いた姿勢で、広く大衆に愛された。最愛の妻イタリアを亡くして間もない二〇〇二年六月に亡くなった。一九五四年当時のチームからの二人が、ヴァルターの名を冠したスタジアムで行われた彼の追悼式に参列した。

アルミン・ハリーはローマオリンピックでダスラー兄弟のライバル関係に露骨につけいった最初のランナーだが、その後ほどなくして引退している。ドイツ選手連盟から出場禁止処分を受けたことも、引退を早めた理由の一つだ。正当な理由なくドイツのスポーツ関係者を批判したことと、連盟に経費を水増し請求したことを告発されたのだ。ハリーはその後、不動産をめぐる詐欺に加担したとして、一時期刑務所暮らしをしている。

ペレは、ニューヨーク・コスモスでの選手生活を終え、アメリカ最高のサッカーの宣伝塔となった。さらにブラジルのスポーツ大臣に任命された。この立場から、取り沙汰されているサッカー界の腐敗を厳しく批判し、強欲で無能なクラブ経営者から選手を守ろうとペレ法を成立させた。国連やユニセフ、プーマの親善大使も歴任している。

イリー・ナスターゼは国際テニストーナメントの常連となり、シニア部門での競技を楽しんでいる。短期間政界に身を投じたが、そこでの最高の実績はブカレストの市長選への出馬で、これは落選に終わっている。国が開放政策を取ると、ルーマニアのメディアと不動産に投資を始めた。現役の全盛期と比べればだいぶおとなしくなったことは、自分でも認めている。「そうでもしなければ、今ごろ頭がおかしくなっていますよ」とのことだ。三人目の妻、アマリアと娘とともに、パリとブカレストに住んでいる。

ギュンター・ネッツァーは、その荒々しいたてがみのような髪の毛は何とか維持したが、プーマから、よりビジネス向きのローファーに履きかえている。長年スポーツコラムニストとして身を立ててきた。その後、ドイツメディアの大手キルヒに属する権利の買取に加わったことで、スポーツビジネスにおける高い地位を得た。ロベール・ルイ＝ドレフェスなどの支援を受けたネッツァーは、二〇〇六年ワールドカップの放映権を扱うインフロントという名の新しいマーケティング会社の立ち上げに協力した。

フランツ・ベッケンバウアーはドイツサッカー界の皇帝としての地位を不動のものとし、ドイツ・ワールドカップ組織委員会の会長を務めている。口の達者なベッケンバウアーは同時に終身大使としてアディダスからも収入を得ているが、これは誰の目にも利害の対立とは映らないようだ。

家族

インゲ・ダスラーと**カレン・エッシング**は、ともにアディダスの株売却後ビジネス界から手を引いた。カレン・エッシングが夫とともにフランケン地方に残ったのに対して、インゲ・ダスラーはバハマ諸島に移った。かつての夫、アルフレート・ベンテはドイツでアディダス社の拡張時に手腕を発揮したが、今ではポルトガル南部で第二の人生を始めている。

ブリギッテ・ベンクラーは、ベルナール・タピから買い戻したホテル・ヘルツォークスパルクの経営を続けている。様々なスポーツ施設を導入したり、高名な両親の写真で壁を飾ったりして、高級ホテルに仕立て上げたのだ。

クリストフ・マルムスは、ホルスト・ダスラーと電通が設立したスポーツマーケティング会社ＩＳＬが二〇〇一年五月に破産すると、厳しい批判を浴びた。会社を上場しようという野心に燃えるあまり、マルムスは国際テニス連盟との法外な取引にサインしたのだが、これは会社の資産を大きく上回っていた。フランスのメディアとコミュニケーションの会社、ヴィヴァンディが一時期ＩＳＬに興味を示したが、調査の結果、負債が多すぎるとして、買取をあきらめた。スイス人検察官が数年かけて破産をめぐる状況を調査した後、ＩＳＬに関わった人間を六人起訴した。その頃までにはマルムス夫妻は離婚しており、ジークリット・ダスラーは子どもをつれてバハマ諸島に移った。

ズザンネ・ダスラーはホルストとモニカ・ダスラー夫妻の娘だが、ＩＳＬが破産したとき、それまで残っていたこの家族経営ビジネスへの興味を完全に失った。ゼップ・ブラッターがこのスポーツビジネスの不正支払いの裏にはダスラー家がいるのではないかとほのめかしたとき、ズザンネはこのＦＩＦＡの会長に箝口令《かんこう》を課した。スイスに移った彼女は、残りの家族と和解する決心をした。弟のアディ・ダスラー・ジュニオーは短期間ロサンゼルスにレストランを所有し、アディ・ワンという名の小さなスニーカー会社を設立した。

ゲルト・ダスラーは引退してヘルツォーゲンアウラッハに残り、

町一番の高給取りのゴルファーとして知られるようになった。二人目の妻リディアとともにクリストフ・ダスラー通りに住んだ。亡くなった兄アーミンとの刺々しいやり取りの末の調停で得た、父ルドルフから相続した家だ。この家には広い庭もあり、ペレやエウゼビオが子どもたちとうろつき回った。家族の喧嘩のことは今でも夢に見ることがあると認めている。

フランク・ダスラーは、ヘルツォーゲンアウラッハに怒りの反応を引き起こした。二〇〇四年六月、アディダスの法律関係の責任者に任命されたと発表された時のことだ。プーマの跡継ぎが川を渡って対岸に行くことを考えられないこととしてきたばかげたタブーを勇敢にも破ったのだ。古くからのプーマの従業員は、フランクの父アーミンが草葉の陰で嘆いているに違いないと言って怒った。アーミンの未亡人のイレーネ・ダスラーも地元タブロイド紙で同様の見解を示した。しかし、個人的にこの声明を取り下げて、この栄えある地位に指名されたフランクを祝福した。フランクは妻子とともにヘルツォーゲンアウラッハに住んでいる。

日本

デットマール・クラマーは、結局九〇カ国にその知識を広めた。そのトレーニング法を伝えられなかったのは一握りの島国だけだ。モヒカン族やスー族の酋長などとして称えられ、他にももっと正統派の肩書きを数多くもらっている。八〇歳の誕生日の祝いに、クラマーが床に寝そべってトレーニング法を実演して見せると、その精神のみずみずしさ、知識の豊富さ、それに肉体の柔らかさに多くの人は驚いた。話題が友人の岡野俊一郎と日本のことに及ぶと、その声には一種独特の張りが出る。

岡野俊一郎は、ドイツ文学を熱心に読み、息子にもドイツ語を学ぶよう勧めた母の影響に負うところが大きい。六〇年代に日本のサッカーチームのアシスタント兼通訳を務めたことで国境を越えた友情を育み、その助けもあって日本サッカー協会の会長にまで上りつめたのだ。この忠実な仲介役はさらに出世して、国際オリンピック委員会の委員にまでなった。家業の和菓子屋、岡埜栄泉の指揮は息子に任せている。

泉田弘は、自分はどこまでもプーマの人間だと言っている。失脚するほんの数カ月前にアーミン・ダスラーが東京に現れた日のことははっきりと覚えており、「まるで幼稚園児のような扱いを受けた」と不平を言いながら、涙を禁じえなかった。しかし彼は静かに引退し、プーマがアディダスをはじめとするライバルたちを完膚なきまでに叩きのめしたこと――少なくとも日本のサッカー場においては――を思い出して悦に入るのだった。

飯田洋三は、アディダスを失ったことから完全に回復することはできなかった。これは彼の企業観には受け入れられないことだったのだ。その後デサントは、自社ブランドやアンブロ、それにパニックになったベルナール・タピから極東における権利を買い取ったルコックスポルティフなどに注力した。デサントのアディダスに対する不服申し立てを東京の仲裁裁判所が却下したわずか数カ月後、飯田は社長職を辞任している。「よく眠り、時々ごく辛口のドライマティーニを楽しんでいます」と飯田は言う。大阪の関西大学に招かれてスポーツビジネスに関する講義を担当したが、暇な時間のほとんどを、ゴルフをしたり、ジャズ音楽を聴いたりして過ごしている。

ジャック坂崎は、ウエスト・ナリー社とホルスト・ダスラーとの突然の仲違いにひどく痛手を受けた。それでも日本に残ることに決め、独立した代理店の座にとどまった。本格的なスポーツマーケティング会社を設立するのに十分なほどの国際組織とのつながりを持っていたのだ。他の二社と合併し、二〇〇五年にジャパン・スポーツ・マーケティング社を設立した。坂崎の指揮のもと、敏速な動きをするこの会社は、テレビ放映権から選手の管理、スポーツイベントの主催までのすべてを取り扱っている。

高橋治之は、一九九八年一一月には気をもんだに違いない。ISLが株式上場の準備をしていたのだ。高橋は電通が持つISLの株三九パーセントを四〇〇〇万スイスフランで売ったのだが、UBSウォーバーグ証券はこの会社の資産価値を約二八億スイスフランと見積もったのだ。ところが、この苦悩は三年後には大きな安堵に変わった。この同じマーケティング会社が破産宣告を受けたのだ。電通はISLの一〇パーセントをなお保有していたが、取調官に協力して悪事には一切加担していないことがわかった。高橋は電通の常務にまで上りつめ、本格的なスポーツマーケティングビジネスを監督し、その後電通の国際事業の責任者となった。

最高経営責任者

レネ・イェギは相変わらずスポーツビジネスに手を出しており、FCバーゼルの業績を回復させたり、FCカイザースラウテンの救済に飛びついたりなどもしている。破産寸前で財政調査も受けていたこのクラブを救済するため、手のこんだパッケージをまとめたりもした。ベルナール・タピがアディダスを離れるときに交わした取引もあって、イェギはミューレンのアンフィパレスや、今はなくなったドイツの靴会社、ロミカなど、他の会社にも数多く投資している。彼はカリスマ性を持った精力的な再建屋として描かれることを好んだ。カイザースラウテンとバーゼルに、妻と二人の子どもとともに住んでいる。

ジルベルト・ボーはパリで投資会社を経営しているが、多くの時間をアルゼンチンで過ごし、そこで投資プロジェクトをいくつか取り仕切り、大農園も経営している。彼女の持ち株会社、ベーシックインターナショナルホールディングズは、複数の会社と関わっている。ボーはまた、フランスの女性グループの先頭にも立っており、ダヴォスやポルトアレグレで行われたような国際女性フォーラムを組織しようと努力している。

投資家

アンドレ・グェルフィは相変わらず策略家としての腕に磨きをかけていた。このせいで、エルフ贈収賄スキャンダルに絡んで逮捕され、短期間刑務所に入れられたこともあった。フランスの石油会社が採掘契約を確保しようとする努力の仲立ちをしたとして起訴されたのだ。このホルスト・ダスラーのかつての相棒は、執行猶予つきで懲役三年の判決を受けたが、検察側は実刑判決を求めて上告した。

パリのラ・サンテ刑務所にいるとき、グェルフィは、ベルナール・タピの隣の房にいた。グェルフィが中庭を歩くのを辛そうにしていることに気づいたタピがアディダスのジョギングシューズを貸してあげようと申し出たことで、二人はおしゃべりを交わすようになった。二人はその後ロシアでの取引を企てた。

ベルナール・タピはオランピック・ド・マルセイユでの別の贈収賄スキャンダルに関与したとして収監されていた。自己破産をしたので、ビジネス界には戻れなくなった。俳優業に転向したタピは、フランスの警察もの連続テレビドラマ「警部ヴァランス」や「アンボサロ（美しきならず者）」という劇でも主役を演じた。

同時にタピは、クレディ・リヨネ銀行に対する抗議運動の先頭に立って、自分はアディダスの売却時に騙されたと主張した。彼の言い分によると、銀行は事実上アディダスの売り手であると同時に買い手でもあったというのだ。さらにタピは、クレディ・リヨネ銀行は、その後の売却で利益の大半を回収できるようにする不正取引の一環として、アディダスを安値で叩き売ったとも主張した。

フランスの司法当局は二〇〇五年九月にクレディ・リヨネ銀行を有罪とし、タピに史上空前の一億三五〇〇万ユーロを支払うように命じて（フランスの納税者の金が使われるということで）大騒動を引き起こした。驚くほどの粘り腰でこの判決を勝ち取ったタピは、即座に法廷闘争第二ラウンドに向かう用意があることを宣言した。彼によると、結局クレディ・リヨネ銀行に騙されなければ、初めから破産する必要さえなかったと言うのだ。

ロベール・ルイ＝ドレフュスは短期間ベルナール・タピの裁判を支援し、オランピック・ド・マルセイユの管理職の一人として雇ったこともある。しかし、この驚くべき協力関係は短命に終わった。オランピック・ド・マルセイユのオーナーは相変わらずルイ＝ドレフュスだが、これは損失と悩みの種でしかなかった。同時に彼は、ルイ＝ドレフュス一族の巨大企業の中に収益性の高い通信部門を作った。ルイ＝ドレフュスはときにルガノ湖畔の豪邸で仕事をし、アディダスのビーチサンダル姿で来客を迎えている。

謝辞

数年前、アディダスの社員たちはヘルツォーゲンアウラッハの古い収納庫の掃除をするように言われた。すると、驚いたことに、収納庫の奥には古い靴が詰まったいくつもの箱が置いてあった。アディダスの古株の技術師カール・ハインツ・ラングは、腐りかけたカートンを整理して、貴重この上ない遺物を整頓した。その結果、ジェシー・オーエンスやモハメド・アリが履いた靴をはじめ、たくさんの宝が詰まった陳列棚がシャインフェルトにずらりと並ぶことになった。棚いっぱいの本よりも多くを語ってくれるすばらしい陳列品の中を案内してくれたカール・ハインツ・ラングに感謝したい。これをもっと多くの人と分かち合えるよう、ラングはヘルツォーゲンアウラッハにアディダス・ミュージアムを建設中である。このプロジェクトの指揮は、フランク・ダスラーが執っている。

シャインフェルトでのラングの助手、レナーテ・ウルバンは、隣接する工場を案内してくれ、近代的な靴生産の様子を私がこの目で確かめるのを辛抱強く手伝ってくれた。この工場は小規模ながら標準的なサッカーシューズのほかにも、デヴィッド・ベッカムをはじめ靴にこだわりのある選手のためのハンドメイドのシリーズも作っている。

本書はまったく独立したものではあるが、アディダス、プーマ両社の重役諸氏の歓迎と援助には心から感謝している。両社の背後にある家族の歴史のためには、どちらも包括的な古い文書は備えていなかった。それでも、親切にも公文書のすべてを自由に見ることを許可してくれたばかりか、現在の社員の多くにインタビューする手配もしてくれた。

そのおかげで、アディダス、プーマ両社の広報責任者も、意見の分かれる過去の歴史や怪しげな取引も含め、筆者の明らかにしたとおりの社史を描くことを受け入れてくれた。彼らが本書の内容について影響力を及ぼそうとしたことは一度もなかった。これは、現在の経営陣が過去の過ちに対してなんら責任を負うものではないことはっきりさせるという点で、筆者を信頼してくれたものと見える。筆者としては、そうした公平な態度に対する信頼を裏切らなかったことを望むばかりだ。

中でもアディダスのメディア担当の窓口を務めるヤン・ルナウとアンネ・ピュッツはとても熱心に協力してくれ、ことのほかお世話になった。何度もヘルツォーゲンアウラッハに迎え入れてくれ、有用な事実を掘り起こすことまで協力してくれた。その協力なしには閉ざされたままだったはずの扉を数多く開けてもらえなかった。

プーマ本社で夜を過ごしたときは、興味深い書類の山と空っぽのピザの箱とともに会議室に閉じこもったが、不思議なことにこの五年間にわたる調査の中でも、それが一番楽しい記憶として残っている。人気のなくなった廊下を歩き回りたいという誘惑にどうやって打ち勝てたのか、いまだに不思議なくらいだ。プーマの広報担当部責任者、ウルフ・ザンティエールにお礼を申し上げたい。

本書のために思い出話を提供してくれた方々はみな、このプロジェクトの最もスリリングな瞬間を与えてくれた。これらの人々にとって、アディダス、あるいはプーマにおける時間は、その職業生活中最も濃密な時間だった。彼らの証言には多くの場合、そのころの情熱——試合の興奮、相手との戦いの熾烈さ——がこめられていた。驚くほどの強烈な個性の持ち主や、吸いこまれそうになる見事な語り手、そしてすばらしく親切な人々と出会えた。

こうしたほめ言葉をいくら重ねたとしても、この日本版書籍のための調査をし、この国の豊かさの一端を知るようになった筆者が感じ続けている驚きや畏怖の念を伝えることはできないだろう。取材させてもらった日本の人々の驚くほどの親切ぶりは何よりだったが、それと同じほどに感銘を受けたのは、招かれざる客の無知ぶりや片言の日本語も話せない無能ぶりにも臆することなく、一見些細にも見える日本のスポーツ事情まで辛抱強く掘り起こしてくれた文書保管担当者や調査をしてくれた人たちの熱意である。

私が取材した多くの人々はこの本には登場しない。これほど複雑な物語でもあり、それにまたさまざまな側面があるので、その一部は削らざるを得なかった。これにご不満の向きには切にお詫び申し上げる。だがこのことで一番辛い思いをしているのは筆者だということは請け合ってもよい。

同僚や友人、あるいはその両方である人々にも感謝したい。リビングに押し入ってはスリーストライプや山師がどうしたとまくしたてる筆者を導き、励ましてくれ、あるいは辛抱強く耳を傾けてくれた以下の人たちである。ユルーン・アカーマンス、アナミケ・ワポロム、エリン・バーネット、パスカル・ベレンド、ティエリー・クリュヴェリエ、アラン・フランコ、マッハテルド・ファン・ヘルダー、アルベルト・クネヒテル、サイモン・クーパー、デヴィッド・ウィナー。

オリンピック界の大がかりな腐敗ぶりを暴露したイギリス人ジャーナリストのアンドルー・ジェニングスの寛大さには、ことのほか感銘を受けた。このような悪事を心から嫌悪していることから、アンドルーは、自分の領域に入ってきた新参者を熱心に支えてくれた。ホルストがスポーツ組織内に侵入していく過程についての調査では、アンドルーの明かしてくれた驚くべき事実を大いに参考にさせてもらった。

版権エージェンシー、タトル・モリ　エイジェンシーの水野なをみさんは風変わりな冒険に乗り出すことになった。何といっても、フランスに住むオランダ人女性がドイツのスポーツ用品会社二社を調べて英語の原稿を書くというのでは、日本の出版社向けの企画には見えなかったろう。水野さんの変わらぬサポートと鋭い提案、それに親切に間を取り持ってくれたことに本当に感謝している。

土壇場でこの企画を日本の読者の手元に確実に届くようにしてくれたランダムハウス講談社の武田雄二社長にも非常に感謝している。武田さんの決断力と熱意、温かく東京に迎え入れてくれたことを、心から感謝している。

とはいえ、『スポーティング・グッズ・インテリジェンス・ヨーロッパ』の発行人で編集者のエウジェーニオ・ディ・マリアがいなかったら、本書のコンセプトは原稿の形にすらならなかっただろう。ミュンヘンで彼に会ったのは約五年前、ちょうど私が、産業見本市のイスポに初めて参加したときのことだ。私が翌年から彼のもとで働き始めると、ヨーロッパのスポーツ産業に関して、他に比べるものもないほどの知識を辛抱強く分け与えてくれた。独自の見識を見せてくれ、自分一人では出会えたかどうかもわからないほど多くの人々に紹介してもらった。これほど熱意にあふれ、厳しい編集者とともに仕事ができたことを大変な名誉に思う。エウジェーニオは、この本の内容には関わっていないかもしれないが、私としては彼に負うところが非常に大きい。

ニームにて　二〇〇六年三月

バーバラ・スミット

出典

本書は五年間の調査と、それに続く埃をかぶった書庫での資料探し、それにヨーロッパとアメリカ各地で行った数多くのインタビューに基づいている。インタビューは電話でのものもあれば、直接会って終日話を聞くことを何度か繰り返した場合もある。情報提供者の中には、親切に内部資料や私文書を提供してくださった方々もあった。

資料として使用した切り抜きの出典は、以下の通り。

Die S_ddeutsche Zeitung, Die Frankfurter Allgemeine, Handelsblatt, Bildzeitung, Die Zeit, several regional German newspapers, Stern, Der Spiegel, Wirtschaftswoche, Le Monde, Lib_ration, Le Figaro, Les Echos, Le Quotidien de Paris, Le Nouvel Observateur, De Telegraaf, Vrij Nederland, The Financial Times, The Wall Street Journal, Il Sole 24 Ore, Sports Illustrated, L'Equipe, Sportstyle, Sporting Goods Intelligence.

アディダス、プーマ両社とも、山のような数の年間報告書、新聞発表記事などの資料を提供してくれた。アドルフ・ダスラーに関する初期の逸話は、歴史家のヘルマン・ウターマン氏の手記から引用させていただいた。これは出版されておらず、その権利はアディダスが所有している。アディダス社自身も創設当時の歴史についてかなりの数出版しているが、たまたま四〇年代の記録は消失している。

以下の参考文献・出典に現れない引用部分は、匿名希望の情報提供者からオフレコでインタビューしたものである。

参考文献・インタビュー　一覧

Der Mann der Adidas war, unpublished biography of Adolf Dassler by Hermann Utermann, 1983

Adi Dassler, Wilfried Geldner, Ullstein, 1999

Stadtbuch Herzogenaurach, Aus der 1000-j_hrigen Geschichte Herzogenaurachs, 2003

Rudolf Dassler 70, Privatdruck, 1968

Adi Dassler, from the beginnings to the present, a history manual of the adidas-Salomon group by Karl-Heinz Lang and Renate Urban

Horst Dassler: Revolution im Weltsport, by Paulheinz Grupe, Hase & Koehler, 1992

Making A Difference, Adidas-Salomon, 1998
Comment Adidas devient l'un des plus beaux redressements de l'histoire du business, by Eric Wattez, Editions Assouline, 1998
Sneaker-Story, der Zweikampf von Adidas und Nike by Christoph Bieber, Fischer, 2000

The Nazi Olympics, Richard Mandell, University of Illinois Press, 1987
St_rmer f_r Hitler, Vom Zusammenspiel zwischen Fussball und Nationalsozialismus, by Gerhard Fischer and Ulrich Lindner, Verlag Die Werkstatt, 1999
William L. Shirer, The Rise and Fall of the Third Reich, Simon & Schuster, 1960
Max Schmeling, an autobiography, edited by George von der Lippe, Bonus Books Inc, 1998
In Black & White, the untold story of Joe Louis and Jesse Owens, by Donald McRae, Scribner (Simon & Schuster), 2002
Ajax, the Dutch, the War: Football in Europe during the second world war, by Simon Kuper, Orion, 2003
Fanny Blankers-Koen, een koningin met mannenbenen, by Kees Kooman, L.J. Veen, 2003
Sepp Herberger, Ein Leben, eine Legende, by J_rgen Leinemann, rororo, 1998
3 :2, Die Spiele zur Weltmeisterschaft, by Fritz Walter, Stiebner Verlag, 2000
King of the world, Muhammad Ali and the rise of an American hero, by David Remnick, Random House, 1998
Tor ! The story of German football, by Ulrich Hesse-Lichtenberger, WSC Books, 2002
Brilliant Orange: the neurotic genius of Dutch football, by David Winner, Bloomsbury, 2000
Those Feet, A Sensual History of English Football, by David Winner, Bloomsbury, 2005

The Way it was, Stanley Matthews, Headline Book, 2000

Playing Extra Time, Allan Ball, Sidgwick & Jackson, 2004
G_nter Netzer, Aus der Tiefe des Raumes, by G_nter Netzer and Helmut
Sch_mann, Rowohlt, 2004
1974, Wij waren de besten by Auke Kok, Thomas Rap Amsterdam, 2004
De betaalde liefde, by Marcel Maassen, Uitgeverij SUN, 1999
Blessed, by George Best, Ebury Press (Random House), 2001
Mr. Nastase: the autobiography, by Ilie Nastase and Debbie Beckerman, Collins Willow, 2004
There's only one David Beckham by Stafford Hildred and Tim Ewbank, John Blake Publishing, 2002
My side, David Beckham and Tom Watt, Collins Willow, 2003

Les Jeux Olympiques, d'Ath_nes _ Ath_nes, l'Equipe, 2003
The Complete Book of the Olympics by David Wallechinsky, Aurum Press, 2000
Kinderen van Pheidippides, de marathon, van Abebe Bikila tot Emil Zatopek, Kees Kooman, Tirion Sport, 2005

The Lord of the Rings by Vyv Simson & Andrew Jennings, Simon & Schuster, 1992
The New Lord of the Rings, by Andrew Jennings, Simon & Schuster, 1996
The Great Olympic Swindle, When The World Wanted Its Games Back, by Andrew Jennings, Simon & Schuster, 2000
Great Balls of Fire, How Big Money is Hijacking World Football, by John Sugden and Alan Tomlinson, Mainstream Publishing
Das Milliardenspiel, Fussball, Geld und Medien, by Thomas Kistner and Jens Weinreich, Fischer, 1998
Der Olympische Sumpf, by Thomas Kistner and Jens Weinreich, Piper, 2000
Die Spielmacher, by Thomas Kistner and Ludger Schulze, Deutsche Verlags-Anstalt, 2001
Broken Dreams : Vanity, Greed and the Souring of British Football, by Tom Bower, Simon & Schuster, 2003
The Football Business, by David Conn, Mainstream Sport, 2001
Olympic Turnaround, Michael Payne, London Business Press, 2005

L'Original, by Andr_ Guelfi, Robert Laffont, 1999
Comment ils ont tu_ Tapie, Andr_ Bercoff, Michel Lafon, 1998
Tapie, l'homme d'affaires by Christophe Bouchet, Editions du Seuil, 1994
Le Flambeur, la vraie vie de Bernard Tapie, Val_rie Lecasble et Airy Routier, Grasset,1994
Conflicting Accounts: the creation and crash of the Saatchi & Saatchi advertising empire, by Kevin Goldman, Touchstone, 1998

Elegance borne of brutality, an eclectic history of the football boot, by Ian McArthur and Dave Kemp, Two Heads Publishing
Le Coq Sportif by Emile Camuset, private edition, date unknown
Swoosh, the unauthorized story of Nike and the men who played there, J.B. Strasser and Laurie Becklund, Harcourt Brace Jovanovich, 1991
Just do it, the Nike spirit in the corporate world, by Donald Katz, Adams Media Corporation, 1994
No Logo, Naomi Klein, Albert A. Knopf, 2000

プロローグ

All Kazuhiro Teramoto quotes from interview on 06/02/06 in Tokyo

All Shunsuke Nakamura from interview 06/01/06 in Glasgow, attended by his agent Sadato Nishizuka.

"There were so many people": interview Frank Dassler, 13/03/03, Herzogenaurach

"If we were going to sign": telephone interview with Shun-ichiro Okano, February 2006

"It still gives me nightmares": interview Gerd Dassler, 02/07/03, Herzogenaurach

Further details provided by Christophe Bezu, interview on 03/12/05 in Paris, as well as Adidas Japan videos and newspaper clippings.

This is chiefly based on interviews with Shunsuke Nakamura on, and Kazuhiro Teramoto on 06/02/06 in Tokyo, as well as a brief encounter with Sadato Nishizuka in Glasgow on 06/01/06.

第一章

Details in this chapter are drawn to a large extent from the above reference books, as well as articles by local historians. Further details were gathered in conversations with elder people related to the Dasslers, their neighbors and friends. Manfred Welker, a local historian who lives just across from the former Dassler house on the Hirtengraben, has thoroughly studied their family history.

Registration for NSDAP membership : Bundesarchiv Berlin, NSDAP-Zentralkartei

"Rudolf was a bit of a peacock": Betti Bilwatsch, interview 08/07/04, Lauf an der Pegnitz

"Animal qualities", as quoted in In Black & White

Background on sports under nazism mostly from the above reference books, predominantly St_rmer f_r Hitler

"She was a serious person" and "her brother in law's family": from Der Mann der Adidas war

"Heil Hitler": correspondence as part of an investigation by the finance authorities into suspected illegal profits, in May 1944, which led to a fine of 4,000 Reichsmark (State Archive of Nuremberg, Regierung von Mittelfranken, 78/ 3930-1)

"It was Adi Dassler": telephone conversation with Hans Zenger, 03/05

第二章

Assignments of shoe companies under the NS-regime : files of the Wirtschaftsgruppe Lederindustrie (Bundesarchiv Berlin R13, XIII)

Details regarding Adi Dassler's assignment in the Wehrmacht from Utermann

"Kampf" and "Blitz": price list included in the war-time investigation of Gebr_der Dassler by the finance inspection, State Archive of Nuremberg

Request of Russian workers : correspondence, Fachgruppe Schuhindustrie der Wirtschaftsgruppe Lederindustrie, Landersarbeitsamtsbezirk Bayern (Bundesarchiv Berlin, R13 XIII, 250)

"Rudolf bluntly rejected her pleas": Betti Bilwatsch, interview 08/07/04, Lauf an der Pegnitz

Anecdote on Maria Ploner from conversation with Frau Ploner in Herzogenaurach

"Here are the bloody bastards", anecdote and quote from Betty Bilwatsch, interview 08/07/04, Lauf an der Pegnitz

"I will not hesitate": extract from a letter written by Rudolf Dassler, as quoted by K_the Dassler in her statement to the denazification committee on 11/11/1946 (Adolf Dassler denazification file, Archiv Amtsgericht Erlangen, Akte 625/ VI/ 14B46)

"My brother-in-law apparently had some high-placed contacts" and the details on the parachuting boots patent from K_the Dassler's statement to the denazification committee, 11/11/0946

Rudolf Dassler's war tale was compiled from his written description of his war-time activities; his more formal statements to the US authorities; the denazification file of Adolf Dassler; and the investigations of the US authorities into the war-time activities of Rudolf Dassler, archived by the intelligence service of the US Army and declassified for the purpose of this book, under the Freedom of Information Act.

Tale of Rudolf's last war months : unofficial statement by Rudolf Dassler, titled _ Politische Zuverl_ssigkeit _, dated 06/06/1945, written on Dassler-headed paper.

"My disapproval of Himmler's police rule" and "I expected that" : Statement by Rudolf Dassler to the American authorities, dated 01/07/46, Hammelburg (Rudolf Dassler file, United States Army Intelligence and Security Command, Fort George G. Meade)

Liberation of Herzogenaurach : Kriegsende und Neubeginn, Herzogenaurach 1945, published by Heimatverein Herzogenaurach, Klaus-Peter G_belein

第三章

Testimony by Friedrich Block in a statement to the American authorities in Hammelburg, 30/06/46, included in the US Intelligence file.

Findings of US investigating officer in US Intelligence Service file.

All arguments and witness accounts put forward by Adolf Dassler all extracted from a letter to the Spruchkammer (the jurisdiction in charge of the denazification file), H_chstadt/ a.d. Aisch, dated 22/07/1946, and appendices (Adolf Dassler's denazification file)

"Rudolf Dassler further accuses my husband" : K_the Dassler's statement to the denazification committee, 11/11/1946

"The speeches held inside and outside": ibidem
Mitl_ufer verdict : issued by Spruchkammer H_chstadt a.d. Aisch, Sitz Herzogenaurach, on 22/11/1946, Adolf Dassler's denazification file
Registration of the three stripes confirmed in a letter by Dr Wetzel, patent lawyer, dated March 31, 1949
Rudolf Dassler's remark to Sepp Herberger : Deutschlands gr_sster Familienkrach, Neue Illustrierte Revue, 02/02/1968
details on Sepp Herberger in Switzerland from Leinemann's book and the feature film "Das Wunder von Bern" by Sonke Wortmann
"If Adi felt": interview Horst Widmann, 13/ 01/ 05, Herzogenaurach
"He was particularly prolific": interview Heinrich Schwegler, 05/02/04, Herzogenaurach
"He was completely obsessed": interview Uwe Seeler, 04/02/05, Hamburg
"Sometimes we made mistakes": interview Peter Janssen, 03/07/03, Herzogenaurach

第四章

"My father wasn't exactly bubbly": quote from Revolution im Weltsport, which provides most of the details on Horst Dassler's childhood
Details on the Sports Depot provided by Ron Clarke in correspondence, June 2005 and from his book, The Measure of Success.
"We all trailed over": interview Derek Ibbotson, 27/10/04, Ossett
Details on the early days of Tiger and Kihachiro Onitsuka's in his biographical booklet, "My life history", which was initially published by Nikkei in 1990.
"Rudolf wanted a child": interview Betti Bilwatsch, 08/07/04, Lauf an der Pegnitz
"The relationship was not easy": interview Peter Janssen, 03/07/03, Herzogenaurach
the Hary precedent is particularly well-documented in Making a Difference
"I gave him shoes" and "it was truly hurtful": interview Werner von Moltke, 29/07/03, Nieder Olm
"an outrageous sum back then" and following quotes: from Onitsuka's My life history
background on the Tokyo Olympics from magazines and other documents provided by the Olympic Museum in Tokyo.
"My father was a garden architect" and all other Cramer quotes from telephone interview, 27/01/06
"I remember" quote from Henry Carr originally published in the Detroit News in 1998
"He was extremely persuasive": interview Robbie Brightwell, 26/10/04, Congleton

第五章

"He just didn't care": interview Alain Ronc, 20/06/03, Boulogne

"Three different groups": correspondence with Pat Doran, October 2004

"Horst, you are interfering": anecdote by Andr_ Gorgemans at Ispo, July 2005

"He asked if my prospective wife": interview Alain Ronc, 20/06/03, Boulogne

"It was exhilarating": interview Johan van den Bossche, 30/01/04, Clichy

"Therefore I advised Horst": telephone conversation with Just Fontaine, 07/06/05

"Otherwise he asked": interview Jean-Claude Schupp, 30/04/04, Monaco

"The old man" and "we offered to have him chauffeured": interview Irene Dassler, 13/01/05, Nuremberg

第六章

"When we traveled to Germany": telephone interview Shunichiro Okano, February 2006

"It's time for black people": Harry Edwards as quoted in In Black & White

"They got the money": Sports Illustrated, No Goody Two Shoes, by John Underwood, 10/03/69

"The whole container": interview Peter Janssen, 03/07/03, Herzogenaurach

"They came to fetch us": ibidem

"I placed it in my handbag" and "they walked over to the customs": interview Irene Dassler, 13/01/05, N_rnberg

"She cried her eyes out" and "the detention was dreadful": Art Simburg as quoted in a translation of a story in the New York Post, 03/05/72, by Paul Zimmermann

"To our regret we are prohibited": from Onitsuka's My Life History

"When I came to Herzogenaurach": telephone interview Klaus Stecher, February 2006

Details on the early days at Kanematsu Gosho mostly from interview with Masao Osada, 06/02/06, Tokyo

Details on the early days at Liebermann Waelchli mostly from interview with Hiroshi Izumida and Yoshifumi Matsuo, 08/02/06, Tokyo

第七章

"The Germans never seemed": telephone interview Klaus Stecher, February 2006

"Once we had finished": interview Peter Rduch, 06/02/03, Herzogenaurach

"Horst thoroughly prepared": interview Gerhard Prochaska, 10/08/02, La Baume de Transit

Most details on the launch of the Superstar and quotes from Chris Severn are derived from a telephone interview with Severn, June 2005

"It was damned complicated": telephone conversation with Robert Haillet, April 05

"I got really annoyed": telephone conversation with Stan Smith, 05/04/05

"My friend Horst": interview Ilie Nastase, 09/12/04, Paris

"Horst asked us" and following quotes from Sachsenmaier: interview G_nter Sachsenmaier, 23/11/04, Ottersthal

"When K_the Dassler talked": telephone interview Klaus Stecher, February 2006

第八章

"Every athlete in Munich": telephone interview with John Bragg, March 2005

Details on the early days at Nike drawn to a large extent from Swoosh, notably the anecdote on Bill Bowerman in Munich

"Horst, you won't spare me anything!": Adi Dassler as quoted in Revolution im Weltsport

"You must be out of your mind": as recounted by G_nter Sachsenmaier, 23/11/2004, Ottersthal

"He had it all in his head": interview Alain Ronc, 20/06/03, Boulogne

"This gave the impression": correspondence with Georges Kiehl, who further provided the details on Cali

"In our frenetic drive": interview Alain Ronc, 20/06/03, Boulogne

"The situation was crazy enough": interview Peter Rduch, 06/02/03, Herzogenaurach

"When German managers": interview Jean Wendling, 23/09/03, Bitschoffen

"The Germans wouldn't know": interview Jan van de Graaf, 18/04/05, Etten-Leur

第九章

"the situation was just too ridiculous" and "quite astonished": correspondence with Hans Henningsen, June 04 to March 05

Details of the Pel_ pact were further provided by Helmut Fischer, former advertising manager at Puma, and Hans Nowak, formerly in sports promotion at Puma

the anecdotes surrounding Cruyff's contracts with Cor du Buy stem from the former distributor's files, including stacks of press clippings, original contracts, correspondence and internal memos.

"complete codswallop ": from correspondence with Du Buy's lawyer in the Cruyff case

"the truth of the matter," the judge as quoted in nearly all national Dutch newspapers the next day

"We would be grateful", letter to Johan Cruijff in Du Buy files

"Lieber Horst", letter from Horst Dassler contained in the Du Buy files, just like the reply

Further details on the Cruyff dispute with the KNVB derived from interviews with Jan van de Graaf, head of the unit that distributed Adidas in the Netherlands at the time, 18/04/05, Etten-

Leur, and Jan Huijbregts, secretary general of the KNVB, 19/04/05, Leusden.

"He didn't want to know" and "some extra money": interview Horst Widmann, 10/02/05, Herzogenaurach, most other details about "the night of Malente" from Tor!

"It was phenomenal": interview Gerd Dassler, 02/07/03, Herzogenaurach

"It was a thorny matter": interview Irene Dassler, 13/01/05, Nuremberg, same for following quotes from Irene Dassler in this chapter

Anecdote of secret meetings between Adi and Rudolf Dassler based on a single source, Horst Widmann, who remembered arranging the encounters

第十章

"I'm fine, John": as recounted by John Boulter in interview, 25/09/02, Saverne

"There were these general secretaries" and "the gold service": interview Gerhard Prochaska, 10/08/02, La Baume de Transit

"Those who had never": interview Andr_ Guelfi, 30/07/03, Paris

Anecdotes on the Terrasse Hotel recounted by Jacky Guellerin, interview 03/05/04, Courbevoie

"He had the amazing ability" and "at the end of an evening": interview Patrick Nally, 22/07/03, London

Details on Christian Jannette's involvement mostly provided by himself, interview 23/09/03, Illkirch

"My opinion is that ": Stasi reports into the activities of Horst Dassler and Adidas, by informant "M_we". Quote extracted from a report titled "Adidas und Einfluss auf verschiedene Organisationen und Wahlen in den internationalen Sportgremien", undated. (Zentralarchiv, der Bundesbeauftragte f_r die Unterlagen des Staatssicherheitsdienstes der ehemaligen Deutschen Demokratischen Republik, archive number 15825/89). Same from following quotes from this informant.

"There was nothing we could do": interview Gerd Dassler, 02/07/03, Herozgenaurach

"When a sports official": interview Gerhard Prochaska, 10/08/02, La Baume de Transit

Morocco anecdote as recounted by Blagoje Vidinic, interview 22/11/04 in Strasbourg

Description of Champion d'Afrique issued from the full collection of the magazine since its inception at the Biblioth_que nationale in Paris.

Ali anecdote by John Bragg, telephone conversation March 2005

Other details about the American arm of the sports political team described by John Bragg and Margaret Larrabee, Mike's widow, in correspondence.

Nebiolo anecdote recounted by Shunichiro Okana, telephone interview, February 2006

"Horst had an incredible intellect": telephone conversation with John Bragg, March 2005

第十一章

"The struggle was between": Keith Botsford, Sunday Times, 16/07/74

"I left the celebrations early": interview Blagoje Vidinic, 22/11/04, Strasbourg, same for entire anecdote

Details on the early days at West Nally provided mostly by Patrick Nally, interview 22/07/03, London, same for all Nally quotes in this chapter

Didier Forterre, financial manager of SMPI, interviewed in Paris on 30/01/04, and Patrick Nally provided most of the background on the early dealings of SMPI but further details were drawn from remarkable investigations by German news magazines, particularly Stern and Der Spiegel.

第十二章

Le Coq Sportif history drawn to a large extent from Emile Camuset's book

"I went over": interview Andr_ Guelfi, 30/07/03, Paris

Andr_ Guelfi's life story compiled from his autobiography as well as articles in Le Monde; the book Forages en eaux profondes by Airy Routier and Val_rie Lecasble, regarding the Elf bribing scandal, Bernard Grasset, 1998. Fatima Oufkir has described her ordeal in a book called Les Jardins du Roi, Michel Lafon, 2000

"Between the two of us": interview Andr_ Guelfi, 30/07/03, Paris

"When someone came": interview Johan van den Bossche, 30/01/04, Clichy, also the source for the Heller anecdote

"Horst sometimes pretended": interview Andr_ Guelfi, 30/07/03, Paris

"In such a jumble": Jean-Marie Weber as quoted in Revolution im Weltsport

Le Coq Sportif's story in the United Kingdom as recounted by Robbie Brightwell, interview 26/10/04, Congleton

"Sometimes I wondered": interview Robbie Brightwell, 26/10/04, Congleton

"She completely few off": interview Dieter Passchen, 05/02/04, Herzogenaurach

"Adi Dassler was livid": interview Horst Widmann, 13/ 01/ 05, Herzogenaurach

Juantorena anecdote by Horst Widmann

"One day he was walking": interview Karl-Heinz Lang, 11/01/05, Scheinfeld

第十三章

"A Cuban delegation": author's correspondence with Hans Henningsen

Details on Steve Prefontaine's relationship with Nike from Swoosh

Details on Asics from Kihachiro Onitsuka's My life history

Other details on the set-up at the Montreal Olympics by John Bragg and Patrick Nally
"Pavlov was like a kid": interview Christian Jannette, 23/09/03, Illkirch
Details on Samaranch's intimate relationship with the Franco regime from Andrew Jennings books
"He distinguished himself": interview Christian Jannette, 23/09/03, Illkirch, who further recounted the details of the encounter between Samaranch and Dassler in Barcelona
"for every task": interview Gerhard Prochaska, 10/08/02, La Baume de Transit
Anecdote of Sportshotel bugging provided by Gary Dietrich, 12/08/04, Condon, Montana
"And all of a sudden": interview J_rg Dassler, 24/09/03, Herzogenaurach
"He was permanently hiding": interview Klaus Hempel, 07/04/04, Luzern
"He quizzed me" and "he told me he could not trust me": interview Christian Jannette, 23/09/03, Illkirch
"You could see": interview Patrick Nally, 22/07/03, London

第十四章

Details on Jack Sakazaki's life from his autobiography, Fair Play, which was published in Japanese by Nikkei BP, in 1998, and should be published in English soon.
"The problem was that": interview Jack Sakazaki, 07/02/06, Tokyo, same for the next quotes from Sakazaki in this chapter
"From the beginning": interview Haruyuki Takahashi, 09/02/06, Tokyo, same for other Takahashi quotes in this chapter
"From the beginning": extracted from Sepp Blatter's written replies to author's questions
"He used to make": interview Didier Forterre, 30/01/04, Paris
Details about the Orly agreement from interview and documents provided by Patrick Nally, 03/11/05
"As of today": telex as quoted in Fair Play, same for the King-Kong quote
"They held discussions": interview Christian Jannette, 23/09/03, Illkirch
"the right question": interview Ren_ J_ggi, 06/04/04, Kaiserslautern
Details about the genesis of the Olympic programme mostly provided by J_rgen Lenz and complemented by the book of Michael Payne, then at ISL, who went on to become marketing manager for the IOC.

第十五章

"Herr Lenz": anecdote from J_rgen Lenz, 07/04/04, Lucerne
"fell head over heels": interview Roberto Muller, 16/08/04, New York

discovery of the odd dealings and "international crook" quote by Marcel Schmid in several telephone conversations, April 2005

"One hour cost": interview Andr_ Guelfi, 30/07/03, Paris

Tales of disappearing documents and customs police raid by Patrick Nally, Didier Forterre and Klaus Hempel and several others whose offices were searched

"There were entire periods": interview G_nter Sachsenmaier, 23/11/04, Ottersthal

"The Spanish crowds": interview Blagoje Vidinic, 22/11/04, Strasbourg

Anecdote of the management ultimatum by Klaus-Werner Becker, interview 06/04/04, Basel

"I'm at a crossroads": Horst Dassler quote as relayed by Jean Wendling, interview 23/09/03, Bitschoffen

"countless reasonable proposals": Walter Meier as quoted in Horst Dassler, Revolution im Weltsport

第十六章

"You have to kill them": as reconstructed by Bill Closs Jr, interview 08/08/04, Palo Alto, and Bill Closs Sr, 13/08/04, Big Fork, Montana

"I told them": interview Bill Closs Sr, 13/08/04, Big Fork, Montana

"They inspected the sample": interview G_nter Sachsenmaier, 23/11/04, Ottersthal

"Adidas refused": interview Horst Widmann, 13/01/05, Herzogenaurach

Anecdote of the meeting between Horst Dassler and Phil Knight as relayed by Larry Hampton, interview 23/07/03, Wimbledon, and in Swoosh.

A witness of Horst Dassler's meetings in Havana was Joe Kirchner, behind the anecdote of the Los Angeles bank vault as well. Rich Madden, then head of Adidas USA, interviewed on 15/08/04 in Summit, New Jersey, contended that he had been dismissed at least partly because he refused to carry one of the suitcases stuffed with cash.

"costly and ephemeral show": Horst Dassler quoted in Swoosh

"Los Angeles was a massive": interview G_nter Pfau, 06/02/04 Herzogenaurach

Details on the Michael Jordan endorsement mostly from Swoosh

"We had devoted our lives" and "the next day": interview Gary Dietrich, 12/08/04, Condon, Montana

第十七章

"It basically defeated" and much of the advertising anecdote: Tom Harrington, interview 07/08/02, Bruchkobel

"It was the most hostile": interview Ingo Kraus, 29/07/03, Frankfurt

"Horst checked my intelligence": interview Fumiya Tamiaki, 31/02/06, Munich
"They asked us to achieve a share" and "I was sad": interview Masao Osada, 06/02/06, Tokyo
"It was such a shocking sight": interview Blagoje Vidinic, 22/11/04, Strasbourg
"This left like a conspiracy": interview Michel Perraudin, 03/07/03, Herzogenaurach
"While he was waiting": correspondence with Pat Doran, October 2004
"Unfortunately my illness": memo to board members, dated 31/03/87
"It was a gripping sight": interview Johan van den Bossche, 30/01/04, Clichy
"an unostentatious, modest man": Abendpost, obituary by Dieter Gr_bner, date unkown
"the most powerful man in sports": D_sseldorf Express, date unknown
"tireless, but not selfless genius": Abendpost, obituary by Dieter Gr_bner, date unkown

第十八章

"Tiriac has the air of a man": John McPhee, in his book Wimbledon, A Celebration, as quoted in Sports Illustrated, 6/22/1987 (Kirkpatrick, Curry)
"He could not stand to lose": interview Hiroshi Izumida, 08/02/06, Tokyo
"Horst was very upset" and the rest of the WFSGI anecdote relayed by Kihachiro Onitsuka during an encounter at the Ispo fair in July 2005
"There was no need": interview Gerd Dassler, 02/07/03, Herzogenaurach
"He told me he needed": interview Richard Kazmaier, who provided most of the details on the American fiasco as part on an interview in Boston, 18/08/04
"kind of crazy": interview Frank Dasler, 10/03/03, Herzogenaurach
"the retailers told us": interview Uli Heyd, 09/02/05, Herzogenaurach
"Current business and prospects": Verkaufsangebot und B_rsenprospekt, PUMA Aktiengesellschaft Rudolf Dassler Sport, July 1986
"Puma is looking for a buyer": Horst Dassler as quoted in Wirtschaftswoche, 13/03/87
"You have lost your business": from the memory of J_rg Dassler, interview 24/09/03, Herzogenaurach
"As the bankers put it": interview Frank Dasler, 10/03/03, Herzogenaurach
"This company will not go bankrupt": Alfred Herrhausen as quoted by Hans Woitsch_tzke, interview 14/03/05, Barcelona
"the books were filled": interview Hans Woitsch_tzke, 14/03/05, Barcelona
"misappropriation of profits": Deutsche Bank statement as quoted by Frank Dassler, interview 05/02/04, Herzogenaurach
"If the contents": interview Hans Woitsch_tzke, 14/03/05, Barcelona, same for following quotes and anecdotes

"Put it this way": interview Irene Dassler, 13/01/05, Nuremberg

第十九章

"Think of a shark": Ren_ J_ggi as quoted in Playboy, 1990, issue n° 10 (interview by Axel Thorer)

"With Henkel at the helm": Ren_ J_ggi as quoted by himself in interview 04/02/03, Neustadt an der Weinstrasse

"The inventories were clogged" and "he was Samaranch's son": interview Roddy Campbell, 23/07/03, London

"When Hannibal trekked": Esquire, 1991, issue n° 2

"For several days": interview Johan van den Bossche, 30/01/04, Clichy

"As soon as the boss": interview Jean Wendling, 23/09/03, Bitschoffen

"Think of the Apollo mission": Ren_ J_ggi as quoted by Yoso Iida, telephone conversation in 10/03/06, same source for "The products were taken".

Peter Ueberroth feted in Time Magazine, 1/7/1985 (Lance Morrow)

"They didn't spare us" and "this man imposed himself": Suzanne Dassler as quoted in France-Soir, 14/07/90

"The speed of the collapse": interview Carl-Hainer Thomas, 12/01/05, Erlangen

"very arrogant impression": interview Gerhard Ziener, 22/09/03, Darmstadt

"it was a done deal": interview Michel Perraudin, 03/07/03, Herzogenaurach. This meeting with Klaus Jacobs was remembered in the same terms by Hermann Homann and Axel Markus.

第二十章

Details on Bernard Tapie from Le Flambeur and countless other books that have been written on his roller-coasting life.

"All the people who fight": interview Bernard Tapie, 03/03/04, Paris

"the impression that Tapie" and "it appeared that his slate": interview Ulrich Nehm, 02/07/03, Munich

"the shareholders have one last request": Gerhard Ziener as quoted by Laurent Adamowicz, telephone conversations between 04/05 and 05/05

"not been consulted in any way": Le Figaro, 13/07/1990

"where will the money come from?": Le Quotidien de Paris, 09/07/90

"Bernard just told them": Laurent Adamowicz, telephone conversations in 04/05 and 05/05

"how would you like": Bernard Tapie quoted by Laurent Adamowicz, ibidem

第二十一章

"Adidas was tied": interview Bernard Tapie, 03/03/04, Paris

"He called us very excitedly": interview Michel Perraudin, 03/07/03, Herzogenaurach

"A day when I'm not": Tapie as quoted by Klaus M_ller, interview 15/01/04, Berlin

"Ren_ J_ggi was sitting there": interview Tom Harrington, 07/08/02, Bruchkobel

"I feel like I've bought": Bernard Tapie quoted by Axel Markus, interview 23/09/03, N_rnberg

"For nearly two years": interview Gilberte Beaux, 23/11/02, Paris

"beer bottles flying": interview Ren_ J_ggi, 06/04/04, Kaiserslautern

"made a few bob": interview Stephen Rubin, 29/04/03, London

"B.T.F. SA and Pentland": press release by Pentland Group plc, dated 07/07/92

第二十二章

"I can assure you": Bernard Tapie as quoted by Ren_ J_ggi, interview 06/04/04, Kaiserslautern

"In all the deals we did": interview Stephen Rubin, 29/04/03, London

"Don't rock the boat": Stephen Rubin as quoted by Ren_ J_ggi, interview 06/04/04, Kaiserslautern

background on the proposed MBO from the draft investment memorandum "Juno", Botts & Company Limited, prepared 24/06/92

"an awful amount of trouble": interview Stephen Rubin, 29/04/03, London

"purposely destabilised: interview Gilberte Beaux, 23/11/02, Paris

"the investigations have revealed": press release by Pentland Group plc, dated 15/10/92

"it was bluff": interview Stephen Rubin, 29/04/03, London

"the last straw": correspondence Stephen Rubin, April 05

"it was nothing to do": interview Stephen Rubin, 29/04/03, London

"no liquidity at all": interview Axel Markus, 23/09/03, Nuremberg

"How do you think?": Axel Markus quoted by Herbert Hainer, interview 10/02/05, Herzogenaurach

"She could have been my grandmother": interview Jan Valdmaa, 05/08/02, Munich

第二十三章

"Robert Louis-Dreyfus" note: interview Jean-Paul Tchang, 11/10/04, Paris

"My friends weren't available": interview Robert Louis-Dreyfus, 23/05/02, Caslano

"didn't find anything": idem

"By then I had quit": interview Jean-Paul Tchang, 11/10/04, Paris

"I was the nit-picker" and "the place looked like": interview Christian Tourres, 22/11/02, Paris
"the rot, the cancer, the gangrene": Fran_ois Bayrou, then secretary general of the centre-right UDF party, quoted in Le Monde, 18/02/93
"Not a bad deal": interview Robert Louis-Dreyfus, 23/05/02, Caslano
"In the eyes of many investors": Laurent Adamowicz, telephone conversations in 04/05 and 05/05

第二十四章

"I can't tell you when": Robert Louis-Dreyfus as quoted by himself as part of an interview on 23/05/02 in Caslano, same for next quotes
"From his apperance": interview Fumiya Tamiaki, 31/02/06, Munich
"He was quite conservative": interview Christophe Bezu, 03/12/2005, Paris
"We didn't want to be rough": interview Christian Tourres, 22/11/02, Paris
"genuinely shocked" and "we negotiated in good faith": telephone interview with Kathryn Johnston, February 2006
"could only have been signed ": interview Christian Tourres, 22/11/02, Paris
"There will be no sacred cows": interview Jochen Zeitz for an article in Management magazine, 25/04/02
"I very strongly feel": Louis-Dreyfus statement as quoted in Conflicting Accounts
"I haven't had a boss": interview Robert Louis-Dreyfus, 23/05/02, Caslano
"I earned more money": interview Christian Tourres, 22/11/02, Paris

第二十五章

"That was some game!": anecdote recounted by Peter Mahrer, interview 04/02/04, Herzogenaurach
"never sign with Adidas": Jean-Claude Darmon as quoted by Robert Louis-Dreyfus, interview 23/05/02, Caslano
"The service was so bad" and "the Adidas people": interview Peter Robinson, 26/10/04, Crewe
"Their attitude told us": interview Peter Mahrer, 04/02/04, Herzogenaurach
"You got it", Bayern anecdote as relayed by Robert Louis-Dreyfus and Franz Beckenbauer, interview 25/09/03, Kaiserslautern
Stories behind the AC Milan, Madrid and Marseilles deals mostly from Peter Mahrer, interview 04/02/04, Herzogenaurach
"Would you like to make a friend?" and rest of the Beckham anecdote recounted by Paul Mc Caughey, interview 23/07/03, London

"We had never seen anything like it" and "he had us adjust his boots": telephone conversation with Aidan Butterworth, August 2003

第二十六章

"There were a lot of sarcastic reactions": interview Christophe Bezu, 03/12/2005, Paris

Details on the early days at Adidas Japan by Masayo Nakano and Roland Biegler, interview 07/02/06, Tokyo

"Psychologically": interview Fumiya Tamiaki, 31/02/06, Munich

"I had to apologise every day": interview Masayo Nakano, 07/02/06, Tokyo

"For my brother Okano": telephone interview Dettmar Cramer, 27/01/06

"They just strolled out": interview Peter Mahrer, 30/01/06, Munich

"We have a saying that": telephone interview Shunichiro Okano, February 2006

"The rallying cry": interview Christophe Bezu, 03/12/2005, Paris

"I was grilled for several days": interview Christian Tourres, 22/11/02, Paris

"Adidas was expected to concentrate on sweat": interview Christophe Bezu, 03/12/2005, Paris

"The point was to connect": telephone interview with David Gravet, 09/03/06

"This is like 500 million yen": Rob Langstaff speaking in an internal Adidas Japan video

"I couldn't believe it": interview Christophe Bezu, 03/12/2005, Paris

第二十七章

Details on the sleeveless shirts from telephone interview with Filip Trulsson, May 2005

"There will be no sacred cows": interview Jochen Zeitz for an article in Management magazine, 25/04/02

"everything from nuclear triggers to rocket fuel": NBC News as quoted in Los Angeles Magazine, Arnon Milchan profile by Ann Louise Bardach, April 2000

"That took all of our competitors" and "It was an unbelievable sight": interview Jochen Zeitz for an article in Management magazine, 25/04/02

"Then the Japanese": interview Masahiro Harada, 09/02/06, Tokyo

"I just thought, what the heck": interview Robert Louis-Dreyfus, 23/05/02, Caslano

"I liked playing with money" and "the best managers aren't": interview Herbert Hainer, 10/02/05, Herzogenaurach

photo by Yann Cruvellier

著者

バーバラ・スミット (Barbara Smit)

1968年オランダ生まれ。その後フランスに移住してドイツ学校に通ったのち、ロンドン市立大学で国際ジャーナリズムを学び、MAを取得する。
ロンドンでテレビのニュースキャスターの職に就くが、まもなくジャーナリストに転身。『ヘラルド・トリビューン』、『フィナンシャル・タイムズ』、『デーリー・テレグラフ』、『タイム』などに寄稿する。1996年にハイネケン・ビールとそのオーナー、アルフレッド 'Freddy' ハイネケンの伝記を執筆し、ベストセラーになる。現在はフランス在住。

翻　訳　協　力：赤尾秀子、寺尾まち子、中西真雄美、村山美雪
本文レイアウト：染谷盛一〔アートマン〕

アディダスVSプーマ　もうひとつの代理《だいり》戦争《せんそう》

2006年 5月24日　第1刷発行
2006年 6月 5日　第2刷発行

著者　バーバラ・スミット (Barbara Smit)
訳者　宮本俊夫《みやもととしお》〔アールアイシー〕
装幀　常松靖史《つねまつやすし》〔TUNE〕

発行者　武田雄二
発行所　株式会社ランダムハウス講談社
〒162-0814　東京都新宿区新小川町9-25
電話03-5225-1610（代表）
http://www.randomhouse-kodansha.co.jp

印刷・製本　豊国印刷株式会社

ISBN4-270-00127-5